U0397079

高等职业教育酿酒技术专业系列教材

白酒勾兑与品评技术
（第二版）

辜义洪　主编

中国轻工业出版社

图书在版编目（CIP）数据

白酒勾兑与品评技术/辜义洪主编 . —2 版 . —北京：中国轻工业出版社，2024.7

高等职业教育酿酒技术专业系列教材

ISBN 978 - 7 - 5184 - 3137 - 3

Ⅰ.①白…　Ⅱ.①辜…　Ⅲ.①白酒勾兑—高等职业教育—教材
②白酒—食品感官评价—高等职业教育—教材　Ⅳ.①TS262.3

中国版本图书馆 CIP 数据核字（2020）第 149076 号

责任编辑：江　娟　贺　娜

策划编辑：江　娟　　　责任终审：白　洁　　　封面设计：锋尚设计
版式设计：砚祥志远　　责任校对：吴大朋　　　责任监印：张　可

出版发行：中国轻工业出版社（北京鲁谷东街 5 号，邮编：100040）

印　　刷：北京君升印刷有限公司

经　　销：各地新华书店

版　　次：2024 年 7 月第 2 版第 4 次印刷

开　　本：720×1000　1/16　印张：18

字　　数：350 千字

书　　号：ISBN 978 - 7 - 5184 - 3137 - 3　定价：46.00 元

邮购电话：010-85119873

发行电话：010-85119832　010-85119912

网　　址：http://www.chlip.com.cn

Email：club@chlip.com.cn

高等职业教育酿酒技术专业（白酒类）系列教材

编委会

本书编委会

主 编

辜义洪 （宜宾职业技术学院）

副主编

江 鹏 （宜宾职业技术学院）
刘琨毅 （宜宾职业技术学院）

编 者 （按姓氏笔画排序）

王 琪 （宜宾职业技术学院）
邓 毅 （宜宾金喜来酒业有限公司）
龙治国 （宜宾今酿造制酒有限公司）
张仁友 （宜宾金喜来酒业有限公司）
张敬慧 （宜宾职业技术学院）
陆 兵 （宜宾职业技术学院）
陈 卓 （宜宾职业技术学院）
周瑞平 （宜宾叙府酒业股份有限公司）
袁松林 （宜宾金喜来酒业有限公司）
梁宗余 （宜宾职业技术学院）

第二版前言

中国白酒是以富含淀粉质的粮谷类为原料，以中国酒曲为糖化发酵剂，采用固态（个别酒种为半固态或液态）发酵，经蒸馏、贮存和勾调而成的含酒精的饮料。白酒在世界酒林中独树一帜，与白兰地、威士忌、伏特加、朗姆酒、金酒并列为"世界六大蒸馏酒"，在世界烈性酒类产品中散发着熠熠光彩。在白酒里，酒精和水占了98%，剩下的2%就是一些微量物质，它们正是白酒风味物质的来源，它们含量和比例的不同，带来了浓香、酱香、清香等香型的区分，也带来了酸、甜、苦、辣等不同的口感。

1965年之前，中国的白酒是没有香型划分的，到目前为止，已形成十二种香型白酒。其中酱、浓、清、米香型是基本香型，它们独立的存在于各种白酒香型之中。其他八种香型是在这四种基本香型基础上，以一种、两种或两种以上的香型，在工艺的糅和下，形成了自身的独特工艺，衍生出来的香型。

本教材内容主要包括白酒中的微量成分、白酒的品评、白酒勾兑材料及处理、白酒的勾兑、白酒的调味以及低度白酒和新型白酒的勾兑和调味等，针对中高职学生，融入了项目化实训内容，突出应用性和针对性，具有很强的职业性、实践性和操作性。

本教材由宜宾职业技术学院辜义洪副教授担任主编，负责项目一、项目四的编写及教材的统稿，由宜宾职业技术学院刘琨毅副教授担任副主编，负责项目二、项目三的编写；由宜宾职业技术学院江鹏担任副主编，负责项目六的编写。由叙府酒业股份有限公司技术中心主任周瑞平负责项目五的编写，由今酿造制酒有限公司龙治国负责项目七的编写。由宜宾职业技术学院王琪、张敬慧、陆兵、陈卓等从事专业教学的教师分别参与其余各部分资料的收集和整理编写工作。

由于编者水平有限，本书难免有不全面甚至错漏之处，敬请读者批评指正！

编者

2020年5月

第一版前言

中国作为世界公认的三个蒸馏酒起源地之一，是酒的故乡和王国。中国白酒以其独具风味的酒体特征和独特的酿造技艺，在世界酒林中独树一帜，与白兰地、威士忌、伏特加、朗姆酒、金酒并列为世界六大蒸馏酒，在世界烈性酒类产品中散发着熠熠光彩。传统白酒酿造技艺是中华民族的国粹，也是世界非物质文化遗产的重要组成部分。贵州茅台、山西汾酒、泸州老窖、宜宾五粮液、绵竹剑南春、古蔺郎酒等白酒传统酿造技艺先后被确定为国家级非物质文化遗产，体现了国家对白酒工业的高度重视。今天，中国白酒工业正逐步实现四个变化：蒸馏酒向酿造酒转变；高度酒向低度酒转变；普通酒向优质酒转变；粮食酒向果酒转变。中国酒类市场已经成为世界酒类企业的聚焦点和主战场，中国酒类食品受到许多来自国外的蒸馏酒、啤酒、葡萄酒抢占中国市场的威胁，中国酿酒产业面临着前所未有的生存危机和发展机遇。中国酿酒传统如何传承和创新，如何实现酿酒企业的现代化和信息化，继承和开发其深厚的历史和文化价值；如何将文化继承和产业发展相结合，发展民族品牌，实现国际化，使中国白酒成为世界的酒，创造中华民族优秀酿酒产业辉煌发展的明天，是迫在眉睫的问题。

本教材内容主要包括白酒的贮存与老熟、白酒的骨干成分与微量成分、白酒香味成分的构成、白酒的品评、白酒勾兑材料及处理、白酒的勾兑、白酒的调味以及低度白酒和新型白酒的勾兑和调味等，突出应用性和针对性，具有很强的职业性、实践性和操作性。

本教材由宜宾职业技术学院辜义洪副教授担任主编，负责项目一、项目四的编写及教材的统稿，由四川理工学院生物工程学院罗惠波教授担任副主编，负责项目二、项目三的编写；由五粮液集团有限公司、国家级白酒评酒委员郭宾担任副主编，负责项目六、项目七的编写。由宜宾职业技术学院梁宗余、刘琨毅、张书猛、王琪、张敬慧等从事专业教学的教师分别参与其余各部分资料的收集和整理编写工作。

由于编者水平有限，本书难免有不全面甚至错漏之处，敬请读者批评指正！

编者

2014 年 9 月

目　录

项目一　白酒中的微量成分

任务一　浓香型白酒中的微量成分 …………………………………… 2
任务二　清香型白酒中的微量成分 …………………………………… 15
任务三　酱香型白酒中的微量成分 …………………………………… 20
任务四　兼香型白酒中的微量成分 …………………………………… 26
任务五　微量成分与白酒呈味 ………………………………………… 29
思考与练习 …………………………………………………………… 46

项目二　白酒的品评

任务一　白酒品评的意义和作用 ……………………………………… 47
任务二　评酒员能力及常规训练 ……………………………………… 48
任务三　白酒品评方法与技巧 ………………………………………… 54
任务四　各类香型白酒的品评术语及感官标准 ……………………… 59
任务五　白酒品评人员生理与环境条件要求 ………………………… 64
训练一　物质颜色梯度的鉴别 ………………………………………… 66
训练二　物质香气的鉴别 ……………………………………………… 69
训练三　物质滋味的鉴别 ……………………………………………… 73
训练四　酒中异杂味鉴别 ……………………………………………… 77
训练五　浓香型原酒质差鉴别 ………………………………………… 84
训练六　酒的香型鉴别 ………………………………………………… 88
思考与练习 …………………………………………………………… 97

项目三 白酒勾兑材料及处理

任务一 白酒勾兑用水处理技术 ·· 99
任务二 基酒及基础酒的质量评价及处理 ································· 106
任务三 酒精的处理 ·· 112
任务四 常用白酒添加剂处理 ·· 116
训练一 单体香溶液的配制和鉴别 ··· 122
思考与练习 ··· 125

项目四 白酒的勾兑

任务一 勾兑的作用和意义 ·· 126
任务二 勾兑的原理 ·· 127
任务三 勾兑用酒的选择 ·· 128
任务四 白酒加浆的计算与训练 ·· 131
任务五 勾兑的方法 ·· 135
任务六 勾兑中应注意的问题 ·· 141
任务七 企业勾兑参考案例 ·· 142
训练一 白酒的加浆降度 ·· 147
训练二 酒体风味设计 ·· 149
思考与练习 ··· 152

项目五 白酒的调味

任务一 调味的原理 ·· 154
任务二 调味酒（调味品）的来源、制作方法和性质 ··················· 156
任务三 调味的方法 ·· 163
训练一 白酒的勾兑和调味 ·· 173
思考与练习 ··· 175

项目六 低度白酒的勾兑与调味

任务一 白酒降度后的变化及调酒原料选择 ································· 177
任务二 白酒降度后浑浊的原因 ·· 179

任务三　低度白酒的除浊方法 ·· 181

任务四　低度白酒勾兑与调味 ·· 184

任务五　低度白酒勾兑与调味实例 ·· 188

思考与练习 ·· 192

项目七　新型白酒的勾兑与调味

任务一　新型白酒勾兑与调味 ·· 193

任务二　新型白酒勾调与调味实例 ·· 205

思考与练习 ·· 220

附录一　酒精体积分数、 质量分数、 密度对照表 ·················· 221

附录二　酒精温度浓度校正表 ··· 236

参考文献 ··· 270

项目一 白酒中的微量成分

导读

白酒香味复杂是众所周知的，香味成分种类繁多、含量微，而且各种微量香味成分之间通过相互复合、平衡和缓冲作用，构成了不同香型白酒的典型风格。这些典型风格取决于香味成分及其量比关系。在白酒香味成分中，起主导作用的成分称为主体香味成分。关于白酒的主体香味成分，1964 年茅台试点和汾酒试点已首次确认己酸乙酯为浓香型白酒的主体香味成分，乙酸乙酯为清香型白酒的主体香味成分。此后，白酒界及科研单位、大专院校都曾试图通过白酒香味成分的剖析研究，寻找各种香型白酒的主体香味成分。特别要指出的是，1991—1994 年，轻工业部食品发酵科学研究所先后与湖北省白云边酒厂、山东省景芝酒厂及江西省四特酒厂共同合作，进行科技攻关，开展了"其他香型名白酒特征香味组分的剖析研究"和"四特酒特征香味组分的研究"，取得了引人瞩目的研究成果。这些研究成果表明，所剖析出的特征性成分都与不同香型白酒的风格特征有相关性和特异性，为区分香型和确立新香型提供了科学的依据。同时认为，决定白酒风格的是诸多香味成分的综合反映。

白酒中微量成分的种类十分复杂和繁多，在我国三大香型白酒中，茅台酒有 963 个色谱峰，可定性的有 873 个；浓香型酒中有 674 个色谱峰，可定性的有 342 个；清香型酒中有 484 个色谱峰，可定性的有 178 个。其中，其中酱香型白酒 873 种可定性的微量成分中，酯类 380 种，酸类 85 种，醇类 155 种，酮类 96 种，醛类 73 种，含氮类 36 种，其他 48 种；浓香型酒 342 种可定性的微量成分中，酯类 99 种，羰基化合物 57 种，酸类 55 种，含氮化合物 38 种，醇类 36 种，酚类 27 种，醚类 14 种，呋喃类化合物 7 种，含硫化合物 6 种，其他 3 种。因此，从化学的角度上来看，白酒的实质是乙醇、水及几百种微量成分的混合物。其中，乙醇和水占了98%左右，可称为酒中的常量成分，而微量成分仅占了2%左右。

目前中国白酒分为四个基本香型八个小香型，它们均含有近200种微量成分，只要在微量成分的含量及比例上不一致，就会产生各种香型的风格，其中某一部分或小部分微量成分为它的主体香味成分。

任务一　浓香型白酒中的微量成分

浓香型白酒以泸州老窖特曲、五粮液、洋河大曲等酒为代表，以浓香甘爽为特点，采用以高粱为主的多种原料、陈年老窖（也有人工培养的老窖）、混蒸续糟工艺。它是我国白酒中产量最大、覆盖面最广的一类白酒。四川、江苏等地的酒厂所产的酒均是这种类型的。

浓香型白酒中所含的各类酯、酸、醇、醛等微量成分间的量比关系对酒质影响极大。所含微量成分总量（以酒精含量60%计）约为9g/L，其中总酯含量最高，约5.5g/L，占微量成分的60%左右，种类也多，是众多微量芳香成分中含量最高、数量最多、影响最大的一类芳香成分，是形成浓郁酒体香气的主要成分。其中己酸乙酯占绝对优势，为总酯含量的40%左右，其典型香气被专家们定义为具有浓郁的以己酸乙酯为主体的复合香气。此外，总酸含量约为1.5g/L，约占16%；总醇1.0g/L左右，约占11%；总醛1.2g/L左右，约占13%。微量成分含量高，酒质好，每下降1g/L，就下降一个等级。质量差的酒，微量成分的总量也低。

一、酯类成分

酯类是中国白酒中呈现香味的主要物质，酯类含量高则酒的香味好，酯类含量低则酒的香味低。浓香型白酒的香味成分以酯类成分占绝对优势，无论在数量上，还是在含量上都居首位。酯类成分约占香味成分总量的60%，其中己酸乙酯是其主体香气成分，在所有的微量成分中它的含量最高。

在质量好的浓香型白酒中各种酯的排列次序为：己酸乙酯＞乳酸乙酯＞乙酸乙酯＞丁酸乙酯；在质量差的酒中浓香型白酒各种酯的排列次序为：乳酸乙酯＞己酸乙酯＞乙酸乙酯＞丁酸乙酯，或乙酸乙酯＞乳酸乙酯＞己酸乙酯＞丁酸乙酯。把己酸乙酯排列到第2位、第3位均不会是好的浓香型白酒。但乳酸乙酯和乙酸乙酯2、3位的位置可以交换，不会影响酒质，甚至在某一方面会更好一些。如剑南春，它的四大酯类的排序就是：己酸乙酯＞乙酸乙酯＞乳酸乙酯＞丁酸乙酯；有时五粮液也是这种排序，而且它们的乳酸乙酯和乙酸乙酯都比其他浓香型白酒的含量要少得多。一般认为，乳酸乙酯和乙酸乙酯不能超过己酸乙酯，前两种酯之和等于或略大于己酸乙酯则是好酒。

甲酸乙酯、丙酸乙酯、戊酸乙酯在酒中的作用是很显著的，可以增强香气，协调味觉，应在酒中保持一定的含量，不可忽视。棕榈酸乙酯、亚油酸乙酯和油酸乙酯则适当减少，它们没有香气，呈味也不如酸类，同时又是酒产生浑浊的主要原因；实践证明，适当减少这些酯类，而增补适量酸类，酒质没有发生变化，反觉得酒味更加清洌、爽快。辛酸乙酯和庚酸乙酯也可减少，它们使酒产生新酒味和辛辣味，并有压香味的感觉，所以量不能多，只能少。

在增加单体酯的同时，应增加相对应的酸含量，以避免酯高、酸低，造成酯的水解，使酒发生多味的变化（香味不谐调），尤其是在酒精含量低时更应注意这个变化。加入少量的奇碳酯和相应的酸，可增加酒的幽雅感。

总酯含量高，酒质好，每下降 1g/L 就下降一个等级。微量成分总量与总酯含量的关系：质量好的酒，总酯约占微量成分的 60%，每下降 5%，就降低一个等级，质量差的酒，总酯含量均较低。浓香型酒中的酯及其含量的关系见表 1－1。

表 1－1　浓香型酒中的酯及其含量　　　　单位：mg/L

名称	含量	名称	含量
甲酸乙酯	14.3	月桂酸乙酯	0.4
乙酸乙酯	1714.6	肉豆蔻酸乙酯	0.7
丙酸乙酯	22.5	棕榈酸乙酯	39.8
丁酸乙酯	147.9	亚油酸乙酯	19.5
乳酸乙酯	1410.4	丁二酸二乙酯	11.8
戊酸乙酯	152.7	辛酸乙酯	2.2
己酸乙酯	1849.9	苯乙酸乙酯	1.3
庚酸乙酯	44.2	癸酸乙酯	1.3
乙酸丁酯	1.3	油酸乙酯	24.5
乙酸异戊酯	7.5	硬脂酸乙酯	0.6
己酸丁酯	7.2	总酯	5475.8
壬酸乙酯	1.2		

如表 1－1 所示，己酸乙酯绝对含量最高，是除乙醇和水之外含量最高的成分。它不仅绝对含量高，而且阈值较低，香气阈值为 0.76mg/L，在味觉上还带甜味，爽口。因此，己酸乙酯的高含量、低阈值，决定了这类香型白酒的主要风味特征。在一定比例浓度下，己酸乙酯含量的高低，标志着这类香型白酒品质的优劣。

（1）含量高的酯 除己酸乙酯外，还有乳酸乙酯、乙酸乙酯、丁酸乙酯共4种，称为浓香型酒的"四大酯类"。它们的浓度在 10～200mg/100mL 数量级。其中己酸乙酯与乳酸乙酯浓度的比值在1:（0.6～0.8），比值以小于1为好；己酸乙酯与丁酸乙酯的比例在 10:1 左右；己酸乙酯与乙酸乙酯的比例在1:（0.5～0.6）。

（2）含量较高的酯 约为 5mg/100mL，有戊酸乙酯、乙酸正戊酯、棕榈酸乙酯、亚油酸乙酯、油酸乙酯、辛酸乙酯、甲酸乙酯、乙酸丁酯、庚酸乙酯9种。

（3）含量较少的酯 约为 1mg/100mL，有丙酸甲酯、乙酸正丁酯、乙酸异戊酯、乙酸丙酯等7种。

（4）含量极微的酯 含量在 10^{-6} 浓度级或还要低，有壬酸乙酯、月桂酸乙酯、肉豆蔻酸乙酯等19种。

值得注意的是，浓香型白酒的香气是以酯类香气为主的，尤其突出己酸乙酯的气味特征。因此，酒体中其他酯类与己酸乙酯的比例关系将会影响这类香型白酒的典型香气风格，特别是与乳酸乙酯、乙酸乙酯、丁酸乙酯的比例，从某种意义上讲，将决定其香气的品质。

二、醇类成分

醇类对人体有一定的不良影响，比较而言，乙醇（酒精）对人体的影响是最小的，其他都大于乙醇，尤其是甲醇，超标就会造成人体中毒。所以要严格控制卫生指标，在不影响酒质的前提下，尽量设法降低醇类物质的含量。在新型白酒的生产中，甲醇含量已经下降至国家规定标准值的近 1/30，有的酒几乎测不出甲醇。

无论质量好的酒还是质量差的酒，其总醇含量均在 1.0g/L 左右。微量成分总量与总醇含量的关系是：总醇约占微量成分总量的 12% 以内的酒质量好，在 15% 以上的酒质量较差。与总酸比，总醇占总酸的 70% 左右，酒质好，产品口感协调；在 75% 以上的酒质差。浓香型酒中的醇及其含量见表 1-2。

表 1-2 浓香型酒中的醇及其含量 单位：mg/L

名称	含量	名称	含量
正丙醇	173.0	己醇	161.9
2，3-丁二醇	17.9	仲丁醇	100.3
异丁醇	130.2	正戊醇	2.1
正丁醇	67.8	β-苯乙醇	7.1
异戊醇	370.5	总醇	1030.8

醇类化合物是浓香型白酒中又一呈味物质，它的总含量仅次于有机酸含量。醇类突出的特点是沸点低、易挥发、口味刺激，一定的醇含量能促进酯类香气的挥发。若醇含量太低，则会突出酯类的香味，使浓香型白酒的香气突出，但入口醇厚感差；若醇含量太高，酒体不但突出了醇的气味，而且口味上也显得刺激、辛辣、苦味明显。所以，醇类的含量应与酯含量有一个恰当的比例。一般醇与酯的比例在浓香型白酒组分中为 1∶5 左右。在醇类化合物中，各组分的含量差别较大，以异戊醇含量为最高，在 30～50mg/100mL 浓度范围。各个醇类组分的浓度顺序：异戊醇＞正丙醇＞异丁醇＞仲丁醇＞正己醇＞2，3－丁二醇＞异丙醇＞正戊醇＞β－苯乙醇。其中异戊醇与异丁醇对酒体口味的影响较大，若它们的绝对含量较高，酒体口味较差，异戊醇与异丁醇的比例一般较为固定，大约在 3∶1。高碳链的醇及多元醇在浓香型白酒中含量较少，它们大多刺激性较小，较难挥发，并带有甜味，对酒体可以起到调节口味刺激性的作用，使酒体口味变得浓厚而甜。仲丁醇、异丁醇、正丁醇口味很苦，它们绝对含量高，会影响酒体口味，使酒带有明显的苦味，这将损害浓香型白酒的典型味觉特征。

三、酸类成分

酸类是白酒中的呈味物质，酸类物质味绵柔尾长，但酸类物质含量高则压香；酸类含量低香气好，酸类含量高香气差。浓香型酒中的酸类及其含量见表 1－3。

表 1－3　浓香型酒中的酸类及其含量　　　　单位：mg/L

名称	含量	名称	含量
乙酸	646.5	壬酸	0.2
丙酸	22.9	癸酸	0.6
丁酸	139.4	乳酸	369.8
异丁酸	5.0	棕榈酸	15.2
戊酸	28.8	亚油酸	7.3
异戊酸	10.4	油酸	4.7
己酸	368.1	苯甲酸	0.2
庚酸	10.5	苯乙酸	0.5
辛酸	7.2	总酸	1637.3

有机酸类化合物是浓香型白酒中重要的呈味物质，它们的绝对含量仅次于酯类含量，约在 1400mg/L，约为总酯含量的 1/4。经分析得出的有机酸按其浓

度多少可分为三类：第一类为含量较多的，约在 100mg/L 以上，它们有乙酸、己酸、乳酸、丁酸 4 种；第二类为含量适中的，在 1~40mg/L，它们有戊酸、棕榈酸、亚油酸、油酸、辛酸、异丁酸、丙酸、异戊酸、庚酸等；第三类是含量极微的有机酸，浓度一般在 1mg/L 以下，它们有壬酸、癸酸、苯甲酸、苯乙酸等。有机酸中乙酸、己酸、乳酸、丁酸的含量最高，其总和占总酸的 90% 以上。其中，己酸与乙酸的比例在 1：(1.1~1.5)；己酸与丁酸的比例在 1：(0.3~0.5)；己酸与乳酸的比例一般在 1：(1~0.5)；浓度高低的顺序为乙酸＞己酸＞乳酸＞丁酸。总酸含量的高低对浓香型白酒的口味有很大的影响，它与酯含量的比例也会影响酒体的风味特性，一般总酸含量低，酒体口味淡薄，总酯含量也相应不能太高，若太高酒体香气显得"头重脚轻"；总酸含量太高也会使酒体口味变得刺激、粗糙、不柔和、不圆润。另外，酒体口味持久时间的长短，很大程度上取决于有机酸，尤其是一些沸点较高的有机酸。

有机酸与酯类化合物相比较芳香气味不十分明显，但一些长碳链脂肪酸具有明显的脂肪臭和油味，若这些有机酸含量太高仍然会使酒体的香气带有明显的脂肪臭或油味，影响浓香型白酒的香气及典型风格。

在一般浓香型白酒中，酸的排列次序为：乙酸＞己酸＞乳酸＞丁酸＞甲酸＞戊酸＞棕榈酸。较差的白酒中酸的排列次序为：乳酸＞乙酸＞己酸＞丁酸＞甲酸＞戊酸＞棕榈酸。乙酸的绝对含量应在 300mg/L 以上，且含量应为各酸之首；甲酸和戊酸是具有陈味的呈味物质，应有适当量，在排列上戊酸可以等于或略大于甲酸；丙酸呈味也很好，应保持一定含量；辛酸、庚酸有辛味，应减少其含量。

在减少单体酸的含量时，要注意同时减少相对应的酯的含量，如减少辛酸含量，则同时应减少辛酸乙酯的含量，以避免酯含量大于酸含量，失去平衡，使酯水解成酸，造成存放期或货架期中酒味的变化。

在白酒中一般不添加柠檬酸。柠檬酸味纯净，阈值低，是较好的食品调味剂，它在酒和水中能充分溶解，可以担任其他香味物质的放香载体，但它是三元酸，在钙、镁离子存在下，会与其发生缓慢反应，生成含 4 个结晶水的柠檬酸钙/镁，柠檬酸钙不溶于乙醇，微溶于水。随温度升高其溶解度降低，而形成沉淀，由于柠檬酸与钙离子反应比较缓慢，在勾调期内不会沉淀，往往造成在货架期沉淀，对白酒质量危害较大，并易给白酒带来涩味。鉴于此，白酒调酸一般不采用加柠檬酸的做法。

使用单体乳酸一定要用优质合格产品，因乳酸之间可起加成反应，生成丙交酯，丙交酯是一种环状物，不溶于水，难溶于乙醇，会在酒中形成絮状沉淀。

　　酸是新酒老熟的催化剂，它的组成情况和含量影响着酒的老熟能力。酸也是白酒最好的呈味剂，白酒的口味是指酒入口后对味觉刺激的一种综合反映。酒中所有的成分，既对香又对味起作用，从口味上讲又有后味、余味、回味之分。羧酸主要是对味觉的贡献，是最重要的味感物质，它可增长酒的后味。人们饮酒时，总是希望味道丰满，有机酸能使酒变得风味多，口味丰富而不单一。酸可以出现甜味和回甜感，只要酸量适度，比例谐调，可使酒出现甜味和回甜味。同时酸可消除糙辣感，增强白酒的醇和感，又可减轻中、低度酒的水味。添加综合酸还可以解决酒中有苦味的问题。

　　酸对人体健康是很有益的，据有关资料介绍，酸可以帮助消化，解除疲劳，增强免疫功能，还具有美容、软化血管、预防高血压病、解酒、减肥等功能，所以，适当提高酒中的酸度是很有益的。

　　但酸对白酒香气有抑制和掩蔽作用，俗称压香。也就是说，酸量过多，对其他物质的放香阈值增大了，放香程度在原有的基础上降低了；酸量不足，普遍存在酯香突出，酯香气复合程度不高等特征。酸在调整酒中各类物质之间的融合程度、改变香气的复合性方面有一定程度的强制性。分析检验说明，酸量不足，可能造成酒发苦，邪杂味露头，酒不净，单香不谐调等；酸量过多，使酒变得粗糙，放香差，闻香不正，发酸发涩等。酸在新型白酒勾调中起着非常重要的作用，也有人认为，异戊酸和异丁酸对白酒风味的改善也有较大的作用。

　　增加氨基酸的含量，对提高白酒风味有很好的作用，添加何种氨基酸，由试验和酒体设计来确定。

　　质量好的酒总酸含量也高。每下降 0.3～0.4g/L，就降低一个等级。总酸含量低，酒质差。微量成分总量与总酸含量的关系是：质量好的酒总酸约占16.7%，每下降2%，就降低一个等级，质量差的酒总酸含量均较低。

四、醛类成分

　　醛类和醇类一样，对人体都有一定的不良影响，其中以甲醛最甚，但是白酒中含甲醛很少，一般都在 1mg/L 以下，要除尽甲醛是比较容易的，新型白酒基本不含甲醛。在醛类中，含量最多的是乙醛和乙缩醛，它们的含量分别为 400mg/L 和 500mg/L，被认为是白酒中不可缺少的。乙缩醛在酒的贮存中含量增加，被认为是形成陈味的一种物质，对白酒香味的形成有一定贡献，应有一定的含量。乙醛也一样，不含有乙醛就没有刺激感，平淡无味，但含量过高，则冲辣、刺舌，有新酒的感觉。这两种物质，应该在保证酒的质量的前提下，尽可能地减少其含量。现在的新型白酒中乙醛含量已经降到了 200mg/L 左右，乙缩醛 300mg/L 左右，且仍保持了白酒的固有风格。同样也可以用有利于人体身心健康的酮类、酚类、内酯类物质来代替这些醛类，如黄酮、丁香醛、香草醛、愈创木酚、皂素等，选用得好，既可以提高酒的质量，又能增进白酒的保健作用。其他的醛类如丙醛、丁醛、戊醛、异戊醛等都不应该添加。糠醛含量甚微，一般在 10mg/L 以内，对香味的贡献很大，必要时可添加约 2mg/L。丁二酮、3－羟基丁酮呈味也很好，可以起到增香提爽的作用，它们的含量分别为 60mg/L 和 50mg/L 左右。当放香差，酒味不爽净时，可添加 6～8mg/L 丁二酮或 3－羟基丁酮。

醛类化合物与白酒中的香气有密切的关系，对构成白酒的主要香味物质有重要作用。白酒中的醛类物质主要是乙醛和乙缩醛，它们占总醛的 98%，它们与羧酸共同形成了白酒的谐调成分。酸偏重于白酒口味的平衡和协调，而乙醛和乙缩醛主要是对白酒香气进行平衡和协调，它们的作用强，影响大，是白酒中重要的组成部分。乙缩醛即二乙醇缩乙醛，在分子内含有 2 个醚键，它不是醛类，是特殊的醚，在化学概念上不是同一类化合物，但在特定条件下，它们互相联系又可以互相转换，它是潜在的乙醛，因此白酒行业把乙缩醛归为醛类也未尝不可。

1. 乙醛和乙缩醛的携带作用

一是乙醛和乙缩醛本身有较大的蒸气分压，二是它与所携带物质在液相、气相均有较好的相容性。乙醛与酒中的醇、酯、水，在酒液的液相或气相平衡中的各组分之间均有很好的相容性，相容性好才能给人的嗅觉以复合型的感觉，白酒的溢香和喷香与乙醛的携带作用有关。

2. 降低阈值的作用

在白酒的味觉、嗅觉研究中，"阈"是刺激的划分点或是临界值的概念。阈值是心理学和生理学上的术语，是获得感觉上的不同而必须越过的最小刺激值。

在白酒的勾调过程中有一个共同的经验，当使用含醛量高的白酒时，其闻香明显变强，对放香强度有放大和促进作用，这是对阈值的影响。阈值不是一个固定值，在不同的环境条件下，有不同的值。乙醛的存在，对可挥发性物质的阈值有明显的降低作用，白酒的香气变强了，提高了放香感知的整体效果，当然其中也有一个尺度掌握的问题。

3. 掩蔽作用

在制作低度酒时，出现酒与味脱离的现象，其原因是没有处理好"四大酸"与乙醛和乙缩醛的关系。四大酸主要表现为对味的协调功能，酸压香增味，乙醛、乙缩醛提香压味，处理好这两类物质间的平衡关系，就不会显现出有外加香味物质的感觉，这就是提高了酒中各成分的相容性，掩盖了白酒某些成分过于突出的弊端，从这种角度讲，它具有掩蔽作用。

4. 促进酒老熟的作用

因为醛基很活跃，加速了酒中微量成分的转变和陈味物质的生成。一般认为，乙醛由乙醇经酵母氧化而生成，异戊醛由亮氨酸组成，芳香族醛（对羟基甲基苯甲醛、对羟基苯甲醛等）由酪氨酸经酵母作用而生成醋翁，双乙酰由酵母、乳酸菌或曲霉代谢而生成。高沸点的醛可增强白酒的香气，提高酒质。在白酒的老熟过程中，挥发性的羰基化合物增加，酒变微黄，产生陈味。过陈、过熟的臭味是由于氨基和羰基反应生成的 3 - 去氧葡糖胺所致，酒色加深。

质量好的酒总醛含量在 1.2g/L 左右，超过 1.6g/L 酒质差。微量成分总量与总醛含量的关系是：总醛占 13% 的酒质好，超过 15% 的酒质差，与微量成分总量的比值越大，酒质越差。

五、微量成分含量与质量的关系

浓香型白酒有广阔的市场，适合大多数消费者的口味，其产量居全国曲酒产量之冠。据四川省食品发酵工业研究设计院最新研究成果报道，采用气相色谱仪对泸州曲酒进行了多年的研究，定性、定量测出泸州曲酒中 108 种芳香成分。微量芳香成分在泸州特、头、二、三曲中总含量差异较大（表 1 - 4）。

表 1 - 4　泸州曲酒中微量芳香成分含量　　　单位：mg/100mL

分类 批次	特曲	头曲	二曲	三曲
第一批	855	723	732	725
第二批	963	792	625	683
第三批	890	781	742	541
平均	903	765	700	650

如表 1 - 4 所示，特、头、二、三曲酒中的微量芳香成分总量，呈现由高到低的变化规律。个别酒样来源不同，略有差异，但其平均值变化明显。由此看出，酒质好的微量芳香成分含量高，反之酒质较差。在检测其他浓香型酒时，也普遍符合这个规律。

1. 酯类含量与酒质的关系

酯类是浓香型白酒中重要的芳香成分，是微量芳香成分中含量最高、数量最多、影响最大的成分，也是形成浓郁酒体香气的主要物质。

（1）己酸乙酯　众所周知，己酸乙酯是浓香型曲酒的主体香，但随酒质的不同，其含量差异较大（表1－5）。

表1－5　浓香型曲酒中己酸乙酯的含量　　单位：mg/100mL

名称	五粮液	全兴大曲	洋河大曲	泸州特曲	泸州头曲	泸州二曲	泸州三曲
己酸乙酯含量	221.4	215.8	235	223.2	172.8	72.7	57.2

　　浓香型全国名酒的己酸乙酯含量都在200mg/100mL以上。特、头、二、三曲酒中的己酸乙酯含量递减，这是造成酒质差异的重要原因。以泸州酒厂系列产品为例，特曲具有浓郁而悠长的香气，典型性强；头曲在闻香上仍保留浓香型的香气特点，但浓郁不如特曲；二、三曲则明显主体香不足，在闻香上与特、头曲相差较大。

　　（2）酯的不同量比对酒质的影响　　用气相色谱定量泸州曲酒39种酯，各种酯的含量差别很大，为0.01~200mg/100mL。泸州曲酒中主要酯的含量见表1－6。

表1－6　泸州曲酒中主要酯的含量　　单位：mg/100mL

名称	特曲	头曲	二曲	三曲
己酸乙酯	223.2	172.9	79.1	57.2
乳酸乙酯	161.6	133.1	101.5	68.8
乙酸乙酯	121.5	114.4	96.8	92.1
丁酸乙酯	21.8	15.5	8.8	5.1
戊酸乙酯	7.3	5.6	2.7	2.0
棕榈酸乙酯	6.3	5.9	4.9	5.8
亚油酸乙酯	6.3	5.9	4.8	5.1
乙酸特丁酯	7.4	3.9	2.2	1.8
油酸乙酯	5.2	4.5	3.7	4.7
辛酸乙酯	5.2	4.8	3.0	2.4
甲酸乙酯	4.3	3.6	3.1	2.4
庚酸乙酯	3.9	3.8	1.7	1.5

　　如表1－6所示，除棕榈酸乙酯、油酸乙酯、亚油酸乙酯外，其他各酯在特、头、二、三曲酒中含量递减，且己酸乙酯、丁酸乙酯、戊酸乙酯、辛酸乙酯、庚酸乙酯，在各等级酒中含量的比例基本稳定。二曲和三曲，微量芳香成分比例明显失调，出现乳酸乙酯＞己酸乙酯和乙酸乙酯＞己酸乙酯的情况，以致主体香不足，显"闷味"，尾不净。因此，己酸乙酯与其他酯类恰当的比例，

是浓香型曲酒酒质优劣的重要标志。

（3）己酸乙酯与总酯之比对酒质的影响　如表1-7所示，己酸乙酯含量的多寡，对浓香型白酒有重要意义，有的酒即使总酯含量很高而己酸乙酯占的比例少，酒质仍然较差。

表1-7　己酸乙酯与总酯的含量及其比值　　单位：mg/100mL

名称	五粮液	泸州特曲	泸州头曲	泸州二曲	泸州三曲
己酸乙酯	272.14	223.2	172.8	72.7	57.2
总酯	517.36	550	461	325	290
比值	1：1.9	1：2.46	1：2.67	1：4.47	1：5.07

（4）形成窖香的酯类对酒质的影响　感官尝评窖香突出的双轮底酒、窖香酒、泥香酒、曲香酒、陈味酒等，与一般酒比较，其主要差别是己酸乙酯、丁酸乙酯、戊酸乙酯、辛酸乙酯、庚酸乙酯含量高，是其他较好的酒的 1.5~2 倍。且戊酸乙酯、辛酸乙酯、庚酸乙酯都属于味阈值低、放香快而强烈的酯类，当它们以适当的比例与己酸乙酯、丁酸乙酯共存时，明显地使窖香更突出，酒体更浓郁。丁酸乙酯、己酸乙酯、辛酸乙酯、庚酸乙酯在泸州特、头、二、三曲酒中含量明显递减，对酒的主体香起着决定性的作用。

（5）几种主要酯类对酒质的影响　乳酸乙酯在优质浓香型曲酒中的含量仅次于己酸乙酯，居第二位。乳酸乙酯香气弱，味微甜，浓度为 100~200mg/100mL 时，具有老白干气味。酒中缺少乳酸乙酯则浓厚感差，但过多则出现涩味。乳酸乙酯在泸州特、头、二、三曲酒中含量递减。

乙酸乙酯在浓香型曲酒微量芳香成分中占第三位，它具有水果香，带刺激性的尖酸味，略苦。乙酸乙酯在特、头、二、三曲酒中含量变化不大，它与乳酸乙酯一样，在酒中与己酸乙酯含量在固定的比例范围内，比值偏小较好。

丁酸乙酯在含量上虽然不及己酸乙酯、乳酸乙酯和乙酸乙酯高，但在形成浓郁香气上，仅次于己酸乙酯，是形成窖香的重要酯类。它在特、头、二、三曲酒中的含量呈明显下降的趋势，特别是在调味酒和异杂味酒中的含量变化较大，但有一个规律，就是丁酸乙酯与己酸乙酯之比，在这些酒中都为 1：10 左右。

此外，含量在 50mg/mL 以上的酯，如甲酸乙酯、乙酸正戊酯、戊酸乙酯、辛酸乙酯、庚酸乙酯等，随着酒质的优劣，其含量也由高到低，这些酯以一定比例存在于酒中，对形成酒的浓郁、丰满的香气起着良好的作用。

2. 醇类含量与酒质的关系

所谓白酒中的醇类，是指除乙醇外的其他微量醇，即碳原子数除2以外的所有醇。

（1）醇含量对酒质的影响　醇类在泸州特、头曲酒中的含量占芳香成分总量的11%左右，除酯、酸类外，总含量居第3位。醇在泸州特、头、二、三曲酒中的含量变化情况与酯类、酸类不同，泸州二、三曲酒中醇类含量高于泸州特、头曲酒（表1-8）。

表1-8　浓香型曲酒中的醇类含量　　　单位：mg/100mL

项目	泸州特曲	泸州头曲	泸州二曲	泸州三曲
香气成分总量	963	791.7	625.6	682.9
醇类总量	99.3	96.3	105.9	98.7
醇类百分含量	10.3	12.2	16.9	14.4
酯类总量	589	504	311.8	272
酯醇比	6：1	5：1	3：1	3：1

泸州二、三曲酒中醇类占芳香成分总量的比例明显增高，一般为16%以上，有的高达24.5%。其酯和醇在特、头曲酒中比例为5：1或6：1，二、三曲酒中为3：1或2：1。也就是说，质量差的酒酯低醇高，酯香味不能有效掩盖杂醇油和其他醇味，致使酒呈现各种异杂味。

（2）醇的量比关系对酒质的影响　泸州曲酒中已定量的醇类有26种，各种成分含量差别很大，最高的是异戊醇，为30～50mg/100mL，含量最低的醇类只有 $n \times 10^{-5}$ g/L浓度级，泸州曲酒中主要醇类含量见表1-9。

表1-9　泸州曲酒中的醇类含量　　　单位：mg/100mL

名称	特曲	头曲	二曲	三曲
异戊醇	31.6	31.9	47.7	50.4
正丙醇	17.5	17.4	18.5	20.4
甲醇	13.7	11.8	9.2	10.6
异丁醇	11.3	11.9	16.9	14.1
正丁醇	7.9	7.3	3.9	7.9
仲丁醇	5.9	4.2	2.5	5.2
正己醇	6.6	6.3	3.4	3.4
2,3-丁二醇	2.28	2.28	1.43	0.07
β-苯乙醇	0.33	0.32	0.33	0.38

可见，泸州特、头、二、三曲酒中，醇类的含量排列顺序基本上有一定规律。异戊醇、正丙醇、异丁醇在特、头、二、三曲酒中的含量明显递增。异丁醇含量以 10 ~ 12mg/100mL 为佳，全国名酒五粮液、剑南春和泸州特曲，其含量均在这个范围，二、三曲酒中含量就升至 14 ~ 17mg/100mL。异丁醇含量多时，异戊醇也随着增加，但异戊醇与异丁醇的比值在特、头、二、三曲酒中，均保持在 2.6 ~ 2.9。与其他微量芳香成分比较，异戊醇、异丁醇含量上的比例是很稳定的，甚至连酱香型、米香型酒的变化也大致如此。这说明引起酒质变化的原因不是异戊醇和异丁醇的比值，而是它们的绝对含量，也就是说好酒中异戊醇和异丁醇含量较低，质量差的酒这两种醇含量较高。

此外，正丁醇、仲丁醇、正己醇、2，3 - 丁二醇在好酒中含量高，质量差的酒中含量少。这几种醇都是放香和呈味较好的物质，在酒中起着重要的作用。

3. 酸含量对酒质的影响

酸类是白酒中重要的呈味物质，占浓香型曲酒微量芳香成分的第二位，占成分总量的 14% ~ 16%（表 1 - 10）。

表 1 - 10　泸州曲酒中的微量成分总量、总酸量及其比例关系

项目	微量成分总量/(mg/100mL)	总酸/(mg/100mL)	百分比/%
特曲	855	123	14.4
头曲	792	102	12.9
二曲	625	79	12.6
三曲	683	72	10.5

酸在泸州曲酒中的基本含量：特曲 > 头曲 > 二曲 > 三曲。但有时因乙酸含量偏高，致使总酸变高。可见，酸含量的高低是酒质好坏的一个标志。在一定比例范围内，酸含量高的酒质量好，反之，酒质差。在检测其他浓香型名酒中也是同样的结果，而苦涩、异杂味酒，酸含量普遍较低。

用气相色谱定量泸州曲酒中的 25 种有机酸，按含量多少可分为以下三种情况：

①含量在 10mg/100mL 以上的酸：有乙酸、己酸、乳酸、丁酸 4 种；

②含量在 0.1 ~ 4.0mg/100mL 的酸：有甲酸、戊酸、棕榈酸、亚油酸、油酸、辛酸、异丁酸、丙酸、辛酸、异丁酸、丙酸、异戊酸、庚酸共 13 种；

③含量在 0.1mg/100mL 以下的酸：有壬酸、十八酸、癸酸、肉桂酸、肉豆

蔻酸、异丁烯二酸等 11 种（表 1 – 11）。

表 1 – 11 泸州曲酒中的酸含量 单位：mg/100mL

名称	特曲	头曲	二曲	三曲
总酸	146.6	114.0	83.4	72.7
乙酸	45.1	41.0	39.3	33.9
己酸	36.1	27.5	18.2	16.7
乳酸	33.2	22.6	17.2	8.7
丁酸	12.9	12.2	9.7	7.3
甲酸	3.2	2.7	0.5	1.1
戊酸	1.61	2.51	1.10	0.91
棕榈酸	1.68	1.08	1.39	0.81
亚油酸	1.54	0.70	0.98	0.60
油酸	1.31	0.75	0.96	0.54
辛酸	0.59	0.58	0.32	0.32
异丁酸	0.70	0.68	0.51	0.68

如表 1 – 11 所示，主要酸在优质浓香型曲酒中的含量排列顺序为：乙酸 ＞ 己酸 ＞ 乳酸 ＞ 丁酸 ＞ 甲酸 ＞ 戊酸 ＞ 棕榈酸 ＞ 亚油酸 ＞ 辛酸 ＞ 异丁酸。结合感官品评发现，己酸含量高的酒质好。特、头、二、三曲酒中己酸含量显著递减。五碳以下的低级脂肪酸都具有刺激性气味，浓时酸味刺鼻，多数具有辣味，稀释后有爽快感、细腻感。五碳以上的酸刺激性逐渐减少，而香气逐渐增加。高沸点的有机酸多数具有独特的香味，如肉桂酸有似奶油香味，肉豆蔻酸、棕榈酸有柔和的果香，亚油酸有浓脂肪香、爽快感。曲酒中的有机酸与相应的酯互相衬托、谐调，使酒体柔和、丰满、回味好。综上所述，说明酒质优劣与总酸含量密切相关。

4. 醛类成分与酒质的关系

泸州曲酒二、三曲酒中总醛和乙缩醛含量，都远远超过特、头曲。乙醛和乙缩醛是醛类物质中含量最高的成分，是浓香型曲酒中的重要醛类。乙醛具有刺激性，是酒中辛辣之源，含量不宜过高，优质酒中乙醛含量都不高。乙缩醛有浓重的刺激性，涩口糙辣，但适量的乙缩醛可使酒爽口，是呈香呈味的芳香成分。曲酒中醛类物质含量见表 1 – 12。

表 1−12　曲酒中醛类物质含量　　　　　单位：mg/100mL

名称	特曲	头曲	二曲	三曲
乙缩醛	52.6	41.5	72.9	129.6
乙醛	33.6	26.0	46.2	88.7
异戊醛	5.9	5.0	3.3	3.9
丙醛	2.4	2.5	1.0	1.3
异丁醛	1.5	1.5	0.8	0.8
糠醛	1.4	0.7	0.50	0.4
正丁醛	0.57	0.58	0.50	0.12
丙烯醛	0.21	0.36	0.37	0.41

　　四川大学陈益钊教授根据微量成分的某一部分在酒中的地位和主导作用，把占白酒 1%～2% 的成分分成以下三个部分：①色谱骨架成分；②谐调成分；③复杂成分。陈益钊教授指出，中国白酒是复杂体系，这 1%～2% 的成分是这一复杂体系物质品种数占绝对优势的部分。

　　白酒中的任何成分同时具有两个方面的作用：一是对香气的贡献，二是对味的贡献。任意一种物质对香气和味的贡献各不相同。有的对香贡献大，对味贡献小，有的则刚好相反。白酒中所有成分对香贡献的总和就是白酒的香，所有成分对味贡献的总和就是白酒的味，香和味贡献的总和并非各个成分各自香和味贡献的简单叠加。所以，对任意一种商品性白酒，在生产过程中必须解决好以下四方面的问题：香的谐调、味的谐调、香和味的谐调、风格（典型性）。

　　香和味的谐调主要包括两个方面的内容：一方面是主导着香型的那些骨架成分的构成及比例是否合理，是否符合香和味的客观规律；另一方面是在骨架成分的构成符合常理的状态下，是哪些物质起着综合、平衡和谐调的作用。陈益钊教授经过多年的研究，发现浓香型白酒的乙醛、乙缩醛和乙酸、乳酸、己酸、丁酸这 6 种物质就是谐调成分。其中乙醛和乙缩醛的主要作用是对香气有较强的谐调功能，乙酸、乳酸、己酸、丁酸主要表现为对味极强的谐调功能。它们的谐调作用必须具备一个前提条件：即乙醛和乙缩醛之间的比例必须谐调，4 种酸之间的比例关系必须谐调，这 6 种物质必须与其他成分比例关系谐调。

任务二　清香型白酒中的微量成分

　　我国白酒香型的划分起始于 1979 年全国第三届评酒会，这是白酒生产技术进步的体现。到 1989 年已经由清、浓、酱、米及其他 5 大香型扩展到 12 个类别。

随着白酒生产技术和评酒水平的提高，人们对香型的认识也逐步深化。就香气成分而言，我国白酒酯含量高，其中乙酸乙酯和乳酸乙酯在所有香型酒中都大量存在，这是有别于世界上其他蒸馏酒的特征之一。以这两种乙酯类为主的复合香气是清香型酒的主体香早已明确。它们从糖化发酵剂区分有大曲、小曲及麸曲之分；在生产工艺上有固态、半固态、半液态及全液态发酵之别；所采用的发酵容器有陶缸、水泥池、砖池、新泥池及不锈钢大罐等；贮酒容器有陶缸、金属大罐、酒海等。由于影响产品风味质量的诸因素不同，造成了所产白酒具有各自的风格特点，有些产品长期以来获得了当地广大消费者的爱好，形成了一个流派。一般来说，北方地区以大曲或麸曲清香为主，南方地区以小曲清香为主。

清香型白酒是以清亮透明，清香纯正，香气清雅，绵甜爽净的特点和自然淳朴的风格立足于市场。国家标准中对清香型白酒的定义是：以粮食等为主要原料，经糖化、发酵、蒸馏、贮存、勾兑而酿制成的，具有乙酸乙酯为主体的复合香气的蒸馏酒，感官要求是无色清亮透明，清香纯正，具有乙酸乙酯为主体的清雅、谐调的复合香气，口感柔和、绵甜爽净、和谐，余味悠长，具有本品突出的风格。

清香型白酒在福建省闽南一带及台湾省深受广大消费者喜爱。我国台湾省自开创金门酒厂、生产金门高粱酒以来，饮酒习惯主要以清香型白酒为主。随着改革开放，大陆浓香型白酒、米香型白酒等也从不同渠道涌进台湾市场，使台湾饮酒格局发生了一定变化，但由于根深蒂固的饮酒习惯，台湾民众还是比较偏爱清香型白酒。

清香型白酒也称为汾香型白酒，以汾酒为代表，清香型白酒的工艺特点是："清蒸清烧，净器发酵，中汤制曲，卫生要好"。也就是说，清香型白酒在生产中着重突出"清""净"二字。原辅料清蒸，蒸馏时不混料，卫生条件好，发酵窖池用地缸、瓷砖、水泥池。采用此工艺所酿出的酒香气纯正，无其他杂香，是一种单纯的以乙酸乙酯为主的香气，口味特别干净，无任何邪杂味，尾净香长。

清香型白酒所含微量成分种类和总量都低于酱香型白酒和浓香型白酒，略高于米香型白酒。其中乙酸乙酯含量明显高于其他几种香型酒，绝对含量范围为 1800～3100mg/L，乙酸乙酯是清香型白酒的主体香气成分，占总酯含量的 55% 以上；己酸乙酯和丁酸乙酯的含量很低，己酸乙酯含量小于 25mg/L，丁酸乙酯含量小于 10mg/L，这些成分的含量若高于此范围，酒就会出现异香，失去清香型白酒"一清到底"的风格，被列为等外品；乳酸乙酯含量较高，其含量范围在 890～2600mg/L，可以使酒的后味不淡。乙缩醛含量在 240～680mg/L，乙缩醛含量高时，说明酒贮存时间长，随着贮存时间的增加，醛类物质大部分转化，以乙缩醛的形式存在于酒中，使闻香与口味得到改善。

清香型白酒微量成分的总量约为 8670mg/L，其中酸类约 1310mg/L，约占 15%；酯类 5680mg/L，占 65.5%；醛类 710mg/L，占 8.2%；醇类 970mg/L，占 11.2%。其主要微量成分的含量范围（mg/L）为：乙醛 126~480，乙酸乙酯 1760~3060，正丙醇 76~250，仲丁醇不大于 40，乙缩醛 250~670，异丁醇 116~170，正丁醇大于 12，丁酸乙酯不大于 10，异戊醇 300~580，乳酸乙酯 890~2610，糠醛不大于 13，乙酸乙酯不大于 22。

一、酯类成分

在酯类化合物中，乙酸乙酯含量最高，乳酸乙酯的含量仅次于乙酸乙酯，这是清香型白酒香味组分的一个特征。乙酸乙酯和乳酸乙酯的绝对含量及二者的比例关系，对清香型白酒的质量和风格特征有很大影响。一般乙酸乙酯与乳酸乙酯的含量比例为 1:（0.6~0.8），若乳酸乙酯含量超过这个比例，将会影响清香型白酒的风味特征。此外，丁二酸二乙酯也是清香型白酒酯类组分中较重要的成分，由于它的香气阈值很低，虽然在酒中含量很少，但它与 β-苯乙醇组分相互作用，赋予清香型白酒特殊的香气风格。但要使清香型白酒具有复合谐调的清香，还必须有各种微量的酯类，汾酒中也含有浓香型白酒的"四大酯类"：己酸乙酯、丁酸乙酯、戊酸乙酯、丙酸乙酯，其他的酯类有乙酸异戊酯、辛酸乙酯、甲酸异戊酯、乳酸异戊酯、癸酸乙酯以及与酒类降度浑浊有关的酯类，如正十六酸乙酯、硬脂酸乙酯、油酸乙酯、亚油酸乙酯。汾酒中还含有一些类似葡萄香气的单体酯类，如丁二酸乙酯（琥珀酸二乙酯）、丁二酸异丁酯。清香型白酒酯类成分含量见表 1-13。

表 1-13　清香型白酒酯类成分含量　　　　　　单位：mg/mL

名称	含量	名称	含量
甲酸乙酯	2.7	苯乙酸乙酯	1.2
乙酸乙酯	2326.7	癸酸乙酯	2.8
丙酸乙酯	3.8	乙酸异戊酯	7.1
丁酸乙酯	2.1	肉豆蔻酸乙酯	6.2
乳酸乙酯	1590.1	棕榈酸乙酯	42.7
戊酸乙酯	86	亚油酸乙酯	19.7
己酸乙酯	7.1	油酸乙酯	10.0
庚酸乙酯	4.4	硬脂酸乙酯	0.6
丁二酸二乙酯	13.1	总酯	4046.7
辛酸乙酯	7.8		

二、醇类成分

醇类化合物是清香型白酒中很重要的呈味物质。醇类物质在各组分中所占的比例较高（表1-14），与浓香型白酒组分构成相比较，这又是它的一个特点。在醇类物质中，异戊醇、正丙醇和异丁醇的含量较高。从绝对含量上看，这些醇与浓香型白酒相应的醇含量相比，并没有特别之处。

表1-14　清香型白酒醇类成分含量　　　　　　　单位：mg/mL

名称	含量	名称	含量
正丙醇	167.0	己醇	7.3
异丁醇	132.0	β-苯乙醇	20.1
正乙醇	8.0	2，3-丁二醇	8.0
异戊醇	303.0	总醇	665.4
仲丁醇	20.0		

清香型白酒中总醇所占的比例远远高于浓香型白酒中总醇的比例，其中正丙醇与异丁醇尤为突出。清香型白酒的口味特点是入口微甜，刺激性较强，带有一定的爽口苦味，这个味觉特征很大程度上与醇类物质的含量及比例有直接关系。

三、酸类成分

清香型白酒中的有机酸以乙酸与乳酸含量最高（表1-15）。它们含量的总和占总酸含量的90%以上。乙酸与乳酸是清香型白酒中酸含量的主体，乙酸与乳酸含量的比值大约为1:0.9。其余酸类含量较少，其中，庚酸与丙酸含量相对稍多一些，丁酸与己酸含量甚微或痕量。清香型白酒总酸含量一般在60~120mg/100mL，包含多种浓香型白酒所含的酸类及其他酸类，如丙、丁、戊、己、庚、辛、壬、癸等羧酸，以及异丁酸、2-甲基丁酸、丁二酸、苯甲酸、苯乙酸、苯丙酸等，上述微量的酸使汾酒的清香更加纯正，口味更加自然谐调，余味更为爽净。

表1-15　清香型白酒酸类成分含量　　　　　　　单位：mg/mL

名称	含量	名称	含量
乙酸	314.5	月桂酸	0.16
甲酸	18.0	肉豆蔻酸	0.12
丙酸	10.5	棕榈酸	4.8

续表

名称	含量	名称	含量
丁酸	9.0	乳酸	284.5
戊酸	2.0	油酸	0.74
己酸	3.0	亚油酸	0.46
庚酸	6.0	总酸	654.88
丁二酸	1.1		

四、醛类成分

清香型白酒中，醛类含量不多（表1-16），乙缩醛具有干爽的口感特征，它与正丙醇共同构成了清香型白酒爽口带苦的味觉特征。因此，在勾调清香型白酒时，要特别注意醇类物质与乙缩醛对口味的作用。

表1-16　清香型白酒醛类成分含量　　　　　　　　　单位：mg/L

名称	含量	名称	含量
乙醛	140.0	异丁醛	2.6
异戊醛	17.0	丁醛	1.0
乙缩醛	244.4	总醛	423.8

典型的清香型白酒的风味特征是：无色、清亮透明，具有以乙酸乙酯为主的谐调复合香气，清香纯正，入口微甜，香味悠长，落口干爽，微有苦味。清香型白酒突出的酯香是乙酸乙酯淡雅的清香气味，气味纯正、持久，很少有其他邪杂气味。清香型白酒入口刺激感比浓香型白酒稍强，味觉特点突出爽口，落口微带苦味，口味在味觉器官中始终是干爽的感觉，无其他异杂味，自然、谐调。这是清香型白酒最重要的风味特征。

五、微量成分的含量与质量的关系

清香型白酒在酿造发酵过程中，除生成大量的乙醇外，同时还生成少量的酸、酯、醇、醛、酚类物质，这些微量成分对清香型白酒的典型风格起着决定性的作用，左右着产品的质量。

1. 酸类化合物

酸在酒中起到呈香、助香、减少刺激和缓冲平衡的作用。酸类化合物是在发酵过程中产生的，在微生物的作用下，较低级的酸可以逐步转化为较高级的酸，蛋白质、脂肪分解为氨基酸和脂肪酸，同时还是形成各种酯类的前体物质。清香型白酒中各种有机酸的含量和适宜的比例及与其他呈香呈味的微量成分共同组成了清香型白酒特有的典型风格。清香型白酒中酸类物质含量大，会使酒味粗糙，出现邪杂味，从而降低了酒的质量；过低时，则酒味寡淡，香气弱，后味短，使产品失去了应有的风格。在各种香型白酒中的乙酸含量以清香型白酒为最高。

2. 酯类化合物

清香型白酒中的酯类以乙酸乙酯和乳酸乙酯为主体，二者之和约占酒中总酯含量的85%，这也是清香型白酒区别于其他各香型白酒的主要成分，以乙酸乙酯为主体香气的典型框架，突出了清香型白酒的风格。乳酸乙酯具有香不露头、浑厚淡雅的特征和不挥发性，能与多种成分发生亲和作用，可与乙酸乙酯组合形成清香型酒的特殊香味。适量的乳酸乙酯会使酒的口味有醇厚带甜的感觉，对保持酒体的完整性作用很大，相反其含量少，则会使酒失去自己的风味，酒味口感淡薄，酒体不完整；过多时，则酒味苦涩，邪杂味较重，口感发闷不爽，主体香不突出。

3. 醇类化合物

清香型白酒中的醇类除乙醇外，还有甲醇、正丙醇、仲丁醇、异丁醇、异戊醇等，酒中含有少量的醇类化合物，特别是高级醇和多元醇会赋予酒特殊的香味。这里指的高级醇主要是异丁醇和异戊醇，它们不溶于水，溶于乙醇，在酒精度低时会析出，浮于酒液表面，呈油状，俗称杂醇油，多存在于酒尾中。这些高级醇及其化合物适量时可以增加清香型白酒的后味，使之持续时间长，并起到衬托酯香的作用，使酒体和香气更趋于完满。但是在高级醇中，除异戊醇有些微涩外，其余的高级醇都是苦的，有的苦味甚至还很长很重。高级醇含量必须控制在一定的范围之内，含量过少或没有时，将会使酒失去传统的风格，酒味变得淡薄；过多时，则会导致苦、涩、辣味增大，而且易上头、易醉，给人以难以忍受的苦涩怪味，严重影响产品质量。在清香型白酒中，如果高级醇含量高于酯类，则会出现杂醇油的苦涩味，反之酒的味道就趋于缓和，苦涩味相应减少。一般来说，前者含量小于后者的酒质要好些，所以在清香型白酒勾兑与调味中，要严格控制酒尾的添加量，以不失其独特的风格。

任务三　酱香型白酒中的微量成分

酱香型白酒也称为茅香型白酒，以茅台酒为代表，以其幽雅细腻的香气、空杯留香持久、回味悠长的风味特征而明显地区别于其他酒类，发酵工艺最为复杂，所用的大曲多为超高温酒曲。典型的酱香型白酒的风味特征是：无色或微黄，透明，无沉淀及悬浮物，闻香有幽雅的酱香气味，入口醇甜，绵柔，具有较明显的酸味，口味细腻。

酱香型白酒中微量芳香成分种类最多，微量成分总含量略高于浓香型白酒，其酸、醛、醇类都高于浓香型白酒，仅酯类偏低。微量成分的总量约为11g/L，其中酯类约4g/L，约占微量成分总量的36%；酸类约3g/L，约占27%；醇类约1.6g/L，约占15%；醛类约2.4g/L，约占22%；另外，氨基酸、酚类化合物，吡嗪、吡啶等比任何香型白酒的含量均高，如三甲基吡嗪高达5mg/L，四甲基吡嗪在30mg/L以上，为各香型之首。

酱香型白酒的香味成分非常复杂。1964年茅台试点以后，贵州省轻工研究所继续对以茅台酒为代表的酱香型白酒进行了研究。还有一些科研单位在进行其他香型名白酒的特征性成分剖析研究中，也涉及茅台酒的香味成分。基于酱香型白酒由酱香、醇甜、窖底香三种典型体所组成，认为酱香型白酒的特征性成分有以下几种：①呋喃化合物，糠醛含量较高（达260mg/L）；②芳香族化合物，有苯甲醛、4-乙基愈创木酚、酪醇等，其中苯甲醛含量为5.6mg/L，高于其他香型白酒；③吡嗪类化合物，以四甲基吡嗪为主，最高含量在30000～50000μg/L，远远高于浓香型和清香型白酒。

酱香型酒最突出的特点是总酸含量高。酸在酒中既有呈香又有呈味的双重功效，同时又能起到调味解暴的作用，还是生成酯类的前体物质。酸的比例只要适当，饮后就会感到清爽利口及醇和绵柔。若酸含量少，则酒寡淡，后味短；过量使酒味粗糙，缺乏回甜感。

醇类在白酒中占有重要地位，是醇甜和助香的主要物质。少量的高级醇赋予白酒特殊香气，并起到衬托酯香的作用，使香气更圆满。

关于酱香风味的特征性化合物来源的说法主要有以下几种。

一、4-乙基愈创木酚学说

自1964年轻工业部组织茅台试点工作，到1976年，大连物理化学研究所、轻工业部食品发酵工业研究所和内蒙古轻化工研究所等几家科研单位陆续对茅台酒的香味组分进行了分析研究。

茅台酒的酯类化合物组分很多，含量最高的是乙酸乙酯和乳酸乙酯，而己酸乙酯含量并不高，一般在400～500mg/L。己酸乙酯在众多种类的酯类化合物中并没有突出它自身的气味特征。同时，酯类化合物与其他组分香气相比较，在茅台酒的香气中表现也不十分突出，见表1-17。

表1-17　酱香型白酒酯类化合物含量　　　　　　　　单位：mg/L

名称	含量	名称	含量
甲酸乙酯	172.0	肉豆蔻酸乙酯	0.9
乙酸乙酯	1470.0	棕榈酸乙酯	27.0
丙酸乙酯	557.0	油酸乙酯	10.5
丁酸乙酯	261.0	乳酸乙酯	1378.0
戊酸乙酯	42.0	丁二酸二乙酯	5.4
己酸乙酯	424.0	苯乙酸乙酯	0.8
辛酸乙酯	12.0	庚酸乙酯	5.0
壬酸乙酯	5.7	乙酸异戊酯	6.0
癸酸乙酯	3.0	总酯	4380.9
月桂酸乙酯	0.6		

　　茅台酒中酸含量见表1-18。从表中可以看出，它的有机酸总量很高，明显高于浓香型和清香型白酒。在有机酸组分中，乙酸含量多，乳酸含量也较多，它们各自的绝对含量是各类香型白酒相应组分含量之首，有机酸的种类也很多。在品尝茅台酒的口味时，能明显感觉到酸味，这与它的总酸含量高，尤其是乙酸与乳酸的绝对含量高，有直接的关系。

表1-18　酱香型白酒有机酸类化合物含量　　　　　　单位：mg/L

名称	含量	名称	含量
乙酸	1442.0	肉豆蔻酸	0.7
丙酸	171.1	十五酸	0.5
丁酸	100.6	棕榈酸	19.0
异丁酸	22.8	硬脂酸	0.3
戊酸	29.1	油酸	5.6
异戊酸	23.4	乳酸	1057.0
己酸	115.2	亚油酸	10.8
异己酸	1.2	月桂酸	3.2
庚酸	4.7	苯甲酸	2.0
辛酸	3.5	苯乙酸	2.7
壬酸	0.3	苯丙酸	0.4
癸酸	0.5	总酸	3016.6

茅台酒中总醇含量较高（表1-19）。在醇类化合物中，尤以正丙醇含量最高。这对于茅台酒的爽口有很大的影响。同时，醇类含量高还可以起到对其他香气组分"助香"和"提扬"的挥发作用。

表1-19　酱香型白酒醇类化合物含量　　　　单位：mg/L

名称	含量	名称	含量
正丙醇	1440.0	2，3-丁二醇	151.0
仲丁醇	141.0	正己醇	27.0
异丁醇	178.0	庚醇	101.0
正丁醇	113.0	辛醇	56.0
异戊醇	460.0	第二戊醇	12.4
正戊醇	7.0	第三戊醇	15.0
β-苯乙醇	17.0	总醇	2718.4

它的醛、酮类化合物总量是各类香型白酒相应组分含量之首（表1-20）。特别是乙缩醛的含量，与其他各类香型白酒含量相比是最多的；还有异戊醛和醋翁也是含量较多的。这些化合物的气味特征中多少有一些焦香与煳香的特征，这与茅台酒香气中的某些气味有相似之处。

表1-20　酱香型白酒羰基类化合物含量　　　　单位：mg/L

名称	含量	名称	含量
乙醛	550.0	苯甲醛	5.6
乙缩醛	1214.0	异戊醛	98.0
糠醛	294.0	异丁醛	11.0
双乙酰	230.0	总量	2805.9
醋翁	405.9		

茅台酒富含高沸点化合物，是各香型白酒相应组分之首。这些高沸点化合物包括了高沸点的有机酸、有机醇、有机酯、芳香酸和氨基酸。这些高沸点化合物主要是由于茅台酒的高温制曲、高温堆积和高温接酒等特殊酿酒工艺带来的。这些高沸点化合物的存在，明显地改变了香气的挥发速度和口味的刺激程度。茅台酒富含有机酸及有机醇，其中乙酸、乳酸和正丙醇含量很高，这些小分子酸及醇一般具有较强的酸刺激感和醇刺激感，而在茅台酒的口味中，并没有体现出这样的尖酸口味和醇刺激性，能感觉到的是柔和的酸细腻感和柔和的醇甜感，这与高沸点化合物对口味的调节作用有很大的关系。在茅台酒的香气

中，它的香气挥发并不是很飘逸和强烈的，它表现出幽雅而持久，特别是在它的空杯留香中，长时间地保持原有的香气特征，这种特性也与高沸点化合物的存在有直接关系。茅台酒富含高沸点化合物这一组分特点，是决定茅台酒某些风味特征的一个很重要的因素。

虽然醇、酯、酸和羰基类化合物的组分特点在一定程度上构成了茅台酒的某些风味特征，但似乎与它的酱香气味还没有直接的联系。因为，无论是酸、醇、酯和一些羰基类化合物（现已检出的）的单体气味特征，还是它们相互之间的气味，都很难找出与酱香气味特征相似的地方。在茅台酒或酱香型白酒中是否还存在着一些其他组分，而这些组分的气味特征是否可能较接近酱香气味的特征？针对这些问题，研究人员从研究酱油香气的特征组分中得到了启示。虽然酱油的"酱气味"和茅台酒或酱香型白酒的"酱香气味"有区别，但它是否也有某种联系呢？通过研究酱油的香味组分发现，它的特征性化合物主要是4－乙基愈创木酚（简称4－EG）、麦芽酚、苯乙醇、3－甲硫基丙醇等化合物。研究中指出，4－EG 主要由小麦在发酵过程中经酵母代谢作用所形成。4－EG 的气味特征被描述为：似"酱气味和熏香"气味。根据酱油香味组分的分析结果，研究工作者继而在酱香型的茅台酒中同样也检出了4－EG 的存在，并根据4－EG 的气味特征提出了4－EG 为酱香型白酒主体香气成分的说法。

二、吡嗪类化合物及加热香气学说

食品在热加工过程中，由于游离氨基酸或二肽、还原糖以及甘油三酯或它们的衍生物的存在，会发生非酶褐变反应，即美拉德反应，它会赋予食品特殊风味。这些风味的特征组分大都来源于美拉德反应的产物或中间体。它们多数是一些杂环类化合物，具有焙烤香气的气味特征。

茅台酒的生产工艺有高温制曲、高温堆积和高温接酒等操作过程，原料及发酵酒醅都经过了高温过程。因此，人们联想到茅台酒的酱香气味是否与食品的加热香气有关，随即展开了对茅台酒中杂环类化合物组分的分析研究。通过研究分析发现，杂环类化合物确实在酱香型白酒中含量很多，而且种类也很多，其中尤以吡嗪类化合物含量居多。通过对其他各类香型中杂环类化合物的对比分析发现，酱香型白酒中的杂环类化合物无论是在种类上还是在数量上，都居各香型白酒之首。在吡嗪类化合物中，四甲基吡嗪含量最多。四甲基吡嗪及其同系物是在 1879 年，首次由国外研究者从甜菜糖蜜中分离得到的，后来在大豆发酵制品中也发现它的存在。四甲基吡嗪具有一种特殊的大豆发酵香气，很容易使人联想到酱油和豆酱的发酵香气特征。因此，有人提出了吡嗪类化合物是酱香型白酒的酱香气味主体香物质。

三、呋喃类和吡喃类化合物及其衍生物学说

在研究酱香型白酒高温过程产生加热香气的同时，人们也注意到了高温过程仍可以产生一些呋喃类化合物，它主要是氨基糖反应的产物。在对酱油香气组分分析时，人们也发现了羟基呋喃酮（HEMF）也是酱油香气的一个特征性组分。因此，人们又联想到酱香型白酒的酱香气味是否与此类化合物有内在的联系。由于分析等方面的局限，对酱香型白酒组分中呋喃类化合物的分析还不是很深入，但从目前已经分析出的一些呋喃类化合物的结果上看，这类化合物确实在酱香型白酒中占有很重要的地位。

糠醛，又称呋喃甲醛，它在酱香型白酒中的含量较高，是其他各类香型白酒相应组分含量最多的。在酱香型白酒中糠醛的含量是浓香型白酒的 10 倍以上。3 - 羟基丁酮是呋喃的衍生物，它在酱香型白酒中的含量也是较多的，是浓香型白酒含量的 10 倍以上。呋喃类化合物气味阈值较低，较少的含量就能使人从酒中察觉出它的气味特征，这类化合物不是很稳定，较易氧化或分解，它们一般都有颜色，常常呈现出油状的黄棕色。通过酒的贮存过程中颜色及风味的变化，也可以推测出一些呋喃类化合物的作用关系。酱香型白酒的贮存期是各香型酒中最长的，一般在 3 年左右。贮存期越长，酱香气味越明显，酒体的颜色也逐渐变黄。一些具有 5 环或 6 环呋喃结构的前体物质，在贮酒过程中，或氧化、还原，或分解，形成了各类具有呋喃部分分子结构的化合物，使酒体产生了一定的焦香或煳香或类似酱香气味的特征，这与呋喃类化合物的存在有着密切的因果关系。这种在贮酒过程中的风味变化，不但在酱香型白酒中存在，清香型白酒同样也会遇到类似现象。因此，有人认为，白酒的陈酿、老熟是具有呋喃结构的化合物氧化还原或分解形成的，陈香气味是这些化合物的代表气味特征。从以上的推测和结合实际的酿酒经验及现有的分析结果可以初步看出，呋喃类、吡喃类及其衍生物与酱香气味和陈酒香气有着某种内在的联系。

四、酚类、吡嗪类、呋喃类、高沸点酸和酯类共同组成酱香复合气味学说

这种说法是概括了上述 3 种学说而提出的一种复合香气学说。它提出：酱香型白酒的酱香气味并不是由某一单体组分所体现，而是几类化合物共同作用的结果。在酱香气味中，体现出了焦香、煳香和酱香的气味特征，这与 4 - EG、吡嗪类化合物和呋喃类化合物的气味特征有某些相似之处，但酱香型白酒中的酱香气味与焦香、煳香和酱味是有区别的，这种复合酱香气味很可能是这几类化合物以某种形式组合而成的。同时，酱香型白酒特有的空杯留香主要是由高

沸点酸类物质决定的。

这一学说包括的范围较广，也没有足够的证据来说明几种类型化合物之间的作用关系，但高沸点化合物对空杯留香的作用无疑是肯定存在的。

总之，对酱香型白酒的香味组分的研究还未彻底弄清楚，还有许多未知的成分及问题等待进一步解决，相信随着技术的发展，彻底摸清酱香型白酒的组分特点一定会实现。

酱香型白酒在外观上多数具有微黄颜色，在气味上突出独特的酱香气味，香气不十分强烈，但很芬芳、幽雅，香气非常持久、稳定；空杯留香仍能长时间保持原有的香气特征。在口味上突出了绵柔、不刺激的特点，能尝出明显的柔和酸味，味觉及香气持久时间很长，落口比较爽口。

五、微量成分的含量与质量的关系

酱香型白酒的生产属于开放式的发酵，在酿酒过程中会不可避免地感染大量杂菌，其中主要是乳酸菌参与窖内发酵。乳酸及其酯类的适量生成会增加酒的醇厚感，对酒的回味起着缓冲平衡作用；过量将对酒的质量产生一定影响，不仅会抑制酒的主体香，还会使酒体发涩，而且使酒带有青草味。酱香型白酒最突出的特点是总酸含量高，酸在酒中既有呈香又有呈味的双重功效，同时又能起到调味解暴的作用，还是生成酯类的前体物质，且挥发酸是构成酒后味的重要物质之一；乳酸、琥珀酸等非挥发酸能增加酒的醇厚感，只要比例适当，就能使人饮后感到清爽利口、醇和绵柔。若酸含量少，酒寡淡，后味短，一般情况下有机酸种类多，含量高的酒其口感较好，风味较优。

醇类在白酒中占有重要地位，是醇甜和助香的主要物质。少量的高级醇赋予白酒特殊香气，并起到衬托酯香的作用，使香气更完善。

糠醛在除酱香型外的其他几种香型的白酒中含量稍高，酒就出现闷杂味、怪味，影响酒质；而在酱香型酒中，糠醛含量虽然高，却不影响酒质，也不产生异杂味，这是非常耐人寻味的。

无论哪种香气物质，并不是在酒中含量越多越好，各种香气成分必须有适当的比例，才能使酒体谐调。

任务四 兼香型白酒中的微量成分

1974 年，在湖南长沙召开了全国酿酒工作会议，对各地带来的产品进行了品评，认为白云边酒（当时的松江大曲）和白沙液酒独具一格，既不同于酱香型酒，也不同于浓香型酒，而是兼有两者的特点。因此会上首次提出了"浓酱兼香型"的概念。1979 年，在全国第三届评酒会上，白云边酒以其风格浓酱谐调，受到专家和评委的赞誉，在同类产品中评分较高，荣获"国家优质酒"称号，成为名优酒行列的"浓酱兼香型"白酒代表。1984 年，在全国第四届评酒会上，"浓酱兼香型"白酒单列评比，白云边酒、西陵特曲酒、中国玉泉酒被评为"国家优质酒"，荣获银质奖。同年，在轻工业部酒类质量大赛中白云边酒荣获金杯奖，西陵特曲、中国玉泉酒、白沙液均获银杯奖。

所谓"兼香"，这里特指浓香型和酱香型白酒的风味特点兼而有之，同时，将这两类香型白酒的风格特征谐调统一到一类白酒风味上体现出来。所以，兼香类型白酒之所以称之为兼香，一方面它兼顾了酱香和浓香型白酒的风味，另一方面它又谐调统一，自成一类。这一类型的代表产品是湖北的白云边酒和湖南的白沙液酒，另外还有黑龙江省的玉泉酒。

原轻工业部食品发酵科学研究所和湖北省白云边酒厂的研究成果表明，兼香型白酒中的白云边酒的特征性成分有庚酸、庚酸乙酯、2－辛酮、乙酸异戊酯、乙酸二甲基丁酯、异丁酸和丁酸。

兼香型的白云边酒，在浓香和酱香型白酒标志性特征的一些化合物组分含量上恰恰落在了浓香和酱香型白酒之间，较好地体现了它浓、酱兼而有之的特点（表 1－21）。然而它的某些组分含量并不是完全都介于浓、酱之间，有些组分比较特殊，它的含量高出了浓香与酱香型白酒相应组分许多倍，这也表明了兼香类型白酒除了浓、酱兼而有之以外的个性特征。

表 1－21　浓香、酱香和兼香型白酒香味组分对比

单位：mg/100mL

名称	浓香型白酒	酱香型白酒	白云边酒
己酸乙酯	214.0	26.5	91.3
己酸	47.0	19.1	31.1
己酸酯总量	26.6	0.38	0.69
糠醛	4.0	26.0	15.2
β－苯乙醇	0.19	2.3	1.3
苯甲醛	0.10	0.56	0.4
丙酸乙酯	1.54	6.27	4.67
异丁酸乙酯	0.44	1.81	0.72
2，3－丁二醇	0.74	3.9	1.07
正丙醇	21.4	77.0	69.2
异丁醇	11.4	22.3	16.0
异戊酸	1.1	2.5	2.3
异戊醇/活性戊醇	0.49~0.57	0.6~0.9	0.43~0.47

在兼香型的白云边酒中，庚酸的含量较高，它是酱香型白酒的 10 倍以上（表 1 - 22），是浓香型白酒的 7 倍左右，与此相应的庚酸乙酯含量也较高，2 - 辛酮的含量高出浓香型和酱香型白酒许多倍。过去认为乙酸异戊酯在酱香型白酒中含量较多，丁酸在浓香型白酒中含量最多，异丁酸则与酱香型白酒有较强关系，但从白云边酒的香味组分上看，这几个组分的含量要比浓香型和酱香型白酒高很多。兼香类型的白云边酒虽然在一些组分上有突出的含量，但这些组分与它的酯类组分的绝对含量相比低得多。

表 1 - 22 白云边酒突出的组分含量　　　　单位：mg/100mL

名称	酱香型白酒	浓香型白酒	白云边酒
庚酸	0.38	0.63	4.49
庚酸乙酯	0.89	5.32	19.27
2 - 辛酮	0.024	0.011	0.129
乙酸异戊酯	0.182	0.237	0.673
乙酸 - 2 - 甲基丁酯	0.044	0.038	0.193
异丁酸	1.9	0.81	2.45
丁酸	13.37	13.2	19.31

兼香型白酒的另一代表产品是黑龙江玉泉白酒，它与白云边酒和白沙液酒同属兼香类型，但在风格及组分特点上有所差异。白云边酒在香气上较为突出酱香气味，在入口放香上能体现出浓香的己酸乙酯香气；而玉泉白酒则在香气上较为突出了浓香的己酸乙酯香气，而在入口放香上又体现出了较突出的酱香气味，这些风味上的差异在其香味组分上必然有所反映。玉泉白酒的己酸含量超过了乙酸含量，而白云边酒则是乙酸含量大于己酸含量。从某种意义上讲，玉泉白酒更偏向浓香型的特点。此外，玉泉白酒的乳酸、丁二酸和戊酸含量较高，它的正丙醇含量较低，只是白云边酒的 50% 左右，它的己醇含量高达40mg/100mL，糠醛含量高出白云边酒近 30%，比浓香型白酒高出近 10 倍，与酱香型白酒较接近；它的 β - 苯乙醇含量较高，比白云边酒高出 23%，与酱香型白酒较接近；丁二酸二乙酯含量比白云边酒高出许多倍。当然玉泉白酒仍属兼香型白酒，白云边酒的 7 种突出组分的特点它也仍然具备。

兼香型白酒的风味有两种风格：一种是以白云边酒为代表的风格，另一种是以玉泉白酒为代表的风格。

白云边酒的风味特征：无色（或微黄）透明，闻香以酱香为主、酱浓谐调，入口放香有微弱的己酸乙酯的香气特征，香味持久。

　　玉泉白酒的风味特征：无色（或微黄）透明，闻香以酱香及微弱的己酸乙酯香气为主，浓酱谐调，入口放香有较明显的己酸乙酯香气，后味带有酱香气味，口味绵甜。

任务五　微量成分与白酒呈味

　　酒中各类香气成分的含量，既受发酵条件内部的制约，同时又受外部条件的限制。内部如发酵温度、材料水分多少、半成品质量好坏、酒精生成量及升酸幅度等因素，外部如工人责任心、装甑操作优劣及装甑时间、流酒速度、流酒温度、环境卫生、天气情况、空气中微生物的种类和数量等因素，都将对各种微量成分的生成产生一定影响，会使酒的差别较大。

　　（一）酸

　　白酒中的有机酸，既是香气又是呈味物质。有机酸在呈味上，相对分子质量越大，香味越绵柔而酸感越弱。相反，分子小的有机酸，酸的强度大，刺激性强。各种有机酸之间的酸感及强度并不一样，如醋的酸味与泡菜中的乳酸味就大不相同。对有机酸的味觉检查结果显示，酸味最强的是富马酸，其顺序如下：富马酸＞酒石酸＞苹果酸＞乙酸＞琥珀酸＞柠檬酸＞乳酸＞抗坏血酸＞葡萄糖酸。白酒中检出呈鲜味的琥珀酸以及其他氨基酸共 8 种，因其含量甚微，不足以左右白酒风味。一般乳酸含量较多，它是代表白酒特性的酸。当前白酒存在的问题，不是乳酸不足而是过剩。丁酸有汗臭味，特别是新酒臭味。己酸稍柔也有汗臭味。辛酸以及相对分子质量更大的脂肪酸有汗臭味及油臭味。适量的乙酸能使白酒有爽口感，过多则刺激性增强。酸的重要作用在于它在酒醅中调节酸度，并可作发酵微生物的碳源，是白酒发酵过程中必不可少的物质。有机酸在白酒口感上也很重要，酸与酒的口味有关，酸不足则酒味短。低度白酒常因酸不足而造成酒后味短的现象。酸类沸点高，易溶于水，蒸馏时多集聚于酒尾。所以蒸馏时，酸高则摘高度酒，酸低时摘低度酒，可将酸多导入酒内。

　　在各香型白酒之间，或同一香型酒不同厂家之间，有机酸的种类及含量有很大差异。这可能也是形成不同香型和各厂自家风格的原因之一。霉菌、酵母菌、细菌在发酵过程中都有生成有机酸的能力，但霉菌生成的有机酸对白酒质量影响较小，白酒中的有机酸主要是细菌产生的，其次是酵母菌。在细菌中，产乳酸的主要是乳酸菌，其他的枯草芽孢杆菌、大肠杆菌等也有产乳酸的能力。

　　酵母菌、乳酸菌、大肠杆菌、枯草芽孢杆菌等都可不同程度地生成微量乙酸、乙醇及一定量的乳酸。例如，大肠杆菌对葡萄糖发酵即生成乳酸，又生成乙醇及乙酸。这种情况称为"异常发酵"。酵母菌也能产有机酸，有人用1000余株酵母菌进行试验，其中有4个属100余株酵母菌还能产柠檬酸。从高粱酒醅中分离出的东北接合酵母菌能产大量有机酸，其中以产乙酸能力最强。关于酵母菌产酸的具体情况，见表1-23。

表1-23　酵母菌生成的有机酸及其阈值、呈香特点　　单位：mg/L

名称	阈值	呈香特点	名称	阈值	呈香特点
乙酸	3.6	醋酸臭	异戊酸	—	腐败臭
丙酸	0.05	醋酸臭	正己酸	0.04	不洁臭
正丁酸	1000	腐败臭	异己酸	0.05	不洁臭
异丁酸	—	腐败臭	正辛酸	0.05	—
正戊酸	0.0008	腐败臭	香兰酸	—	不洁臭

从味阈值（表1-24）上可以看出，乙酸的阈值比乳酸低，白酒由于酸味成分组成不同，经常出现化验结果酸度低的酒，在品尝时往往比酸高的酒更酸的现象。

表1-24　各种有机酸的阈值、呈味特点　　单位：mg/L

名称	阈值	呈味特点
柠檬酸	—	柔和，带有爽快的酸味
苹果酸	—	酸味中带有微苦味
乳酸	350	酸味中带有涩味
甲酸	1.0	进口有刺激性及涩味
戊酸	0.5	脂肪臭，微酸，带甜
壬酸	71.1	有轻快的脂肪气味，酸刺激感不明显
癸酸	9.4	愉快的脂肪气味，有油味，易凝固
棕榈酸	10	—
油酸	1.0	较弱的脂肪气味，油味，易凝固
异戊酸	0.75	似戊酸气味
异丁酸	8.2	似丁酸气味
酒石酸	0.0025	—
丙酸	20.0	嗅到酸气，进口柔和，微涩
丁酸	3.4	略具奶油臭，似大曲酒味

续表

名称	阈值	呈味特点
己酸	8.6	强烈脂肪臭，酸味较柔和
庚酸	0.5	强烈脂肪臭，有酸刺激感
月桂酸	0.01	月桂油气味，爽口微甜，放置后变浑浊
乙酸	2.6	酸味中带有刺激性臭味
琥珀酸	0.0031	酸味低，有鲜味
辛酸	15	脂肪臭，微有刺激感，放置后变浑浊
葡萄糖酸	—	酸味极低，柔和爽朗

有机酸类化合物在白酒组分中占除水和乙醇外其他组分总量的 14% ～ 16%，是白酒中较重要的呈味物质。

白酒中有机酸的种类较多，大多是含碳链的脂肪酸化合物。根据碳链的不同，脂肪酸呈现出不同的电离强度和沸点，同时它们的水溶性也不同。因此，这些不同碳链的脂肪酸在酒体中电离出的强弱程度也会呈现出差异，也就是说它们在酒体中的呈香呈味作用表现出不同。根据这些有机酸在酒体中的含量及自身的特性，可将它们分为三大部分：①量较高的有机酸，较易挥发的有机酸。在白酒中，除乳酸外，如乙酸、己酸和丁酸都属较易挥发的有机酸，这 4 种酸都在白酒中含量较高，是较低碳链的有机酸，它们较易电离出 H^+；②量中等的有机酸，这些有机酸一般是 3 个碳、5 个碳和 7 个碳的脂肪酸；③量较少的有机酸，这部分有机酸种类较多，大部分是一类沸点较高、水溶性较差、易凝固的有机酸，碳链一般有 10 个或 10 个以上碳，如油酸、癸酸、亚油酸、棕榈酸、月桂酸等。

有机酸类化合物在白酒中的呈味作用似乎大于它的呈香作用。它的呈味作用主要表现在有机酸贡献 H^+ 使人感觉到酸味，并同时有酸刺激感觉。由于羧基电离出 H^+ 的强弱受到碳链负基团的性质影响，同时酸味的"副味"也受到碳链负基团的影响，因此，各种有机酸在酒体中呈现出不同的酸刺激和不同的酸味。在白酒中含量较高的一类有机酸，它们一般易电离出 H^+，较易溶于水，表现出较强的酸味及酸刺激感，但它们的酸味也较容易消失，这一类有机酸是酒体中酸味的主要供体。另一类含量中等的有机酸，它们有一定的电离 H^+ 的能力，虽然提供给体系的 H^+ 不多，但由于它们一般含有一定长度的碳链和各种负基团，使得体系中的酸味呈现出多样性和持久性，协调了小分子酸的刺激感，延缓了酸的持续时间。第三类有机酸是在白酒中含量较少的，以往人们对它的重视程度不够，实际上它们在白酒中的呈香呈味作用是举足轻重的。这一部分有机酸碳链较长，电离出 H^+ 的能力较小，水溶性较差，一般呈现出很弱的酸刺激感和酸味，似乎可以忽略它们的呈味作用。但是，由于这些酸具有较长的味觉持久性和柔和的口感，并且沸点较高，易凝固，黏度较大，易改变酒体的饱和蒸气压，使体系的沸点及其他组分的酸电离常数发生变化，从而影响了体系的酸味持久性和柔和感，并改变了气味分子的挥发速度，起到了调和体系口味、稳定体系香气的作用。例如，在相同浓度下，乙酸单独存在时，酸刺激感强而易消失，而有适量油酸存在时，乙酸的酸刺激感减小并较持久。

有机酸类化合物的呈香作用在白酒香气表现上不十分明显，就其单一组分而言，它主要呈现出酸刺激气味、脂肪臭和脂肪气味。有机酸和其他组分相比沸点较高，因此，在体系中的气味表现不突出，在特殊情况下，例如，酒在酒杯中长时间敞口放置，或倒掉酒杯中的酒后放置一段时间闻空杯香，能明显感觉到有机酸的气味特征。这也说明了它的呈香作用在于它的内部稳定作用。

1. 适量的酸可消除酒的苦味

酒中有苦味是白酒的通病，酒的苦味多种多样，以口和舌的感觉而言，有前苦、中苦、后苦、舌面苦，苦的持续时间长或短，有的苦味重、有的苦味轻，有的苦中带甜、有的甜中带苦，或者是苦辣、焦苦、药味样的苦、杂苦等。

酒苦与不苦，问题在酸量的多与少：酸量不足，酒苦；酸量适度，酒不苦；酸量过大，酒有可能不苦，但将产生新的问题。这里的酸量，是指化学分析的总酸值。不论白酒苦味物质的含量多少、组成情况和表现行为等如何，当酒的酸性强度在合理的范围之内，而各种酸的比例又在一个适当的范围内，酒就一定不会苦。

2. 酸是新酒老熟的有效催化剂

我国白酒都要求有一定的贮存时间，酱香型酒要贮存 3 年，浓香型要贮存 1 年，其他各种香型白酒都要贮存半年以上才能出厂。长期以来，对于新酒老熟问题，人们动了很多脑筋，但效果并不理想。其实白酒中的酸自身就是很好的老熟催化剂，它们量的多少和组成情况不同，对加速酒老熟的能力也不同。控制入库新酒的酸量，把握好其他一些必要的谐调因素，对加速酒的老熟可起到事半功倍的效果。

3. 酸是白酒重要的味感剂

酒入口后的味感过程是一个极其复杂的过程。白酒对味觉刺激的综合反映就是口味。对口味的描述尽管多种多样，但却有共识，如讲究白酒入口后的后味、余味、回味等。白酒的所有成分都既对香也对味做出贡献。羧酸主要表现出对味的贡献，是白酒最重要的味感物质。主要表现在：①增长后味；②增加味道；③减少或消除杂味；④可出现甜味和回甜感；⑤消除燥辣感；⑥可适当减轻中、低度酒的水味。

4. 对白酒香气有抑制和掩蔽作用

勾兑实践中，往往碰到这种情况：含酸量高的酒加到含酸量正常的酒中，对正常酒的香气有明显的压抑作用，俗称"压香"。在制作新型白酒时，其中一个重要程序是往酒中补加酸，但若补酸过量，就会压香，就是使酒中其他成分对白酒香气的贡献在原有水平上下降了，或者说酸量过多使其他物质的放香阈值增大了。

白酒酸量不足时，普遍存在的问题是酯香突出，香气复合程度不高等，在用含酸量较高的酒去做适度调整后，酯香突出、香气复合性差等弊端在相当大的程度上得以解决。酸在解决酒中各类物质之间的融合程度、改变香气的复合性方面，显示出它特殊的作用。

5. 酸控制不当将使酒质变坏

酸的控制主要包括以下三个方面。

（1）酸量要控制在合理范围之内　国家标准对不同香型酒的总酸含量做了明确的规定。不同的酒体，总酸量要多少才有较好或最好效果是一个不定值，要通过勾兑人员的经验和口感来决定。

（2）含量较多的几种酸的构成情况是否合理　不同香型的白酒，都有几种主要的羧酸，如浓香型白酒中的乙酸、己酸、乳酸、丁酸，若这4种酸的比例关系不当，其中某一种或两种酸含量不合理，将给酒质带来不良后果。

（3）酸量严重不足或是否太多　实践证明，酸量不足则酒发苦，邪杂味露头，酒味不净，单调，不谐调；酸量过多则酒变粗糙，放香差，闻香不正，带涩等。

6. 酸的恰当使用可以产生新风格

老牌国家名酒董酒，它的特点之一是酸含量特别高，比国内任何一种香型的白酒酸含量都高。董酒中的丁酸含量是其他名酒的2～3倍，但它与其他成分谐调而具有爽口的特点，这是在特定条件下显示的结果。但若浓香型白酒中丁酸含量如此高，则必然出现丁酸臭。因此，可以说，在特定的条件下，酸的恰当使用可以产生新的酒体和风格。

白酒中的几大类物质中，酸的作用力最强，在谐调和处理酒中各类物质之间的关系方面，酸的影响大、面也广，其主要原因如下。

（1）酸对味觉有极强的作用力

①酸的腐蚀性：白酒中的羧酸虽然都是弱酸，但毫无例外，它们都有腐蚀性。白酒中的有机酸，如醋酸、丁酸、乳酸、己酸对人的皮肤也具有很强的腐蚀性和伤害作用，会造成化学烧伤。在低浓度的情况下，如0.1%，对皮肤的腐蚀作用大大降低，但并非腐蚀作用就不存在了，仅仅是这种腐蚀作用已不再

构成对人体的伤害和威胁。我们喝酒精含量为52%的白酒，在酒量范围内可以随意饮用，但谁也不会喝52%（体积分数）的醋酸溶液，这主要是醋酸的刺激作用和腐蚀作用之故。

酸的腐蚀性主要表现在它能凝固蛋白质，能与蛋白质发生复杂的多种反应，部分改变或破坏蛋白质。酸在白酒中的浓度极低，不会对人们的口腔和舌等造成伤害，但其刺激作用仍明显可见。因此，勾兑时要恰如其分地掌握用酸，且几种主要酸的比例要谐调。

②酸以分子和离子两种状态作用于味觉：白酒中的羧酸在乙醇－水混合溶液中要发生解离，解离的结果就是羧酸在白酒中存在的形式就发生了变化。它由羧酸分子、羧酸负离子和氢离子酸这3种形式构成，它们共同作用于人的味觉器官。

③酸的极性最强：将白酒中同类物质的极性大小进行比较，可得到以下顺序：羧酸＞水＞乙醇≥杂醇＞酯。

④酸的沸点高，热容大：把同碳原子的酸与醇的沸点（hp）、熔点（mp）作一比较，可以看出酸较相应的醇沸点高出35℃以上（正己酸例外）。

羧酸的另外一个特点就是它在白酒中的含量较醇、醛、酯多，羧酸的沸点高和热容量大，决定了其在常温下蒸气压不大，即挥发程度低，决定了它对白酒香气的贡献不可能太大。

⑤羧酸有较强的附着力：生活中人们有这样的感受，吃了水果后欲消除口腔内乃至牙齿的那种酸味感比较慢，这与羧酸有较强的附着能力有关。附着力大，意味着羧酸与口腔的味觉器官作用时间长，即刺激作用持续时间长，这是酸能增长味道的原因之一。

（2）酸与一些物质间的相互作用

①驱赶作用：新酒和贮存期短的酒，含有一些低沸点的弱酸性物质，如硫化氢和硫醇。这两种物质尤其是后者的嗅阈值极低，当其含量在$10^{-9} \sim 10^{-8}$g/L浓度级时，现代化仪器也难以检测到，但人却能感觉到它们的存在。

当一个溶液中存在着两种不同的酸性物质时，酸性较强的物质不仅能够抑制弱酸性物质的电离，而且对弱酸性物质有一种驱赶作用。将乙酸、乳酸、丁酸和己酸与硫化氢、甲硫醇和乙硫醇的酸性强度进行比较，前4种酸的酸性强得多，沸点又远高于甲硫醇（－61℃）、乙硫醇（36.2℃）、硫化氢（－61℃）。所以有机酸量的多少和环境温度的高低，对驱赶酒中带臭味的低沸点酸性物质的影响甚大。显然，含酸量较多的白酒，在气温较高的夏季，这些臭味物质从酒中逃逸的速度更快，臭味消失较快。

②抑制作用：白酒中呈弱酸性的固体物质主要是酚。已检出的物质有愈创木酚、4－甲基愈创木酚、4－乙基愈创木酚等。白酒中的有机酸酸性较酚强多

个数量级。羟酸解离出的 H^+ 是白酒中 H^+ 的主要来源。它的存在对酚的解离平衡有极强的影响，使上述平衡极度左移。也就是说，有机酸的存在使得酚类化合物在白酒中主要以酚的形式而不是以酚氧负离子的形式存在，酚以分子状态对味作出贡献。

③酸与碱性物质间的化学反应：白酒中含有氨基酸。氨基酸分为酸性、中性和碱性。分子中氨基（ $-NH_2$ ）和羧基（ $-COOH$ ）数目相等，为中性氨基酸；羧基多于氨基的称为酸性氨基酸；氨基多于羧基的称为碱性氨基酸，如赖氨酸等。白酒中还存在着另外一些碱性物质，如吡嗪的一些衍生物，如 2 - 羟 - 甲基吡嗪、4 - 乙基吡嗪、2，6 - 二甲基吡嗪等，它们可以和羧酸生成盐。

④与悬浮物之间的作用：白酒的生产过程十分复杂，涉及许多工艺措施。在各个操作过程中都将产生一些有机的或无机的机械杂质，它们大多呈悬浮状态，而另外一些杂质则以胶体形式分散于酒液中。因为羧酸能解离出带正/负电荷的离子，对胶体的破坏作用和对机械杂质的絮凝作用较强。

（二）醇

白酒中检出的醇类有 30 余种，醇在白酒中不但呈香呈味，有的还能增加甜感、有助香作用，同时它又是形成酯的前体物质。在酿造过程中酵母生成的高级醇及其他香味成分，都是酒精发酵的副产物，但不同酵母菌的生成量及其种类有很大差异。

高级醇是醇的混合体，其中检出的醇类有几十种。醇在酒中既呈香又呈味，起到增强酒的甜感与助香作用，也是形成酯的前体物质。白酒行业中有时把高级醇称为杂醇油，在酒内含量过多时则呈苦涩味，或有明显的液态法白酒味。在高级醇中，异丁醇有极强的苦味，但正丁醇并不太苦，其味很淡薄，正丙醇微苦。酪醇有优雅的香气，但味奇苦，经久不散，它是由酵母菌发酵酪氨酸而生成的。戊醇及异戊醇在高级醇中占比例较大，其味苦涩。尽管如此，白酒中含有适量醇是必要的，因为它是白酒香味中不可缺少的组分。采用液态法生产白酒时，产高级醇多，而采用固体法生产的白酒，酯含量多。酵母菌生成的醇见表 1 - 25。

表 1 - 25 酵母菌生成的醇类　　　　　　　　　　单位：mg/L

名称	阈值	感官特征
甲醇	100	麻醉样醚气味，刺激，灼烧感
乙醇	14000	轻快的麻醉气味，刺激，微甜
正丙醇	720	麻醉样气味，刺激，有苦味

续表

名称	阈值	感官特征
正丁醇	50	有溶剂样气味，刺激，有苦味
仲丁醇	100	轻快的芳香气味，刺激，爽口，味短
异丁醇	7.5	微弱油臭，麻醉样气味，味刺激，苦
异戊醇	6.5	麻醉样气味，有油臭，刺激，味涩
正己醇	5.2	芳香气味，油状，黏稠感，气味持久，味微甜
庚醇	2.0	葡萄样果香气味，微甜
β – 苯乙醇	7.5	似花香，甜香气，似玫瑰气味，气味持久，微甜带涩
辛醇	1.5	果实香气，带有脂肪气味，油味感
癸醇	1.0	脂肪气味，微弱芳香气味，易凝固
糠醇	0	油样焦烟气味，似烘烤香气，微苦
2，3 – 丁二醇	500	气味微弱，黏稠，微甜
壬醇	1.0	果实气味，带脂肪气味，油味
丙三醇	1.0	无气味，黏稠，浓厚感，微甜

多元醇在酒中呈甜味，并使酒味圆润，在众多香味成分之间，起到缓冲（黏合）作用，使香气成分间能联成一体，并使酒增加绵甜醇厚感，也有助香作用。多元醇在蒸馏酒中被检出的有甘油、2，3 – 丁二醇、赤藓醇、阿拉伯醇、甘露醇等，其中甘露醇的甜味最大。多元醇在酒中被称为缓冲剂或助香剂，它在酒中各种香味成分之间起到谐调的作用，使酒增加绵甜、回味悠长、丰满醇厚之感。

醇类化合物在白酒组分中占 12% 左右。由于醇类化合物的沸点比其他组分的沸点低，易挥发，这样它可以在挥发过程中"拖带"其他组分的分子一起挥发，起到"助香"作用。在白酒中低碳链的醇含量居多，醇类化合物随着碳链的增加，气味逐渐由麻醉样气味向果实气味和脂肪气味过渡，沸点也逐渐增高，气味也逐渐持久。在白酒中含量较多的是一些小于 6 个碳的醇，它们一般较易挥发，表现出轻快的麻醉样气味和微弱的脂肪气味或油臭。

醇类的味觉作用在白酒中相当重要，它是构成白酒相当一部分味觉的骨架。它主要表现出柔和的刺激感和微甜、浓厚的感觉，但有时会赋予酒体一定的苦味。

在酿造过程中，酵母菌进行酒精发酵的同时，也生成 C3 以上的高级醇。高级醇是酵母菌代谢的副产物，它的生产途径是由酵母菌摄取氨基酸，代谢出比氨基酸少一个碳原子的高级醇。例如，缬氨酸生成异丁醇、亮氨酸生成异戊醇、异亮氨酸生成活性戊醇、苯丙氨酸生成 β – 苯乙醇等，这是高级醇生成的主要途径。总之，高级醇的生成与氨基酸的生物合成、代谢密切相关，即高级醇的种类及生成量，都受氨基酸及其铵盐的支配。

（三）酯类

酯类是白酒香味的重要组分，酯在白酒中，除乙醇及水外，占其他组分的60% 左右。其中乙酸乙酯、乳酸乙酯、己酸乙酯、丁酸乙酯占总酯量的90% 左右。现在从白酒中检出的酯类已达45 种之多。

白酒中的酯类，虽然其结合酸不同，但几乎都是乙酯，仅在浓香型白酒中检出了乙酸异戊酯。发酵期短的普通白酒，酯类中乙酸乙酯及乳酸乙酯含量最多。由于酯的种类不同、含量的差异而构成了白酒不同的香型和风格。几种浓香型白酒中4 种酯间的量比关系见表1 – 26。

表1 – 26　几种浓香型白酒中4 种酯间的量比关系　　　单位：g/L

项目	洋河大曲酒	双沟大曲酒	古井贡酒	普通大曲酒
己酸乙酯	2.20	1.84	1.65	0.38
丁酸乙酯	0.15	0.14	0.17	0.08
乙酸乙酯	0.81	0.80	2.28	1.32
乳酸乙酯	2.21	1.87	1.88	3.59
总酯	3.65	3.24	4.60	5.77
己酸乙酯∶总酯	0.60	0.57	0.36	0.07
丁酸乙酯∶己酸乙酯	0.07	0.08	0.10	0.21
乳酸乙酯∶己酸乙酯	1.00	1.02	1.39	9.40
乙酸乙酯∶己酸乙酯	0.36	0.43	1.38	3.47

注：1. 己酸乙酯与总酯的量比关系，若"己酸乙酯∶总酯"值大，则表现酒质好，浓香风格突出。

2. 丁酸乙酯与己酸乙酯的量比关系，"丁酸乙酯∶己酸乙酯"在0.1 以下较为适宜，即丁酸乙酯宜占己酸乙酯10% 以下。丁酸乙酯含量如果过高，酒容易出现泥臭味，是造成尾味不净的主要原因。

3. 乳酸乙酯与己酸乙酯的量比关系，"乳酸乙酯∶己酸乙酯"低者较适宜。如果比值较大，容易造成香味失调，影响己酸乙酯放香，并出现老白干味。

4. 乙酸乙酯与己酸乙酯的量比关系，"乙酸乙酯∶己酸乙酯"不宜过大，否则突出了乙酸乙酯的香气，喧宾夺主，非常影响浓香型的典型风格，出现清香型酒味。但乙酸乙酯的最大特点是，在贮存过程中容易挥发并发生逆反应，会大量减少。

在白酒生产过程中，酵母菌进行酒精发酵作用，同时也进行酯化作用，并赋予白酒香味。霉菌（曲）也有酯化能力，尤其是红曲霉酯化能力极强，酵母菌与霉菌在一起，对于产酯起到相乘作用，但在窖内，主要靠酵母菌的酯化能力。试验证明，在酯化过程中，如果有红曲霉在，就能有效地提高酵母菌的酯化效果。

麸曲酒厂用酒精酵母生产乙醇，因酒精酵母产酯能力低，所以另外添加产酯酵母（生香酵母），借以增加白酒香味。大曲中富集大量野生酵母，其中多数为产酯酵母，遂使发酵过程中生成大量酯类，从而形成了优雅细腻的白酒风味。各种酯的香气特征见表1-27。

表1-27　各种酯的香气特征　　　　　　　　单位：mg/L

酯名	阈值	感官特征
甲酸乙酯	150	近似乙酸乙酯的香气，有较稀薄的水果香
乙酸乙酯	17.00	苹果香气，味刺激，带涩，味短
乙酸异戊酯	0.23	似梨、苹果样香气，味微甜、带涩
丁酸乙酯	0.15	脂肪臭气味明显，菠萝香，味涩，爽口
丙酸乙酯	4.00	微带脂肪臭，有果香气味，略涩
戊酸乙酯	—	较明显脂肪臭，有果香气味，味浓厚、刺舌
己酸乙酯	0.076	菠萝样果香气味，味甜爽口，带刺激涩感
辛酸乙酯	0.24	水果样气味，明显脂肪臭
癸酸乙酯	1.10	明显的脂肪臭味，微弱的果香气味
月桂酸乙酯	0.10	明显的脂肪气味，微弱的果香气味，不易溶于水，有油味
异戊酸乙酯	1.0	苹果香，味微甜，带涩
棕榈酸乙酯	14	白色结晶，微有油味，脂肪气味不明显
油酸乙酯	1.0	水果香（红玉苹果香）
丁二酸二乙酯	2.0	微弱的果香气味，味微甜、带涩、苦
苯乙酸乙酯	1.0	微弱果香，带药草气味
庚酸乙酯	0.4	水果香，带有脂肪臭
乳酸乙酯	14	淡时呈优雅的黄酒香气，过浓时有青草味

在白酒的香气特征中，绝大部分是以突出酯类香气为主的，就酯类单体组分来讲，根据形成酯的那种酸的碳原子数的多少，酯类呈现出不同强弱的气味。含1~2个碳的酸形成的酯，香气以果香气味为主，易挥发，香气持续时间短；含3~5个碳的酸形成的酯，有脂肪臭气味，带有果香气味；含6~12个碳的酸形成的酯，果香气味浓厚，香气有一定的持久性；含13个碳的酸形成的酯，果香气味很弱，呈现出一定的脂肪气味和油味，它们沸点高，凝固点低，很难溶于水，气味持久而难消失。酯在呈香呈味上，通常是相对分子质量

小而沸点低的酯，具有独特而浓郁的芳香；分子质量大而沸点高的酯类，香味虽不强烈，但香气极为优雅而绵长。所以大分子酯类更受人们青睐。

在酒体中，酯类化合物与其他组分相比较绝对含量较高，而且酯类化合物大都属于较易挥发和气味较强的化合物，表现出较强的气味特征。一些含量较高的酯类，由于其浓度及气味强度占有绝对的主导作用，使整个酒体的香气呈现出以酯类香气为主的气味特征，并表现出某些酯原有的感官气味特征。例如，清香型白酒中的乙酸乙酯和浓香型白酒中的己酸乙酯，它们在酒体中占有主导作用，使这两类白酒的香气呈现出以乙酸乙酯和己酸乙酯为主的香气特征。而含量中等的一些酯类，由于它们有类似其他酯类的气味特征，因此，它们可以对酯类的主体香味进行"修饰""补充"，使整个酯类香气更丰满、浓厚。含量较少或甚微的一类酯大多是一些长碳链酸形成的酯，它们的沸点较高，果香气味较弱，气味特征不明显，在酒体中很难明显突出它们的原有气味特征，但它们的存在可以使体系的饱和蒸气压降低，延缓其他组分的挥发速度，起到使香气持久和稳定香气的作用。

酯类化合物的呈味作用会因为它的呈香作用非常突出和重要而被忽略。实际上，由于酯类化合物在酒体中的绝对浓度与其他组分相比高出许多，而且它的感觉阈值较低，其呈味作用也是相当重要的。在白酒中，酯类化合物在其特定浓度下一般表现为微甜、带涩，并带有一定的刺激感，有些酯类还表现出一定的苦味。例如，己酸乙酯在浓香型白酒中含量一般为 $150 \sim 200mg/100mL$，它呈现出甜味和一定的刺激感，若含量降低，则甜味也会随着降低。乳酸乙酯则表现为微涩带苦，当酒中乳酸乙酯含量过多，则会使酒体发涩带苦，并由于乳酸乙酯沸点较高，使其他组分挥发速度降低，若含量超过一定范围时，酒体会表现出香气不突出。再例如，油酸乙酯和月桂酸乙酯，它们在酒体中含量甚微，但它们的感觉阈值也较低，它们属高沸点酯，当在白酒中处于一定的含量范围时，它们可以改变体系的气味挥发速度，起到持久、稳定香气的作用，并不呈现出它们原有的气味特征；当它们的含量超过一定的限度时，虽然体系的香气持久了，但它们各自原有的气味特征也表现出来了，使酒体带有明显的脂肪气味和油味，损害了酒体的品质。

（四）羰基化合物

白酒中检出的醛类有 12 种。其中乙缩醛几乎占总醛量的 50%。这些醛类中，有的辛辣，有的呈臭味，也有的带水果香但甜中有涩。浓香型白酒中的醛类含量一般为 $52 \sim 122mg/100mL$，酱香型及浓香型白酒中含有较多的乙缩醛，然而汾酒和西凤酒的乙缩醛含量极低。据测定结果表明，乙醛与乙缩醛两者相互消长，由于两者在贮存过程中缩合，乙醛渐消，乙缩醛渐长，这也是长期贮存后，白酒绵柔的重要因素之一。

白酒中已检出的酮类有6种。其中3-羟基酮及二丁酮含量较多。这些酮类有愉快的香味并有类似蜂蜜的甜香味。

白酒中醛、酮类的香气阈值和感官特征见表1-28。

表1-28　白酒中醛、酮类的香气阈值和感官特征　　　　单位：mg/L

名称	阈值	感官特征
甲醛	—	刺激性臭
乙醛	1.2	绿叶及青草气味，有刺激性气味，味微甜，带涩
正丁醛	0.028	绿叶气味，微带弱果香气味，味略涩，带苦
异丁醛	1.0	微带坚果气味，味刺激
异戊醛	0.1	具有微弱果香，坚果气味，味刺激
己醛	0.3	果香气味，味苦，不易溶于水
庚醛	0.05	果香气味，味苦，不易溶于水
丙烯醛	0.3	刺激性气味强烈，有烧灼感
苯甲醛	1.0	有苦扁桃油、杏仁香气，加入合成酒类可以提高质量
酚醛	—	有较强的玫瑰香气
糠醛	5.8	浓时冲辣、味焦苦涩，极薄时稍有桂皮油香气
丙酮	200	溶剂气味，带弱果香，微甜，带刺激感
丁酮	80	带果香，味刺激，带甜
双乙酰	0.02	浓时呈酸馊味、细菌臭、甜臭，稀薄时有奶油香
3-羟基丁酮	—	不明。有文献记载可使酒增加燥辣味
乙缩醛	50~100	青草气味，带果香，味微甜

白酒中添加2，4-二硝基苯肼时则白酒香味顿然消失，这是破坏了酒中的醛、酮类的缘故，不但没有了白酒风味，反而呈现与白酒毫不相干的中药味。这充分证明了羰基化合物在白酒香味上的重要地位。低分子醛类有强烈的刺激臭，乙醛有黄豆臭，乙醇微甜，但两者相遇则呈燥辣味，新酒燥辣味与此有关。乙缩醛在名酒中含量比普通白酒高，并在贮存期间不断增长，推断其可能与老熟有关。据文献报道，戊醛呈焦香，遇硫化氢时则焦香更浓。酮类的香气较醛类绵柔、细腻，其阈值也低。丙烯醛又名毒瓦斯，它有催泪的刺激性和强烈的苦辣味。糠醛易使酒色变黄，呈焦苦及涩味。3-羟基丁酮在酒中呈燥辣味，并使酒味粗糙。双乙酰是非蒸馏酒的大敌，却是蒸馏酒的香味成分。

羰基化合物在白酒组分中占6%~8%。低碳链的羰基化合物沸点极低，极易挥发，随着碳原子的增加，它的沸点逐渐增高，并在水中的溶解度下降。羰基化合物具有较强的刺激性气味，随着碳链的增加，它的气味逐渐由刺激性气味向青草气味、果实气味、坚果气味及脂肪气味过渡。白酒中含量较高的羰基化合物主要是一些低碳链醛、酮类化合物。在白酒的香气中，由于这些低碳链醛、酮类化合物与其他组分相比较，绝对含量不占优势，同时自身的感官气味表现出较弱的芳香气味，以刺激性气味为主，因此，在整体香气中不十分突出。但这些化合物沸点低，易挥发，尤其是在酒入口时，很易挥发。所以，这些化合物实际起到了"提扬"香气和"提扬"入口"喷香"的作用。

酒中的羰基化合物具有较强的刺激性口味。在味觉上，它赋予酒体较强的刺激感，也就是人们常说的酒劲大。这也说明酒中的羰基化合物的呈味作用主要是赋予口味以刺激性和辣感。

醛类物质与白酒的香气和口味有着密切的关系。乙醛和乙缩醛的主要功能表现为对白酒香气的平衡和谐调作用，而且作用强，影响大。乙醛和乙缩醛是白酒必不可少的重要组成成分。它们含量的多少以及它们之间的比例关系如何，将直接对白酒香气的风格水平和质量水平产生重大影响。

二乙醇缩乙醛（简称乙缩醛）不是醛，是二醚，分子内含两个醚键。乙缩醛是一种特殊的醚，它的两个醚键与同一个碳原子相连接，是胞二醚。乙醛和乙缩醛不是同一类化合物，在特定环境条件下，它们互相联系又可以互相转化。基于后一种原因，白酒行业往往将乙缩醛也划归"醛类"，但在化学概念上不可将此二者混为一谈。

把乙缩醛作为醛类化合物，它与乙醛的总量占白酒中总醛质量的98%以上，所以它们是白酒中最重要的醛类化合物。乙醛的作用如下。

（1）水合作用 乙醛是羰基化合物，羰基是极性基团，由于极性基团的存在，乙醛易与水发生水合反应，生成水合乙醛。此反应是一个平衡反应，在醋酸催化下，反应速度加快。白酒中乙醛以两种形式存在，既以乙醛分子也以水合乙醛的形式对酒的香气作出贡献。

（2）携带作用 由于乙醛跟水有良好的亲和性，具有较低的沸点和较高的蒸气分压，使乙醛有较强的携带作用。携带作用即酒中的乙醛等在向外挥发的同时，能够把一些香味成分从溶液中带出，从而造成某种特定气氛。

（3）阈值的降低作用 当使用醛含量高的酒作组合或调味酒时，将使基础酒的闻香明显变强，即对放香强度有放大和促进作用，这就是乙醛对各种物质阈值的影响。阈值不是一个固定值，在不同的环境条件下有着不同的值。乙醛的存在，对白酒中可挥发性物质的阈值有明显的降低作用，不仅对原来已有相当放香强度物质的阈值有一定的降低作用，而且对那些不太感知得到的物质的阈值也有降低作用，即提高了嗅觉感知的整体效果，白酒的香气变大了。

（4）掩蔽作用　蒸馏酒或者不同形式的固液结合白酒，在进行色谱骨架成分调整时，最难以解决的问题之一是闻香和气味的分离感突出（即明显地感觉到外加香），这将大大影响这类酒的质量。

即使是完全用发酵原酒，甚至用"双轮底酒"加浆降度后，有时也会出现闻香和味分离感，这时并不存在"外加香"的问题。

产生上述现象的原因极其复杂，其原因可能有以下两个：一是骨架成分的合理性存在问题；二是没有处理好四大酸、乙醛和乙缩醛的关系。四大酸主要表现为对味的谐调功能，乙醛、乙缩醛主要表现为对香的谐调功能。酸压香增味，乙醛、乙缩醛增香压味。只要处理好这两类物质间的平衡关系，使其综合行为表现为对香和味都做出适当的贡献，不论是全发酵酒、新型白酒或中低度酒中都不会显现出有外加香味物质的感觉。这就是说，乙醛、乙缩醛和四大酸量的合理配置大大提高了白酒中各种成分的相容性，掩盖了白酒某些成分过分突出自己的弊端，从这个角度讲它们有掩蔽作用。

（五）吡嗪类

白酒中的含氮化合物形成的焦香占有重要地位，是酱香型、芝麻香型白酒中重要的香气成分之一，是人们喜爱的焙炒香气。焦香在食品中还有防腐作用，所以被广泛应用于食品防腐。焦香在白酒中都不同程度地存在，酱香型及麸曲白酒中焦香较浓，芝麻香型白酒的焦香基本上已成为它的主体香气。

产生焦香的成分主要是吡嗪类化合物，它是糖类与氨基酸在加热过程中形成的产物，是通过氨基酸的降解反应和美拉德反应产生的。从白酒中已经鉴别出的吡嗪类化合物有几十种，但绝对含量很少。它们一般都具有极低的香气感觉阈值，极易被察觉，且香气持久难消。

目前白酒中检出的含氮化合物有 30 种，其中定量的吡嗪化合物有 21 种。日本已经从食品中检出 70 种吡嗪。多数白酒中所含的吡嗪类化合物，以四甲基吡嗪和三甲基吡嗪含量最高。有些白酒（如白云边酒）则以 2，6 - 二甲基吡嗪居多。如以同碳数烷基取代吡嗪总量计，则除茅台酒中四甲基吡嗪含量较高外，其余酒样中的二碳、三碳烷基取代吡嗪的总量都比较接近。茅台酒中的吡嗪化合物高达 9370mg/L，比其他酱香型白酒（郎酒、迎春酒）高出 10~17 倍，其中起主导作用的首推四甲基吡嗪。对几个不同来源茅台酒的分析表明，四甲基吡嗪含量都在 18740mg/L 以上，然而郎酒、迎春酒仅分别含 731mg/L 和 653mg/L。因此，就含量而言，相当高的四甲基吡嗪含量是茅台酒的标志，但它并不是酱香型白酒所共有的特征。

茅台酒中含氮化合物呈特高含量，郎酒、迎春酒及白云边酒属第二层次，其总量为 2300~3700mg/L；景芝及某些浓香型酒（五粮液、古井贡酒）中的含量为 1000 ~ 2000mg/L；洋河、双沟及汾酒中的含量较低，仅为 0.2 ~ 0.54mg/L 以上。分析结果表明，吡嗪的生成与酒醅发酵及制曲温度高低有关，更受反复加热蒸馏的影响。白酒中含氮化合物的测定结果见表 1 – 29。

表 1 – 29　白酒中含氮化合物的测定结果　　　　单位：mg/L

含氮化合物	茅台酒 4#	茅台酒 5#	郎酒	迎春酒	五粮液 2#	洋河大曲	双沟大曲	白云边	景芝 1#	汾酒
吡嗪	37	33	10	88	—	—	—	—	23	—
2 – 甲基吡嗪	323	292	199	282	21	25	26	191	154	12
2，5 – 二甲基吡嗪	143	116	110	87	8	10	21	83	57	9
2，6 – 二甲基吡嗪	992	969	673	901	376	75	96	792	341	—
2，3 – 二甲基吡嗪	660	562	117	112	11	18	22	157	48	11
2 – 乙基 – 6 – 甲基吡嗪	796	886	349	399	108	73	78	418	244	—
2 – 乙基 – 5 – 甲基吡嗪	27	25	23	32	—	4	—	—	21	—
三甲基吡嗪	4965	4007	712	627	294	53	69	729	217	27
2，6 – 二乙基吡嗪	247	166	36	127	—	14	8	88	40	—
3 – 乙基 – 2，5 – 二甲基吡嗪	83	111	23	42	8	4	12	27	31	—
2 – 乙基 – 3，5 – 二甲基吡嗪	1402	83	231	149	57	28	14	299	93	—
四甲基吡嗪	53020	30782	731	653	195	23	120	482	156	75
2 – 甲基 – 3，5 – 二乙基吡嗪	420	277	40	74	23	10	12	61	17	—
3 – 异丁基 – 2，5 – 二甲基吡嗪	143	164	139	48	45	4	14	62	12	14
2 – 乙基 – 3 – 异丁基 – 6 – 甲基吡嗪	46	27	10	15	—	13	17	—	33	64
3 – 异戊基 – 2，5 – 二甲基吡嗪	151	260	300	—	—	—	18	—	—	—
3 – 丙基 – 5 – 乙基 – 2，6 – 二甲基吡嗪	105	75	15	—	—	—	13	—	26	10

续表

含氮化合物	茅台酒 4#	茅台酒 5#	郎酒	迎春酒	五粮液 2#	洋河大曲	双沟大曲	白云边	景芝 1#	汾酒
吡啶	180	181	114	188	82	42	59	160	101	19
3－异丁基吡啶	80	0	50	22	—	—	5	67	3	—
噻唑	138	108	88	54	98	39	46	100	49	22
三甲基噁唑	75	24	30	474	—	22	104	—	49	59

（六）其他香味物质

白酒中还有许多香味成分，例如，已检出的芳香族成分就有 26 种。4－乙基愈创木酚、苯甲醛、香兰素、丁香醛等都是白酒特别是酱香型白酒的重要香味成分，但味微苦。β－苯乙醇在白酒中含量甚多，单体为蔷薇香气，但在白酒中与多种香味成分混在一起，蔷薇香气并不突出。

此外还有许多呋喃化合物，这些成分的含量虽小，但阈值却很低，故有极强的香味。又都是高沸点物质，可能在后味延长上起重要作用。呋喃甲醛在稀薄情况下，稍有桂皮油的香气；浓时冲辣，味焦苦涩，在酱香型白酒中含量突出，成为酱香型白酒的特征香气之一。呋喃甲醛也极易氧化而变成黄色，这是酱香型白酒颜色微黄的根本原因。其他如香草酸、香草酸乙酯、异麦芽酚等也都是上佳的香味成分。

在白酒中检出的硫化物有 6 种，一般含硫化合物的阈值很低，很微量的存在就能察觉它的气味。它们的气味非常典型，一般表现为异臭和令人不愉快的气味，且持久难消。

（七）呈味物质的相互作用

白酒中的呈味物质有酸味、甜味、苦味、辣味、涩味、咸味等物质，这些物质在酒中味觉的强弱与其相互作用有关。味觉变化是随着味觉物质和总量变化的不同而起变化的，为了保证酒的质量与风格，使产品保持各自的特色，必须掌握好味觉物质的相互作用和酒中香味物质的特征及变化规律。作为单体味来说，甜是甜的，苦是苦的，但是当两种味混合在一起，味就可能发生变化，或者它的呈味强度发生了变化，既可能加强，也可能削弱。

1. 相乘作用

在某一种味中添加另一种味，加强了原有的呈味强度，这在食品品尝中，称为味的相乘作用。

在甜味溶液中添加少许食盐，会使甜味明显增加。在 15% ~25% 蔗糖溶液中添加 0.05% 食盐时，则呈最甜状态。有趣的是，如果添加 0.5% 的食盐时，反而不及不添加食盐的糖液甜。这说明相乘作用在呈味物质之间，存在着一定的量比关系。

在苦味溶液中添加酸，可使苦味更苦。在谷氨酸钠中添加肌苷酸钠或鸟苷酸，都能起到增强鲜味的相乘作用，致使鲜味大幅度提高。谷氨酸钠与肌苷酸钠混合时，鲜味显著增强，1∶1 时增加 7.5 倍，10∶1 时增加 5 倍，添加 1% 时鲜味也翻了一番，这表明了味觉神经在生理上起到了相乘作用。二者相混合不但增强鲜味感、持续感，并对遮盖苦味也有明显效果。

2. 相杀作用

在呈香物质中添加另一种呈味物质，使原有物质的呈味强度下降，这在食品品尝中称为相杀作用。

在咸味溶液中添加酸味物质，可使咸味强度减少。在 1% ~2% 食盐溶液中添加 0.05% 醋酸或在 10% ~20% 食盐溶液中添加 0.3% 醋酸，则咸味大幅度下降。在日常生活中，饺子咸了就蘸醋吃，这就是用醋解咸的实际作用。在五种味中，甜味的相杀作用最多，它对酸味、苦味、咸味都有缓解作用。例如，吃柠檬、柚子、菠萝等酸味大的水果时，加入糖则酸味大减；咖啡甚苦，在溶液中加入糖则苦味明显下降，并赋予舒适感；在咸味中添加糖，则咸味也随之减少。在 1% ~2% 的食盐溶液中添加 7% ~10% 蔗糖时，可使咸味完全消失；但在 20% 的食盐溶液中，不论添加多少蔗糖，咸味也不会消失。糖在食品中不但会使酸、苦、咸味下降，并且赋予其浓郁感和后味长的特点。

咸味对苦味也有相杀作用，能降低苦味的强度。例如，除去酱油中的盐后，再分离出呈鲜味的谷氨酸钠，便出现苦味，这证明咸味对苦味有相杀作用。

在 0.03% 咖啡碱溶液（呈苦味的最低浓度）中，添加 0.8% 食盐，苦味反而稍感加强；如果添加 1% 以上，则咸味加强。如果增加食盐添加量，则苦味明显减少，食盐添加过多时则呈咸味了。

3. 复合香味

两种以上呈香物质相混合时，能使单体的呈香呈味有很大变化，其变化有正面效应，也有负面效应。

香兰醛是食品中最常用的食品香料，除香而外，还有耐高温的优点。香兰醛呈饼干香味，β - 苯乙醇则带有蔷薇花的香味；两者按合理比例相混合，既不是饼干味，也不是蔷薇花香，而是复合了白兰地所特有的香味。

乙醇微甜，乙醛则带有黄豆臭，浓时为青草臭，并有涩味。两者相混，则呈现新酒刺激性极强的辛辣味，从而改变了酒应有的甜味感及其特有的香味。

4. 助香作用

新产的酒和勾兑的配制酒，香味成分之间很不谐调，就像新组成的足球队，队员之间配合很不默契，要磨合。此时，就需要助香成分来助香了。助香成分像黏合剂，它将各种香味成分联合成一个整体，才能突出其产品的独特风格。

在酒中起助香作用的化合物，其本身往往并不是很香，或者是弱香，或者是无味甚至是臭的，但它却是酒里不可缺少的角色。

思考与练习

1. 简述浓香型白酒微量成分的含量与质量的关系。
2. 简述清香型白酒微量成分的含量与质量的关系。
3. 简述酱香型白酒微量成分的含量与质量的关系。
4. 简述兼香型白酒微量成分的含量与质量的关系。
5. 简述白酒中呈味物质的相互作用。
6. 什么是阈值？何谓香阈值？何谓味阈值？
7. 白酒中微量成分的来源是什么？
8. 白酒中的酸、酯、醇、醛等成分与白酒呈味的关系是什么？

项目二　白酒的品评

导　读

　　白酒是一种嗜好性的酒精饮料，也是一种食品。对食品的评价，往往在很大程度上要以感官品评为主，白酒的质量指标，除了理化、卫生指标外，还有感官指标，对感官指标的评价，要由评酒员来进行品尝鉴别，所以酒的品评工作是非常重要的。

　　感官品评是检验白酒质量的重要手段。感官指标是白酒质量的重要指标，它是由感官品评的方法来检验的。感官品评是生产过程中进行有效质量控制的重要方法，白酒生产中半成品酒的质量检验、入库酒贮存等级的鉴别、勾兑和调味的质量控制、成品酒的合格检验等都离不开感官品评。

　　白酒品质优劣的鉴定，通常是通过理化分析和感官检验的方法实现的。理化分析是使用各种现代仪器或传统的含量分析，对组成白酒的主要物理化学成分，如乙醇、总酸、总酯、高级醇、甲醇、重金属、氯化物、固形物等进行定量分析。感官检验是人们常说的品评、尝评、鉴评等，它是利用人的感觉器官——眼、鼻、口来判断酒的色、香、味、格的方法。白酒的色、香、味、格的形成不仅决定于各种理化成分的数量，还决定于各种成分之间的谐调平衡、微量成分衬托等关系，而人们对白酒的感官检验，正是对白酒的色、香、味、格的综合性反映。这种反映是很复杂的，仅靠对理化成分的分析不可能全面、准确地反映白酒的色、香、味、格的特点。

任务一　白酒品评的意义和作用

　　品评，就是用人的感觉器官，按照各类白酒的质量标准来检测酒质优劣的方法。它既是判断酒质优劣的主要依据，又是决定勾兑与调味成败的关键。

白酒品评的意义和作用主要有以下几点。

1. 品评是确定质量等级和评优的重要依据

在白酒生产中，应快速、及时检验原酒，通过品尝，量质接酒，分级入库，按质并坛，以加强对中间产品质量的控制，同时又可以掌握酒在贮存过程中的变化情况，摸索规律。国家行业管理部门通过举行评酒会、产品质量研讨会等活动，检评质量、分类分级、评优、颁发质量证书，这对推动白酒行业的发展和产品质量的提高也起重要的作用。举行这些活动，也需要通过品评来提供依据。

2. 品评可检验勾兑调味的效果

勾兑调味是白酒生产的重要环节。通过勾兑调味，能巧妙地把基础酒和调味酒合理搭配，以使酒达到平衡、谐调、风格突出等目的。通过品评，可以迅速有效地检查勾兑与调味的效果，及时改进勾兑和调味的方法，使产品质量稳定。

3. 品评是鉴别假冒伪劣产品的重要手段

在流通过程中，假冒伪劣白酒冲击市场的现象屡见不鲜，这些假冒伪劣白酒不仅使消费者在经济上蒙受损失，还给消费者身体健康带来严重威胁，而且使合法生产企业的权益和声誉受到严重侵犯。实践证明，感官品评是识别假冒伪劣白酒的直观而又简便的手段。

4. 通过品评，可与厂间、车间同类产品比较，找出差距，以便进一步提高产品质量，吸收先进技术，改进生产工艺。可以及时发现问题，总结经验教训，为进一步改革工艺和提高产品质量提供科学依据。

5. 白酒的品评同物理化学分析方法相比，不仅灵敏度较高，速度较快，费用节省，而且比较准确，即使微小的差异，也能察觉。

品评在酒类行业中起着极为重要的作用，是产品分类、分级、勾兑调味效果、成品出库前检验的重要方法。

任务二 评酒员能力及常规训练

白酒品评是鉴别白酒质量的一门技术。它不需经过样品处理，直接通过观色、品味、闻香来确定其质量与风格的优劣。通过品评结果进行勾兑，使香味物质保持平衡，并可保持自身风格，因其快速、准确、有效，被所有厂家采用。即使在目前科学技术发达的时代，也难以用仪器来代替品评，然而，品评既是一门技术，又是一门艺术，所以要求评酒员在文化上、经验上都需要具备一定的水平。

一、评酒员的基本功要求

1. 检出力

检出力是指对香及味有很灵敏的检出能力，即嗅觉和味觉都极为敏感。在考核评酒员时，常使用一些与白酒不相干的砂糖、味精、食盐、橘子汁等物质进行测验，其目的就在于检查评酒员的检出力，检出力体现了评酒员的基本素质，也是评酒员的基础条件。

2. 识别力

这比检出力提高了一个台阶，要求对酒检出之后，要有识别能力。例如，评酒员测验时，要求其对白酒典型类型及化学物质做出判断，并对其特征、谐调与否、酒的优点、酒的问题等做出回答。又如，应对己酸乙酸、乳酸乙酯、乙酸、乳酸等简单物质有识别能力。

3. 记忆力

记忆力是评酒员基本功的重要一环，也是必备条件。在品尝过程中，评酒员要记住其测定白酒的特点，再次遇到该酒时，其特点应立即从记忆中反映出来，例如，评酒员测验时，采用同种异号或在不同轮次中出现的酒样进行测试，以检验评酒员对重复性与再现性的反应能力。

4. 表现力

表现力是凭借着识别力、记忆力找出白酒问题的所在，并有所发挥与改进，并能将品尝结果准确地表述清楚。掌握主体香气成分及化学名称和特性，能够熟悉本厂生产工艺的全过程，提供白酒生产工艺条件、贮存、勾兑上的改进意见。

二、评酒员的训练

评酒员应掌握有关人体感觉器官的生理知识，了解感觉器官、组织结构和生理机能，正确地运用和保护它们；同时要掌握酒中各种微量成分的呈香呈味的特征与评酒用的专业术语。

（一）色的感觉练习

酒的颜色一般用眼直接观察、判别。我国白酒一般无色、透明，而有些白酒有自然物的颜色，如酱香型白酒的色泽应允许微黄色。同是一个色，透明度（深浅程度）、纯度就不一样。评酒员应能区别各种色相（红、橙、黄、绿、青、蓝、紫）和分辨微弱的色差。具备了这一基本功能就能在评酒中找出各类酒在色泽上的差异。感觉练习操作如下。

1. 第一组

取黄血盐或高锰酸钾，配制成 0.1%、0.2%、0.25%、0.3% 不同浓度的水溶液，观察透明度，反复比较。高锰酸钾要随用随配，可事先在杯底密码编号，以分辨不同的浓度。盛液后，将各杯次序混乱，然后通过目测法，将各杯按透明度次序排好。是否正确，可以看杯底的编号加以验证。开始各杯浓度级差间隔可以大些，逐步缩小级差间隔，不断提高准确性。

2. 第二组

取陈酒大曲（贮存 2 年以上）、新酒、60 度酒精和白酒（一般白酒）进行颜色比较。

3. 第三组

选择浑浊、失光、沉淀和有悬浮物的样品，认真加以区别。

（二）嗅觉训练

人与人之间嗅觉差异较大，有的人嗅觉非常灵敏，除天赋生理条件外，还必须加以练习，才能达到高的灵敏度，能鉴别不同的香气程度的差异，能描述对香的感受。作为评酒员应该熟识各种花、果的芳香，这是评酒员嗅觉的基本功。练习分组试料如下。

1. 第一组

取香草、苦杏、菠萝、柑橘、柠檬、杨梅、薄荷、玫瑰、茉莉、桂花等各种香精、香料、果香气，分别配制成 1mg/kg（百万分之一）浓度的水溶液，先公开嗅闻，再进行密码编号，闻、测区分是何种芳香。溶液浓度，可根据本人情况自行设计配成 2mg/kg、3mg/kg，4mg/kg、5mg/kg 不等。

2. 第二组

取甲酸、乙酸、丙酸、丁酸、戊酸、己酸、庚酸、辛酸、乳酸、苯乙酸以及酒石酸等，分别配成 0.1% 的酒精度为 54% 酒精溶液或水溶液，进行嗅闻，以了解各酸类物质在酒中所产生的气味，记下各自的特点，加以区别。

3. 第三组

取甲酸乙酯、乙酸异戊酯、丙酸乙酯、丁酸乙酯、戊酸乙酯、己酸乙酯、庚酸乙酯、辛酸乙酯等，分别配成 0.01% ~0.1% 的酒精度为 54% 酒精溶液，进行嗅闻，以了解各种酯类在酒中所产生的气味，记下各自的特点，加以区别。

4. 第四组

取乙醇、丙醇、正丁醇、异丁醇、戊醇、异戊醇、正己醇等，分别配成 0.02% 的酒精度为 54% 酒精溶液，进行嗅闻，以了解各种醇类在酒中所产生的气味，记下各自的特点，加以区别。

5. 第五组

取甲醛、乙醛、乙缩醛、糠醛、丁二酮等，分别配成 0.1% ~0.3% 的 54% 酒精溶液，进行嗅闻，以了解醛、酮类在酒中所产生的气味，记下各自的特点，加以区别。

6. 第六组

取阿魏酸、香草醛、丁香酸等分别配成 0.001% ~ 0.01% 的酒精度为 54% 酒精溶液，进行明嗅，以了解酚类在酒中所产生的气味。

7. 第七组

取酒精度为 60% 的酒精、液态法白酒、一般白酒、浓香型大曲酒、清香型大曲酒、米香型白酒、其他香型白酒等，进行嗅闻，以了解上述酒型所产生的不同气味。

8. 第八组

取黄水、酒头、酒尾、窖泥、霉糟、糠蒸馏液、各种曲药、木材、橡胶、软木塞、金属等进行嗅闻，区分异常气味。有的物质也可用酒精度为 54% 的酒精浸出液，澄清，取上层清液，分别嗅其气味，以辨别这些物质对酒类感染的气味。

（三）味觉的练习

1. 第一组

取乙酸、乳酸、丁酸、己酸、琥珀酸、酒石酸、苹果酸、柠檬酸等，每一种分别配成不同浓度（0.1%、0.05%、0.025%、0.0125%、0.00325%）的 54% 的酒精溶液，进行品尝，区别和记下它们之间及其不同浓度的味道。

2. 第二组

取乙酸乙酯、乳酸乙酯、丁酸乙酯、戊酸乙酯、己酸乙酯、庚酸乙酯、壬酸乙酯、月桂酸乙酯等，每一种分别配成不同浓度（0.1%、0.05%、0.025%、0.0125%、0.00625%）的酒精度为 54% 酒精溶液，进行品尝，区别和记下它们之间及其不同浓度的味道。

3. 第三组

味的区别。取甜味的砂糖 0.75%，咸味的食盐 0.2%，酸味的柠檬酸 0.015%，苦味的奎宁 0.0005%，涩味的单宁 0.03%，鲜味的味精（80%）0.1%，辣味的丙烯醛 0.0015%，分别配成各自的水溶液浓度和无味的蒸馏水，进行品尝鉴别。

4. 第四组

异杂味的区别。取黄水、酒头、酒尾、窖泥液、糠蒸馏液、毛糟液、霉糟液、底锅水等，分别用酒精度为 54% 酒精配成适当溶液，进行品尝，或再进行密码编号测试，区别和记下各种味道的特点。

5. 第五组

酒精度高低的鉴别。取同一基酒兑成酒精度为 65%、60%、50%、45%、40%、32%、18%、15%、12% 等的酒，品评区别不同酒精度的酒其酒精度的高低，并排成由低至高的顺序。

6. 第六组

名酒香型的鉴别。取茅台、汾酒、泸州特曲、三花酒、董酒、五粮液、景芝白干（芝麻香）等进行评尝，写出其香型及标准评语。

7. 第七组

对同一香型酒的鉴别。如浓香型中的五粮液、古井贡酒、洋河大曲、双沟大曲、泸州特曲、剑南春等，进行品尝，写出各酒相同和差异的情况。

8. 第八组

各类酒的鉴别。取大曲酒、小曲酒、麸曲酒、串香酒、酒精，兑成54%酒精度，进行对比和品评，加以区别，记下特征。

三、白酒中的香和味及来源

（一）白酒中的香

白酒中的各种香味成分主要来源于粮食、曲药、辅料、发酵、蒸馏和贮存，形成了如糟香、窖香、陈香、浓香等不同的香气。正常的香气可分为陈香、浓香、糟香、曲香、粮香、馊香、窖香、泥香和其他一些特殊的香气；不正常的香气有焦香、胶香等。

1. 陈香

香气特征上表现为浓郁而略带酸味的香气。陈香可分为窖陈、老陈、酱陈、油陈和醇陈等。

（1）窖陈　指具有窖底香的陈或陈香中带有老窖泥香气，似臭皮蛋气味，比较舒适细腻，是由窖香浓郁的底糟或双轮底酒经长期贮存后形成的特殊香气。

（2）老陈　是老酒的特有香气，丰满、幽雅，酒体一般略带微黄，酒度一般较低。

（3）酱陈　有点酱香气味，似酱油气味和高温陈曲香气的综合反映。所以，酱陈似酱香又与酱香有区别，香气丰满，但比较粗糙。

（4）油陈　指带脂肪酸酯的油陈香气，既有油味又有陈味，但不油哈，很舒适怡人。

（5）醇陈　指香气欠丰满的老陈香气（清香型尤为突出），清雅的老酒香气，这种香气是由酯含量较低的基础酒贮存所产生的。

浓香型白酒中没有陈香味都不会成为好名酒，要使酒具有陈香是比较困难的，都要经过较长时间的贮存，这是必不可少的。

2. 浓香

浓香是指各种香型的白酒突出自己的主体香的复合香气，更准确地说它不是浓香型白酒中"浓香"概念，而是指具有浓烈的香气或者香气很浓。它可以分为窖底浓香和底糟浓香，一个是浓中带老窖泥的香气，如酱香型白酒中的窖底香；一个是浓中带底糟的香气，香气丰满怡畅。

3. 糟香

糟香是固态发酵白酒的重要特点之一，白酒自然感的体现，它略带焦香气和焦煳香气及固态白酒的固有香气，它带有母糟发酵的香气，一般是经过长发酵期的高质量母糟经蒸馏才能产生。

4. 曲香

曲香是指具有高中温大曲的成品香气，香气很特殊，是空杯留香的主要成分，是四川浓香型名酒所共有的特点，是区别其他省浓香型名白酒的特征之一。

5. 粮香

粮食的香气很怡人，各种粮食有各自的独特香气，它也应当是构成酒中粮香各种成分的复合香气。这在日常生活中是常见的，浓香型白酒采用混蒸混烧的方法，就是想获得更多的粮食香气。

6. 馊香

馊香是白酒中常见的一种香气，是蒸煮后粮食放置时间太久，开始发酵时产生的似2，3－丁二酮和乙缩醛的综合气味。

7. 窖香

窖香是指具有窖底香或带有老窖香气，比较舒适细腻，一般四川流派的浓香型白酒中窖香比较普遍，它是窖泥中各种微生物代谢产物的综合体现；而江淮流派的浓香型白酒厂家因缺少老窖泥，一般不具备窖底香。

8. 泥香

泥香是指具有老窖泥香气，似臭皮蛋气味，比较舒适细腻，不同于一般的泥臭、泥味，又区别于窖香，比窖香粗糙，或者说窖香是泥香恰到好处的体现，浓香型白酒中的底糟酒含有舒适的窖泥香气。

9. 特殊香气

不属于上述香气的其他正常香气统称为特殊香气，如芝麻香、木香、豉香、果香等。

10. 焦香

焦香是指酒中含有类似于物质烧煳形成的气味。

11. 胶香

应该说是胶臭，是指酒中带有塑胶味，令人不快。

（二）白酒中的味

白酒中的味可分为：醇（醇厚、醇和、绵柔等）、甜、净、谐调、味杂、涩、苦、辛等。任何白酒都要做到醇、甜、净、爽、谐调。这五个方面缺一不可，有异杂味和不谐调的白酒，不是好酒，这是基本条件。

（1）醇和　入口和顺，没有强烈的刺激感。

（2）绵软　刺激性极低，口感柔和、圆润。

（3）清洌甘爽　口感纯净，回甜、爽适。

（4）爆辣　粗糙，有灼烧感，刺激性强。

（5）上口　是指入口腔时的感受，如入口醇正、入喉净爽、入口绵甜、入口浓郁、入口甘爽、入口冲、冲劲大、冲劲强烈等。

（6）落口　是咽下酒液时，舌根、软腭、喉等部位的感受，如落口甜、落口淡薄、落口微苦、落口稍涩、欠净等。

（7）后味　酒中香味成分在口腔中持久的感觉，如后味怡畅、后味短、后味苦、后味回甜等。

（8）余味　饮酒后，口中余留的味感，如余味绵长、余味干净等。

（9）回味　酒液咽下去后回返到口中的感觉，如有回味、回味悠长、回味醇厚等。

（10）臭味　主要是臭气的反映，与味觉关系极小。

（11）苦味　由于苦味物质的阈值一般比较低，所以在口感上特别灵敏，而且持续时间较长。另外，苦味反应较慢，说酒有后苦而无前苦就是这个原因。适当的苦味能丰富和改进酒体风味，但苦味大，不易消失就不令人喜欢了。

（12）酸味　酸味是由于舌黏膜受到氢离子刺激而引起的，白酒中酸味要适宜。酸味物质少，酒味糙辣，反之，酸量过大，酒味淡，后味短，酸涩味重。酒中酸味物质适中，可使酒体醇厚丰满。

（13）涩味　当口腔黏膜蛋白质凝固时，会引起收敛的感觉，此时感到的滋味便是涩味。因此，涩味不是作用于味蕾而产生的，而是刺激到感觉神经末梢而产生的感觉，所以它不能作为一种味而单独存在。白酒中的涩味是由不谐调的苦、酸、甜共同组成的综合结果。

任务三　白酒品评方法与技巧

一、评酒前的准备

1. 酒样的类别

同一组的酒样必须要有可比性，样酒的类别或香型要相同。全国性的白酒类别分为酱香型、浓香型、清香型、米香型、其他香型或兼香型。

2. 取酒样

品评前要对酒样进行编组、编号，酒样号与酒杯号要相符。开瓶时要轻取轻开，减少酒的震荡，防止瓶口的包装物掉入酒中，倒酒时要缓慢注入。

3. 酒样的杯量

每一个评酒杯中倒入酒的数量多少，依酒类而不同，可根据酒样的酒精度适量增减。注入杯中的酒量应为空杯总容积的 1/3 ~ 1/2，使杯中留有足够的空间，以便保持其酒的香气和品评时转动酒杯。注意每杯酒注入的数量必须相同。

4. 酒样温度

温度对嗅觉影响很大，温度上升，香味物质挥发量大，气味增强，刺激性加强。一般说来，低于 10℃ 会引起舌头凉爽麻痹的感觉，高于 28℃ 则易于引起炎热迟钝的感觉，评酒时，酒样温度偏高还会增加酒的异味，偏低则会减弱酒的正常的香味，白酒的品评温度一般采用 20℃ 为适宜。为了使供品评的一组酒样都能达到同一的最适宜的温度，调温的方法是在评酒前，先将一个较大的容器装好清洁的水，调到要求的温度，然后把酒瓶或酒缸放入水中，慢慢提高温度。如需降温，可以在调温水中加冰。评酒室温，冬天在可能的条件下，应保持 15 ~ 18℃ 为宜。品评同一组、同一轮次的酒样温度必须相同。

二、评酒方法

评酒有不同的目的，如评选名优产品、评找最佳量比配方、对产品质量上存在的问题的检查、找典型代表性等，其评酒的方法也不同。

1. 一杯品评法

先拿出一杯 A，让评酒员充分记忆其特性，将 A 样取走，然后再拿出一杯酒样 B，要求评酒员评出 A、B 两酒样是否相同及其差异。本法最适于出厂酒样的检查，如一杯标准酒样品尝后，取走，另取一杯是出厂酒样，评尝决定样酒是否达到出厂要求。

2. 二杯品评法

一次拿出两杯酒，一杯是标准酒，一杯是酒样，要求品评两者有无差异，说出其异同点等，有时两者也可为同一酒样。本法便于品评变更酒度的两酒样对比，按顺序选其特性，也可进行嗜好试验，选择 A、B 两样品比较其爱好。

3. 三杯品评法（也称三角法）

一次拿出三杯酒，其中两杯为相同的酒，要求品评出哪两杯酒相同及不同的一杯与相同的两杯酒之间的差异。这个方法试验品尝次数较多，容易使人疲劳，一次以三组酒样为适宜。

4. 一杯至二杯品评法

先拿出一杯标准酒，如 A，评完取走；然后再拿出两杯酒，其中一杯是标准酒（与 A 同），另一杯是酒样，要求品评出两种酒有无差异，若有差异要判断其差异的大小。酒厂生产的新酒与原有的典型酒（标准酒）作对比时，或出厂勾兑的酒样与原有标准样对比都采用此法。

5. 顺位品评法

将酒样分别倒入已编号的酒杯中，让评酒员按酒度高低，质量优劣顺序排列，分出名次。勾兑调味时，常用此法作比较。多样顺位法要求将酒样 A、B、C……按特性强弱顺序排列，每次品评的样品数量 4~6 个为宜，超过此数，容易疲劳，影响评酒的精确度，尤其是香型较浓的样品更是如此。多样对比法：在品评 A、B、C……样品时，将 A 与 B、A 与 C、B 与 C……分别和全部几个样品，相互两个组合一起对比，然后按特性强弱进行排列。

6. 尝评计分法

按尝评酒样色、香、味、格的差异，以计分表示。即以总分为 100 分，其中色 10 分、香 25 分、味 50 分、风格 15 分。一般尝评计分表格式见表 2 – 1。

表 2 – 1　白酒尝评记录表

轮次：　　　　　　　　　　评酒员：　　　　　　　　　　年　月　日

酒样编号	评酒计分				总分（100 分）	评语	名次
	色 10 分	香 25 分	味 50 分	格 15 分			
1							
2							
3							
4							
5							

以上前四种品评法，统称"差异品评法"，常用于对比两个品质相近的酒。为了求得较正确的结论，可根据实际情况，组织数人至数十人参加，以统计数为结论。

三、评酒顺序与效应

1. 评酒顺序

同一类型的酒样，应按下列因素安排评酒顺序：

（1）酒度　先低后高；

（2）香气　先淡后浓；

（3）酒色　先浅后深；

（4）酒的新老　先新后老。

感官尝评在同一类别中，酒样的编组必须按上述顺序，因同一组的酒样，必须在质量上相似或接近的情况下，才能进行对比，否则达不到品评的目的；不同类型的酒，最好不要用同一组人员在同一时间内进行尝评。

2. 评酒的效应

感官评酒是由人的感官作为测定仪器，所以往往会因测试条件不同而造成品评误差。评酒的顺序，也可能出现生理和心理的效应，从而影响正确的结论。常有以下几种情况。

（1）顺效应　人的嗅觉和味觉经过较长时间的不断刺激兴奋，就会逐渐降低灵敏度而迟钝，甚至麻木。显然最后评的酒样，就会受到影响，这称作顺效应。以排列顺序来讲，也能产生顺序效应。顺序效应有两种情况：如评 A、B、C 三样酒，先品评 A 酒，再品评 B 酒，后评 C 酒，发生偏爱 A 酒的心理现象，这称为"正的顺序效应"；有时则相反，偏爱 C 酒，称为"负的顺序效应"。

（2）后效应　品评两个以上的酒时，品评了前一个酒，往往会影响后一个酒的品评的正确性，例如，评了一个酸涩味很重的酒，再评一个酸涩较轻的酒，就会感到没有酸涩味或很轻；如用 0.5% 的硫酸或氯化锰的水溶液漱口后，再含清水，口中有甜味感，这称为后效应。

四、评酒的步骤

酒的感官质量主要包括色、香、味、格四部分，由于酒类不同，尝评的指标有所侧重。评酒的操作，是以眼观其色，鼻闻其香，口尝味，并综合色、香、味三方面的情况确定其风格，来完成感官尝评全过程。

1. 眼观其色

用手指夹住酒杯的杯柱，举杯于适宜的光线下，用肉眼直观和侧视，观察酒液的色泽，是否正色，有无光泽（发暗还是透明，清还是浑），有无悬浮物、沉淀物等。如光照不清，可用白纸作底以增强反光，或借助于遮光罩，使光束透过杯中酒液，便能看出极小的悬浮物（如尘埃、细纤维、小结晶等），此外，如有必要还可以观察沉淀、含气现象及流动状态等。白酒的组成甚为复杂，随着工艺条件的不同，如发酵期和贮存期长，常会使白酒带有极微的黄色，这是被允许的，最后作记录和记分。

2. 鼻闻其香

评气味时，执酒杯于鼻下 1～3cm 处，头略低，轻嗅其气味，这是第一感觉，应该注意。嗅一杯，立刻记下一杯香气情况，避免各杯互相混淆，并借此让嗅觉稍事歇息；也可几杯嗅闻一轮次后，记下各杯香气情况。稍休息，再做第二轮嗅香，酒杯可以接近鼻孔嗅闻，然后转动酒杯，短促呼吸（呼气不对酒，吸气要对酒），用心辨别气味，此时，对酒液的气味优劣，可得出基本概念。再用手捧酒杯（可起加温作用）轻轻摇荡，再慢嗅以判其细微的香韵优劣。

一杯酒或一组酒，经过三次嗅闻，即可根据自己的感受，将一组酒按香气的淡、浓或劣优的次序进行排序了。如有困难或样较多，可以按1、2、3、4、5再5、4、3、2、1的顺序反复几次嗅闻。排队时可先选出香气最淡和最浓的，或最劣和最优的作为首尾，然后对气味相近的，细心比较排出中间的次序。可以反复多次，加以改正。同时对每杯酒样做出记录，说明特点评定分数，不要等待排定次序后再做记录。

对某种酒要作细致的辨别或难以确定名次的极微差异时，可以采取特殊的嗅香方法，其法有四。

（1）用一条吸水性强、无味的纸条，浸入酒杯中吸一定量的酒样，嗅纸条上散发的气味，然后将纸条放置10min左右（或更长）再嗅闻一次。这次可以判别酒液放香的浓淡和时间的长短，同时也易于辨别出酒液有无邪杂气味及气味的大小。这种方法使用对于酒质相近的白酒效果最好。

（2）在手心中滴入几滴酒样，再把手握成拳头，从大拇指和食指间的缝隙中及时嗅其气味，此法用以检验所判断的香气是否正确，有明显效果。

（3）在手心中或手背上滴上几滴酒样，然后两手相搓，借体温使酒挥发，及时嗅其气味。

酒样评完后，将酒倒出，留出空杯，放置一段时间，或放置过夜，以检查留香。此法对酱香型酒的品评中有显著效果。

品评酒的气味，应注意嗅闻每杯酒时，杯与鼻的距离、吸气时间、间歇、吸收酒气量要尽可能相等，不可忽远忽近，忽长忽短，忽多忽少，这些都是造成误差的因素。

3. 品尝其味

品尝时，可按嗅闻阶段已定的顺序，照"评酒顺序"常规进行，即从香淡的开始，逐次至最浓郁的。尝酒入口中时注意要慢而稳，使酒液先接触舌尖，次为两侧，再至舌根部，然后鼓动舌头打卷，使酒液铺展到全部舌面，进行全面的味觉判断。

除了体验味的基本情况外，还要注意味的谐调，刺激的强烈、柔和，有无杂味，是否有愉快的感觉等，尝味后也可使酒气随呼吸从鼻孔排出，检查酒性是否刺鼻，香气浓淡和舌头品尝酒的滋味调和与否。最后，将酒吐出或咽下少量，可分析酒在口腔中香味的变化，培养判断不同酒质优劣的能力。评定酒是否绵软、余香、尾净、回味长短等优点，有无暴辣、后苦、酸涩和邪杂味等缺点。可按上述嗅闻阶段已排的顺序进行调整，或重新排序，并按此顺序和倒序反复2~3次，酒的优劣就比较明确了。在每尝完一轮酒或自觉口感不佳或刺激较大时，用温度与人体温基本相同的水漱口，最好休息片刻。要一边评一边做出感受情况的记录，记出分数。

注意同一轮次的各酒样，饮入口中的量要基本相等，不同轮次的饮酒量，可增可减一点，这样不仅可以避免发生偏差，也有利于保持品评结果的稳定。不同酒类的饮入量，可视酒度高低而有区别。高度白酒，一次入口量 0.5 ~ 2mL，当然这与评酒员的习惯和酒量有关。总之，一次饮酒应以不少于铺开舌面 125.8mm^2 的面积，而能尝评酒样的各种滋味为适量。

酒液在口中停留的时间，一般为 3 ~ 6s 便可辨出各种味道。如停留过久，酒液与唾液混合会发生缓冲作用，而影响味的判断效果，同时还会加速评酒员的疲劳感。

把异香酒和暴香酒留到最后评，以防止口腔干扰。

4. 评风格

各种酒类、香型都有自己独特的风格，这是由于酒中各种物质互相联系，互相影响，而呈现出综合的特殊感觉。也就是综合对色、香、味三个方面的印象，加以抽象判断，确定其典型性，并有一种与众不同的风格，这种风格已为广大消费者所熟悉和喜爱。所以酒的风格对酒，特别对名优酒有重要影响，因此，品评酒的优劣将风格也被列为很重要的项目之一。判断一个酒是否有典型性与它的优劣，主要靠平时广泛地接触各类酒，从而积累丰富的经验，才能做到得心应手。评酒员必须了解所评酒类的类型、香型和风格特点。

评酒员评完一组酒，记完了分数，在写总结的评语时，如果对个别酒样感到不够细致明确，对色、香、味、风格中某一项不明显，还可以补评一次。

以上评酒操作是对一组酒，按规定的指标——色、香、味、格等，分别进行评比，然后对每个酒加以综合，形成该酒总的品质鉴定。这种操作法是分项对比的，优点比较明显，因而被广泛采用。另外也有人采取对一个酒样的各项指标都评完作了记录再评第二个的方法，理由是香与味是互相影响和谐调的，难以把它们分开。评完一个酒样，经间歇漱口，即评第二个，对该酒的情况印象比较鲜明，这是此法的优点。

任务四　各类香型白酒的品评术语及感官标准

一、各类香型白酒的品评术语

（一）浓香型白酒的品评术语

1. 色泽

无色，晶亮透明，清亮透明，清澈透明，无色透明，无悬浮物，无沉淀，微黄透明，稍黄、浅黄、较黄，灰白色，乳白色，微浑，稍浑，有悬浮物，有沉淀，有明显悬浮物等。

2. 香气

窖香浓郁、较浓郁，具有以己酸乙酯为主体的纯正谐调的复合香气，窖香不足，窖香较小，窖香纯正，窖香较纯正，有窖香，窖香不明显，窖香欠纯正，窖香带酱香，窖香带陈味，窖香带焦煳气味，窖香带异香，窖香带泥臭味，窖香带其他香等。

3. 口味

绵甜醇厚，醇和，香醇甘润，甘洌，醇和味甜，醇甜爽净，净爽，醇甜柔和，绵甜爽净，香味谐调，香醇甜净，醇甜，绵软，绵甜，入口绵，柔顺，平淡，淡薄，香味较谐调，入口平顺，入口冲，冲辣，糙辣，刺喉，有焦味，稍涩、涩、微苦涩、苦涩，稍苦，后苦，稍酸，酸味大，口感不快，欠净，稍杂，有异味，有杂醇油味，酒梢子味，邪杂味较大，回味悠长，回味较长，尾净味长，尾子干净，回味欠净，后味淡，后味短，余味长，余味较长，生料味，霉味等。

4. 风格

风格突出，典型，风格明显，风格尚好，具有浓香风格，风格尚可，风格一般，固有风格，典型性差，偏格，错格等。

（二）清香型白酒的品评术语

1. 色泽
同浓香型白酒。

2. 香气

清香纯正，清香雅郁，清香馥郁，具有以乙酸乙酯为主体的清雅谐调的复合香气，清香较纯正，清香欠纯正，有清香，清香较小，清香不明显，清香带浓香，清香带酱香，清香带焦煳味，清香带异香，不具清香，其他香气，糟香等。

3. 口味

绵甜爽净，绵甜醇和，香味谐调，自然谐调，酒体醇厚，醇甜柔和，口感柔和，香醇甜净，清爽甘洌，清香绵软，爽洌，甘洌，爽净，入口绵，入口平顺，入口冲、冲辣、糙辣、暴辣，落口爽净、欠净、尾净，回味长，回味短，回味干净、后味淡，后味短，后味杂、稍杂、寡淡，有杂味，有邪杂味，杂味较大，有杂醇油味、酒梢子味、焦煳味，涩、稍涩、微苦涩、苦涩，后苦，较酸，过甜，有生料味，有霉味，有异味，刺喉等。

4. 风格

风格突出、典型，风格明显，风格尚好，风格尚可，风格一般，典型性差，偏格，错格，具有清、爽、绵、甜、净的典型风格等。

（三）酱香型白酒的品评术语

1. 色泽

微黄透明，浅黄透明，较黄透明。其余参见浓香型白酒。

2. 香气

酱香突出、较突出，酱香明显，酱香较小，具有酱香，酱香带焦香，酱香带窖香，酱香带异香，窖香露头，不具酱香，有其他香，幽雅细腻，较幽雅细腻，空杯留香幽雅持久，空杯留香好、尚好，有空杯留香，无空杯留香等。

3. 口味

绵柔醇厚，醇和，丰满，醇甜柔和，酱香显著、明显，入口绵，入口平顺，有异味，邪杂味较大，回味悠长、长、较长，回味短，回味欠净，后味长、短、淡，后味杂，焦煳味，稍涩、涩、苦涩，稍苦，酸味大、较大，有生料味、霉味等。

4. 风格

风格突出、较突出，风格典型、较典型，风格明显、较明显，风格尚好、一般，具有酱香风格，典型性差、较差，偏格，错格等。

（四）米香型白酒的品评术语

1. 色泽

参考浓香型白酒。

2. 香气

米香清雅、纯正、蜜香清雅、突出，具有米香，米香带异香，其他香等。

3. 口味

绵甜爽口，适口，醇甜爽净，入口绵、平顺，入口冲、冲辣，回味怡畅、幽雅，回味长，尾子干净，回味欠净。其余参考浓香型白酒。

4. 风格

风格突出、较突出，风格典型、较典型，风格明显、较明显，风格尚好、尚可，风格一般，固有风格，典型性差，偏格，错格等。

（五）凤香型白酒的品评术语

1. 色泽

参考浓香型白酒。

2. 香气

醇香秀雅，香气清芳，香气雅郁，有异香，具有以乙酸乙酯为主、一定量的己酸乙酯为辅的复合香气，醇香纯正、较正等。

3. 口味

醇厚丰满，甘润挺爽，诸味谐调，尾净悠长，醇厚甘润，谐调爽净，余味较长，较醇厚，甘润谐调，爽净，余味较长，有余味等。

4. 风格

风格突出、较突出，风格明显、较明显，具有本品固有的风格，风格尚好、尚可、一般，偏格，错格等。

（六）其他香型白酒的品评术语

1. 色泽

参考浓香型白酒。

2. 香气

香气典雅、独特、幽雅，带有药香，带有特殊香气，浓香谐调的香气，芝麻香气，带有焦香，有异香，香气小等。

3. 口味

醇厚绵甜，回甜，香绵甜润，绵甜爽净，香甜适口，诸香谐调，绵柔，甘爽，入口平顺，入口冲，冲辣，刺喉，涩、稍涩、苦涩，酸、较酸，甜、过甜，欠净，稍杂，有异味，有杂醇油味，有酒稍子味，回味悠长、较长、长，回味短，尾净香长，有焦煳味，有生料味，有霉味等。

4. 风格

风格典型、较典型，风格独特、较独特，风格明显、较明显，具有独特风格，风格尚好、尚可、一般，典型性差，偏格，错格等。

二、各类香型白酒的感官标准

（一）酱香型白酒感官标准（表2-2）

表2-2　酱香型白酒感官标准（GB/T 26760—2011）

项目	感官标准
色泽	无色（或微黄），透明，无悬浮物，无沉淀
香气	酱香突出，幽雅细腻，空杯留香
口味	醇厚丰满，酱香显著，回味悠长
风格	具有本品特有风格

（二）浓香型白酒感官标准(表2-3)

表2-3　浓香型白酒感官标准（GB/T 10781.1—2006）

项目	优级	一级	二级
色泽	无色、清亮透明、无悬浮物、无沉淀		
香气	具有浓郁的己酸乙酯为主体的复合香气	具有较浓郁的己酸乙酯为主体的复合香气	具有己酸乙酯为主体的复合香气
口味	绵甜爽净，香味谐调，余味悠长	较绵甜爽净，香味谐调，余味悠长	入口纯正，后味较净
风格	具有本品突出的风格	具有本品明显的风格	具有本品固有的风格

（三）清香型白酒感官标准（表2-4）

表2-4　清香型白酒感官标准（GB/T 10781.2—2006）

项目	优级	一级	二级
色泽	无色、清亮透明、无悬浮物、无沉淀		
香气	清香纯正，具有乙酸乙酯为主体的清雅、谐调的复合香气	清香较纯正，具有乙酸乙酯为主体的香气	清香较纯正，具有乙酸乙酯为主体的香气
口味	口感柔和，绵甜爽净，谐调，余味悠长	口感柔和，绵甜爽净，较谐调，余味较长	较绵甜爽净、有余味
风格	具有本品突出的风格	具有本品明显的风格	具有本品固有的风格

（四）米香型白酒感官标准（表2-5）

表2-5　米香型白酒感官标准（GB/T 10781.3—2006）

项目	优级	一级	二级
色泽	无色、清亮透明、无悬浮物、无沉淀		
香气	米香纯正，清雅	米香纯正	米香较纯正
口味	绵甜，爽冽，回味怡畅	绵甜，爽冽，回味较畅	纯正，尚爽冽
风格	具有本品突出的风格	具有本品明显的风格	具有本品固有的风格

（五）凤香型白酒感官标准（表2-6）

表2-6 凤香型白酒感官标准 （GB/T 14867—2007）

项目	优等品	一等品	合格品
色泽	无色、清亮透明、无悬浮物、无沉淀		
香气	醇香秀雅，具有乙酸乙酯为主，一定量己酸乙酯为辅的复合香气	醇香纯正，具有乙酸乙酯为主，一定量己酸乙酯为辅的复合香气	醇香较正，具有乙酸乙酯为主，一定量己酸乙酯为辅的复合香气
口味	醇厚丰满，甘润挺爽，诸味谐调，尾净悠长	醇厚甘润，谐调爽净，余味较长	较醇厚甘润，谐调爽净，有余味
风格	具有本品突出的风格	具有本品明显的风格	具有本品固有的风格

（六）豉香型白酒感官标准（表2-7）

表2-7 豉香型白酒感官标准 （GB/T 16289—2018）

项目	优等品	一等品	合格品
色泽	无色、清亮透明、无悬浮物、无沉淀		
香气	豉香纯正，清雅	豉香纯正	豉香较纯正
口味	醇和甘滑，酒体谐调，余味爽净	入口较醇和，酒体较谐调，余味较爽净	入口尚醇和，余味尚爽净
风格	具有本品突出的风格	具有本品明显的风格	具有本品固有的风格

任务五 白酒品评人员生理与环境条件要求

一、评酒员的基本条件

评酒员必须具备下列条件才能胜任评酒工作。

1. 身体健康

评酒员必须身体健康，具有正常的视觉、嗅觉和味觉，无色盲、鼻炎以及肠胃病。感觉器官有缺欠的人是不能做评酒员工作的。

色盲、嗅盲和味盲不能进行评酒工作。色盲就是不能分辨某些颜色；嗅盲（经鼻孔性嗅盲）并不是嗅而不知其臭，而是对某些气味无感觉或错觉，或对单体气味能正确感受，但对复杂的气味分辨不清；味盲也不是食而不知其味，对甜、酸等单纯的味觉与正常人相同，而对双重（或多重）呈味物质，对复杂细腻的滋味分辨不清。所以在选评酒员时，应对感官的能力经过多种方式的测验。

（1）正常嗅觉的测验　一个人如果能对醋酸、酪酸、玫瑰、苯酚的气味，与多数人的平均阈值相接近，能判断正确，即表明嗅觉正常。

（2）正常味觉的测验　分别配好蔗糖、柠檬酸、食盐、咖啡碱的阈值溶液，尝试后能正常判断其滋味——甜、酸、咸、苦即为味觉正常。

2. 年龄与性别

人的嗅觉和味觉一般是孩童时期最敏锐。随着年龄的增长灵敏度也日益钝化，60岁以后的人味蕾加速萎缩，阈值也上升。年长的人灵敏度总的说来不及青壮年人，但对不同的味感觉也有所不同，对苦味的感觉最为迟钝，有喜好烟、茶、酒习惯的人尤为显著，对酸味则比较敏感。故培训评酒员应选择年纪较轻的为好，对参加评酒会议的评酒员则不必对年龄作规定，有年长者参加，具有丰富的评酒经验和表达力，更能考虑全面一些。在青壮年期间，性别对嗅觉和味觉没有什么影响，因此性别不必作为评酒员的条件来考虑。

3. 健康状况与思想情绪

人的身体健康与否和思想情绪好坏，同样会影响评酒结果。因为人生病或产生情绪波动以后，会使感觉器官功能失调，从而会造成无法进行准确判断的后果。

二、评酒环境条件的要求

1. 评酒室的环境

要使对白酒的鉴定准确可靠，评酒委员除应具有灵敏的感觉器官和精湛的评酒技巧以外，还需要有良好的评酒环境。国外曾做过一种试验，即两杯法品评啤酒的试验，在隔音、恒温、恒湿的评酒室内，正确率为71.1%，而在噪声和震动条件下进行尝评，正确率仅55.9%，两者相差15%左右。这说明评酒环境对感官检查也是不能忽视的一个重要因素。评酒室的环境噪声通常在40dB以下，温度为18~22℃，相对湿度50%~60%较适宜。一般对评酒室的要求是应避免过大的震动或噪声干扰，室内保持清洁卫生，没有香气和邪杂异味。烟雾、异味对评酒有极大的干扰，一般要求评酒室应该空气流通，但在评酒时应为无风状态。室内墙壁、地板和天花板都有适当的光亮，常涂有单调的颜色，一般为中灰色，反射率为40%~50%。室内可利用阳光和照明两种光照，一般用白色光线，以散射光为宜。光线应充足而柔和，不宜让阳光直接射入室内，设窗帘以调剂阳光。阴雨天气，阳光不足，可用照明增强亮度，但光源不应太高，灯的高度最好与评酒员坐下或站立时的视线平行；应有灯罩，使光线不直射评酒员的眼部；评酒桌（台）上铺有白色台布，照明度均匀一致，用照度计测量时，以 500lx 的照度为宜。在不能保证恒温和恒湿条件下，一般采取安排在春季进行的办法来弥补这一缺陷，也能收到良好的效果。评酒室内还应有专用水管、水池和痰盂等。环境条件差，特别是评酒室内的空气中有异臭时，对评酒效果的影响是很大的。评酒时的房间大小，可以根据需要而定，但面积要适当宽敞，不可过于狭小，也不可过大而显得室内空旷。

2. 评酒室的设备

评酒室内的陈设应尽可能简单，无关的用具不应放入。评酒员不用的其他设备，应附设专用的准备室存放。

集体评酒室应为每个评酒员准备一个评酒桌（圆形转动桌最好），台面铺白色桌布，有的桌布，如红色、棕色、绿色等的色光反射对酒的色泽是有影响的。桌与桌之间应有 1m 以上的距离，以免气味互相影响；评酒员的坐椅应高低适合，坐着舒适，可以减少疲劳。评酒桌上放 1 杯清水，桌旁应有一水盂，供吐酒、漱口用。评酒专用准备室应有上、下水道和洗手池，冬天应有温水供应。

3. 评酒容器

评酒容器主要是酒杯，它的大小、形状、质量和盛酒量的多少等因素，会影响尝评结果。因此，为了保证品评的正确性，对评酒杯应有较严格的要求。为了有利于观察、嗅闻、尝味，应特别强调评酒器采用无色透明、无花纹的高脚、肚大、口小、杯体光洁、厚薄均匀、容量约为 50mL 的玻璃杯（也称为郁金香型杯）。注入杯口的酒量，一般为酒杯总容量的 1/3 ~ 1/2，这样既可确保有充分的杯空间以贮存供嗅闻的香气，同时也有适当的酒量满足尝评的需要。注意每轮和每组的对比酒样装放量都要相同。

4. 评酒时间

用感官查验、尝评酒类的时间，什么时候最适宜？目前，对这个问题的看法尚不一致。有人认为，以每周二为最好，周五次之，其余几天较差。一般认为评酒的时间上午 9 ~ 11 时、下午 3 ~ 5 时为宜，其余时间都不宜安排评酒，每轮评酒的时间一般考虑为 1h 左右，时间过长易于疲劳，影响效果。

训练一　物质颜色梯度的鉴别

一、训练目标及重难点

（一）训练目标

1. 知识目标

（1）了解物质颜色梯度鉴别的具体步骤；

（2）了解不同色差溶液配制的步骤；

（3）知道酒体出现浑浊、沉淀的原因及类型。

2. 能力目标

（1）能按规定配制出具有一定颜色梯度的溶液；

（2）能够采用有效辅助手段鉴别溶液色度差；

（3）能够初步鉴别酒体是否浑浊、沉淀以及产生浑浊和沉淀的物质类型。

（二）训练重点及难点

1. 实训重点

物质色度差的鉴别。

2. 实训难点

溶液配制过程中物质用量计算。

二、教学组织及运行

本实训任务按照教师讲解、教师演示、学生训练方式进行，最后通过专项实训考核检验教学效果。

三、训练内容

（一）训练材料及设备

1. 训练材料

第一组：黄血盐或高锰酸钾。

第二组：陈酒大曲（贮存 2 年以上）、新酒、60% vol 酒精和白酒（一般白酒）。

第三组：浑浊、失光、沉淀和有悬浮物的样品。

2. 训练设备

品酒杯、容量瓶、电子天平。

（二）训练步骤及要求

1. 生产准备 （或训练准备）

（1）准备 5 个白酒专用品酒杯（郁金香型，采用无色透明玻璃，满容量50～55mL，最大液面处容量为 15～20mL），按顺序在杯底贴上 1～5 的编号，数字向下；

（2）取黄血盐或高锰酸钾，配制成 0.1%、0.15%、0.2%、0.25%、0.3%不同浓度的水溶液；

（3）准备陈酒大曲（贮存 2 年以上）、新酒、60％vol 酒精和白酒（一般白酒）；

（4）准备有浑浊、失光、沉淀和有悬浮物的样品。

2．操作规程

操作步骤 1：清洗干净品酒杯并控干水分。

标准与要求：

（1）品酒杯内外壁无任何污物残留；

（2）品酒杯内外壁无残留的水渍。

操作步骤 2：按照分组把配制好的黄血盐或高锰酸钾水溶液倒入品酒杯。

标准与要求：

（1）按照颜色梯度依次倒入白酒品酒杯；

（2）倒入量为品酒杯的 1/3～1/2；

（3）每杯容量基本一致。

操作步骤 3：观测色度并判断色度差。

标准与要求：

（1）品酒环境要求明亮、清静，自然通风；

（2）环境灯光一律采用白光，严禁采用有色光；

（3）为便于观测，可选用白色背景作为衬托。

操作步骤 4：第二组和第三组样品液的观察。

标准与要求：参照黄血盐或高锰酸钾水溶液色度梯度的观察步骤和要求进行。

操作步骤 5：实行项目化考核。

标准与要求：

（1）采用盲评方式进行考核；

（2）对五杯酒样进行色差排序。

四、实训考核方法

学生练习完后采用盲评的方式进行项目考核，具体考核表和评分标准如下：

物质颜色梯度鉴别考核表

杯号	1	2	3	4	5
排序					

评分标准：对照正确序位，每杯酒样答对 20 分，每个序差 5 分，偏离 1 位

扣 5 分；偏离 2 位扣 10 分；偏离 3 位扣 15 分，偏离 4 位不得分。请将色度从高到低排序，即最高的写 1，次高的写 2，依此类推，最低的写 5。

五、课外拓展任务

选用酱油、醋、墨水等有色物质，按照本训练第一组浓度梯度鉴定要求配成系列溶液进行颜色梯度观察，并做好自己的观察记录。

六、课外阅读

当白酒出现浑浊和沉淀时，如何进行鉴别呢？

1. 观察是否浑浊和沉淀

将白酒倒入清洁的无色透明的酒杯中，用肉眼观察是否浑浊和沉淀。

2. 观察浑浊和沉淀物是否溶解

将有浑浊物或沉淀物的白酒放于室温 15～20℃水浴中。如果发现浑浊物或沉淀物立即溶解，证明该种物质不是外来物。主要是酒中的高级脂肪酸及其乙酯，如棕榈酸乙酯、油酸乙酯和亚油酸乙酯等。

3. 对沉淀物的过滤和鉴别

将沉淀物过滤后，观察其色泽及形态，可作如下判断：

（1）白色沉淀物　可能是钙镁盐物质或铝的化合物。大多数来自勾兑用水或盛酒容器。

（2）黄色或棕色沉淀物　可能是铁、铜等金属物质。来自于盛酒容器和管路或瓶盖的污染。

（3）黑色沉淀物　可能是铅、单宁铁和硫化物。多来自于锡锅冷却器。酒中的硫化物与铅生成硫化铅或醋酸铅，铁与软木塞中的单宁生成单宁铁而产生黑色沉淀物。

训练二　物质香气的鉴别

一、训练目标及重难点

（一）训练目标

1. 知识目标

（1）了解芳香物质溶液配制的步骤；

（2）熟悉各芳香物质的香气特征；

（3）熟悉同一物质不同浓度溶液的香气转变。

2. 能力目标

（1）能按规定配制一定浓度的芳香物质溶液；

（2）能够采用有效辅助手段鉴别芳香物质香气；

（3）能够初步掌握同一物质不同浓度溶液的香气转变；

（4）能够判断芳香物质浓度差；

（5）能够参考标准记录芳香物质的香气特征。

（二）实训重点及难点

1. 实训重点

芳香物质香气及香气浓度鉴别。

2. 实训难点

同一芳香物质不同浓度情况下香气迁移鉴别。

二、教学组织及运行

本实训任务按照教师讲解、教师演示、学生训练方式进行，最后通过专项实训考核检验教学效果。

三、训练内容

（一）训练材料及设备

1. 训练材料

第一组：香草、苦杏、菠萝、柑橘、杨梅、薄荷、玫瑰、茉莉、桂花等香精；

第二组：甲酸、乙酸、丁酸、己酸、乳酸等酸类物质；

第三组：己酸乙酯、乙酸乙酯、乳酸乙酯、丁酸乙酯、戊酸乙酯等酯类物质；

第四组：正丙醇、正丁醇、异丁醇、异戊醇、戊醇等醇类物质；

第五组：甲醛、乙醛、乙缩醛、糠醛、丁二酮等物质。

2. 训练设备

白酒品酒杯、容量瓶 500mL、量筒 10mL。

（二）训练步骤及要求

1. 生产准备 （或训练准备）

（1）准备 5 个白酒专用品酒杯（郁金香型，采用无色透明玻璃，满容量 50～55mL，最大液面处容量为 15～20mL），按顺序在杯底贴上 1～5 的编号，数字向下；

（2）按照1mg/kg的比例配制香草、苦杏、菠萝、柑橘、杨梅、薄荷、玫瑰、茉莉、桂花等物质的水溶液；

（3）按照0.1%的浓度配制甲酸、乙酸、丙酸、丁酸、己酸、乳酸水溶液；

（4）在酒精度为54%的溶液中按照0.01%～0.1%的浓度配制己酸乙酯、乙酸乙酯、乳酸乙酯、丁酸乙酯、戊酸乙酯溶液；

（5）在酒精度为54%的溶液中按照0.02%的浓度配制正丙醇、正丁醇、异丁醇、异戊醇、戊醇溶液；

（6）在酒精度为54%的溶液中按照0.1%～0.3%的浓度配制甲醛、乙醛、乙缩醛、糠醛、丁二酮溶液。

2. 操作规程

操作步骤1：清洗干净品酒杯并控干水分。

标准与要求：

（1）品酒杯内外壁无任何污物残留；

（2）品酒杯内外壁无残留的水渍。

操作步骤2：按照分组把不同芳香物质溶液倒入不同编号的品酒杯。

标准与要求：

（1）倒入量为品酒杯的1/3～1/2；

（2）每杯容量基本一致。

操作步骤3：嗅闻不同芳香物质溶液并记录其香味特征。

标准与要求：

（1）品酒环境要求明亮、清静，自然通风；

（2）环境灯光一律采用白光，严禁采用有色光；

（3）品评后记录各种芳香物质溶液的香味特征。

操作步骤4：第二组到第五组溶液的鉴别。

标准与要求：参照第一组的观察步骤和要求进行。

操作步骤5：实行项目化考核。

标准与要求：

（1）采用盲评方式进行考核；

（2）对五杯酒样进行香气判断。

四、实训考核方法

学生练习完后采用盲评的方式进行项目考核，具体考核表和评分标准如下：

物质香气的鉴别考核表

杯号	1	2	3	4	5
芳香物质名称					
芳香物质香味特征					

评分标准：正确 1 个得 10 分，不正确不得分。

五、课外拓展任务

选取黄水、酒头、酒尾、窖泥、霉糟、曲药、橡胶、软木塞进行嗅闻，区分异常气味（其中霉糟、窖泥、曲药可以用体积分数为 54% 的酒精浸提得到浸出液后通过澄清选取上层清液进行嗅闻）。

六、课外阅读

人的嗅觉器官是鼻腔。当有香气物质混入空气中，经鼻腔吸入肺部时，经由鼻腔的甲介骨形成复杂的流向，其中一部分到达嗅觉上皮。此部位有黄色素的嗅斑，呈 7 或 8 角形星状，其大小 2.7～5.0cm²。嗅觉上皮有支持细胞、基底细胞和嗅觉细胞，为杆状，一端到达上皮表面，浸入上皮表面的分泌液中；另一端是嗅觉部分，与神经细胞相连，把刺激传达到大脑。嗅觉细胞的表面，由于细胞的代谢作用经常保持电荷。当遇到有香气物质时，则表面电荷发生变化，从而产生微电流，刺激神经细胞，使人嗅闻出香气。从嗅闻到气味发生嗅觉的时间为 0.1～0.3s。

1. 人的嗅觉灵敏度较高

人的嗅觉灵敏度较高，但与其他嗅觉发达的动物相比，还相差甚远。

2. 人的嗅觉容易适应也容易疲劳

在某种气味的场合停留时间过长，对这种气味就不敏感了。当人们的身体不适、精神状态不佳时，嗅觉的灵敏度就会下降。所以，利用嗅觉闻香要在一定身体条件下和环境中才能发挥嗅觉器官的作用。在评酒时，如何避免嗅觉疲劳极为重要。伤风感冒、喝咖啡或嗅闻过浓的气味，对嗅觉的干扰极大。在参加评酒时，首先要休息好，不许带化妆品之类的芳香物质进入评酒室，以免污染评酒环境。

3. 有嗅盲者不能参加评酒

对香气的鉴别不灵敏的嗅觉称为嗅盲。患有鼻炎的人往往容易产生嗅盲。有嗅盲者不能参加评酒。

训练三 物质滋味的鉴别

一、训练目标及重难点

（一）训练目标

1. 知识目标
（1）熟悉不同物质及同一物质不同浓度溶液的味觉特征；
（2）了解物质溶液配制的步骤；
（3）熟悉同一物质不同浓度溶液的味觉转变。

2. 能力目标
（1）能按规定配制一定浓度的具有不同滋味的物质溶液；
（2）能够采用有效辅助手段鉴别物质的滋味；
（3）能够初步掌握同一物质不同浓度溶液的味觉转变；
（4）能够通过味觉进行物质浓度差的判断；
（5）能够参考标准记录物质的味觉特征。

（二）实训重点及难点

1. 实训重点
（1）同一浓度物质溶液滋味的鉴别；
（2）同一物质不同浓度溶液滋味的转变鉴别。

2. 实训难点
（1）同一物质不同浓度溶液滋味的转变鉴别；
（2）物质浓度差的判断。

二、教学组织及运行

本实训任务按照教师讲解、教师演示、学生训练方式进行，最后通过专项实训考核检验教学效果。

三、训练内容

（一）训练材料及设备

1. 训练材料
第一组：乙酸、丁酸、己酸、乳酸、苹果酸、柠檬酸等酸类物质；

第二组：己酸乙酯、乙酸乙酯、乳酸乙酯、丁酸乙酯、戊酸乙酯等酯类物质；

第三组：砂糖、食盐、柠檬酸、奎宁、单宁、味精等物质；

第四组：酒精（95%）溶液。

2. 训练设备

白酒品酒杯、容量瓶 500mL、量筒 10mL。

（二）训练步骤及要求

1. 生产准备 （或训练准备）

（1）准备 5 个白酒专用品酒杯（郁金香型，采用无色透明玻璃，满容量 50～55mL，最大液面处容量为 15～20mL），按顺序在杯底贴上 1～5 的编号，数字向下；

（2）准备乙酸、乳酸、丁酸、己酸、苹果酸、柠檬酸等酸类物质，每一种分别配成不同浓度（0.1%、0.05%、0.025%、0.0125%、0.00325%）的 54% vol 的酒精溶液；

（3）准备乙酸乙酯、乳酸乙酯、丁酸乙酯、戊酸乙酯、己酸乙酯等酯类物质，每一种分别配成不同浓度（0.1%、0.05%、0.025%、0.0125%、0.00625%）的 54% vol 酒精溶液；

（4）准备砂糖、食盐、柠檬酸、奎宁、单宁、味精（对应按照 0.75%、0.2%、0.015%、0.0005%、0.1% 浓度）配成各自的水溶液和无味的蒸馏水；

（5）准备 30%～55% 具有 5% 酒精度差别的系列酒精溶液。

2. 操作规程

操作步骤 1：清洗干净品酒杯并控干水分。

标准与要求：

（1）品酒杯内外壁无任何污物残留；

（2）品酒杯内外壁无残留的水渍。

操作步骤 2：把准备好的酸类物质溶液对应倒入不同编号的品酒杯。

标准与要求：

（1）倒入量为品酒杯的 1/3～1/2；

（2）每杯容量基本一致。

操作步骤 3：尝评不同浓度的酸溶液并记录酸味感觉。

标准与要求：

（1）品酒环境要求明亮、清静，自然通风；

（2）环境灯光一律采用白光，严禁采用有色光；

（3）尝评后记录每一种酸类物质在不同浓度下的酸味特征。

操作步骤4：尝评同一浓度不同酸溶液并记录酸味感觉。

标准与要求：

（1）品酒环境要求明亮、清静，自然通风；

（2）环境灯光一律采用白光，严禁采用有色光；

（3）尝评后记录不同酸类物质的酸味特征。

操作步骤5：第二组到第五组溶液的鉴别。

标准与要求：参照第一组的观察步骤和要求进行。

操作步骤6：实行项目化考核。

标准与要求：

（1）采用盲评方式进行考核；

（2）对五杯酒样进行浓度差排序或滋味鉴别。

四、实训考核方法

学生练习完后采用盲评的方式进行项目考核，具体考核表和评分标准如下：

物质滋味鉴别考核表

杯号	1	2	3	4	5
物质名称					

评分标准：正确1个得20分，不正确不得分。

物质浓度差鉴别考核表

杯号	1	2	3	4	5
排序					

评分标准：对照正确序位，每杯酒样答对20分，每个序差5分，偏离1位扣5分；偏离2位扣10分；偏离3位扣15分，偏离4位不得分。请将色度从高到低排序，即最高的写1，次高的写2，依此类推，最低的写5。

五、课外拓展任务

取黄水、酒头、酒尾、窖泥液、糠蒸馏液、毛糟液、霉糟液、底锅水等，分别用54%vol酒精配成适当溶液，进行品尝，区别和记下各种味道的特点。

六、课外阅读

所谓味觉是呈味物质作用于口腔黏膜和舌面的味蕾，通过味细胞再传入大脑皮层所引起的兴奋感觉，随即分辨出味道来。不同味觉的产生是由味细胞顶端的微绒毛到基底接触神经处在毫秒之内传导信息，使味细胞膜振动发出的低频声子的量子现象。

1. 口腔黏膜和舌面

在口腔黏膜尤其是舌的上表面和两侧分布许多突出的疙瘩，称为乳头。在乳头里有味觉感受器，又称味蕾。它是由数十个味细胞呈蕾状聚集起来的。这些味蕾在口膜中还分布在上腭、咽头、颊肉和喉头。

不同的味蕾乳头的形状显示不同的味感。如舌尖的茸状乳头对甜味和咸味敏感，舌两边的叶状乳头对酸味敏感，舌根部的轮状乳头对苦味敏感。有的乳头能感受两种以上味感，有的只能有一种味感。所以口腔内的味感分布并无明显的界限。有人认为，舌尖占味觉60%，舌边占30%，舌根占10%左右。

从刺激到味觉仅需1.5～4.0ms，较视觉快一个数量级。咸感最快，苦感最慢。所以在评酒时，有后苦味就是这个道理。

2. 味蕾内味细胞的感觉神经分布

味蕾内味细胞的基部有感觉神经分布。舌前有2/3，味蕾与面神经相通；舌后有1/3，味蕾与舌咽神经相通；软腭、咽部的味蕾与迷走神经相通。

3. 基本味觉及其传达方式

在世界上最早承认的味觉，是甜、咸、酸、苦4种，又称基本味觉。鲜味被公认为味觉是后来的事。辣味不属于味觉，是舌面和口腔黏膜受到刺激而产生的痛觉。涩味也不属于味觉，它是由于甜、酸、苦味比例失调所造成。

基本味觉是通过唾液中的酶进行传达的。如碱性磷酸酶传达甜和咸味，氢离子脱氢酶传达酸味，核糖核酸酶传达苦味。所以，我们在评酒前不能长时间说话、唱歌，应注意休息，以保持足够的唾液分泌，使味觉处于灵敏状态。

4. 味觉容易疲劳，也容易恢复

味觉容易疲劳，尤其是经常饮酒和吸烟及吃刺激性强的食物会加快味觉的钝化。特别是长时间不间断地评酒，更使味觉疲劳以至失去知觉。所以在评酒期间要注意休息，防止味觉疲劳与受刺激的干扰。

味觉也容易恢复。只要评酒不连续进行，且在评酒时坚持用茶水漱口，以及在评酒期间不吃刺激性的食物并配一定的佐餐食品，都有利于味觉的恢复。

5. 味觉和嗅觉密切相关

人的口腔与鼻腔相通。当我们在吃食物时，会感到有滋味。这是因为，食物一方面以液体状态刺激味蕾，而另一方面以气体状态刺激嗅细胞形成复杂的滋味的缘故。一般来说，味觉与嗅觉相比，以嗅觉较为灵敏。实际上味感大于香感。这是由鼻腔返回到口腔的味觉在起作用。我们在评酒时，酒从口腔下咽时，便发生呼气动作，使带有气味的分子空气急于向鼻腔推进，因而产生了回味。所以，嗅觉再灵敏也要靠品味与闻香相结合才能作出正确的香气判断。

6. 味蕾的数量随年龄的增长而变化

一般 10 个月的婴儿味觉神经纤维已成熟，能辨别出咸、甜、酸、苦味。味蕾数量在 4 ~ 5 岁左右增长到顶点。成人的味蕾约有 9000 个，主要分布在舌尖和舌面两侧的叶状乳头和轮状乳头上。到 75 岁以后，味蕾的变化较大，由一个轮状乳头内的 208 个味蕾减少到 88 个。有人试验，儿童对 0.68% 稀薄糖液就能感觉出来，而老年人竟高出 2 倍，青年男女的味感并无差别，50 岁以上时，男性比女性有明显的衰退。无论是男士或女士，在 60 岁以上时，味蕾衰退均加快，味觉也更加迟钝了。烟酒嗜好者的味觉衰退尤甚。

虽然味觉的灵敏度随年龄的增长而下降，但年长的评酒专家平时所积累的丰富品评技术和经验是极其宝贵的，他们犹如久经沙场、荣获几连冠的体育运动员一样，虽随年龄的增长，不能参加比赛而退役了，但他们可以胜任高级的教练，为国家为人民继续贡献力量。

训练四　酒中异杂味鉴别

一、训练目标及重难点

（一）训练目标

1. 知识目标
（1）了解酒中异杂味产生的原因；
（2）了解酒中常见的异杂味；
（3）了解异杂味酒的感官特点；
（4）掌握白酒生产管理问题与酒中产生异杂味的关系。

2. 能力目标
（1）能通过品评酒中出现的异杂味类型分析白酒生产管理中出现的问题；
（2）能写出白酒中常见的醛味、涩味、泥味、油哈味、胶味等异杂味的感官特征；
（3）能区分白酒中出现醛味、涩味、泥味、油哈味、胶味等异杂味。

（二）训练重点及难点

1. 训练重点
白酒中醛味、涩味、泥味、油哈味、胶味等异杂味的鉴别；

2. 训练难点

能通过品评酒中出现的异杂味类型分析白酒生产管理中出现的问题。

二、教学组织及运行

本训练任务按照教师讲解、教师演示、学生训练、师生交流等方式进行，最后通过专项训练考核检验教学效果。

三、训练内容

（一）训练材料及设备

1. 训练材料

具有醛味、涩味、泥味、油哈味、胶味等异杂味的白酒酒样。

2. 训练设备

白酒品酒杯。

（二）训练步骤及要求

1. 生产准备（或训练准备）

（1）准备 5 个白酒专用品酒杯（郁金香型，采用无色透明玻璃，满容量 50～55mL，最大液面处容量为 15～20mL），按顺序在杯底贴上 1～5 的编号，数字向下；

（2）准备含有醛味、涩味、泥味、油哈味、胶味的五种异杂味酒。

2. 操作规程

操作步骤 1：清洗干净品酒杯并控干水分。

标准与要求：

（1）品酒杯内外壁无任何污物残留；

（2）品酒杯内外壁无残留的水渍。

操作步骤 2：把准备好异杂味酒对应倒入不同编号的品酒杯。

标准与要求：

（1）倒入量为品酒杯的 1/3～1/2；

（2）每杯容量基本一致。

操作步骤 3：尝评不同异杂味酒并记录其感官特征。

标准与要求：

（1）品酒环境要求明亮、清静，自然通风；

（2）环境灯光一律采用白光，严禁采用有色光；

（3）尝评后记录每一种异杂味酒的感官评语。

操作步骤4：实行项目化考核。

标准与要求：

（1）采用盲评方式进行考核；

（2）记录每一杯酒样的感官评语并分辨异杂味类型。

四、训练考核方法

学生练习完后采用盲评的方式进行项目考核，具体考核表和评分标准如下：

酒中异杂味鉴别考核表

杯号	1	2	3	4	5
物质名称					

评分标准：正确1个得20分，不正确不得分。

五、课外拓展任务

选择具有苦味、甜味、霉味、尘土味、腥味、酸味、咸味、糠味的酒样进行尝评，写出各种酒样的感官评语。

六、课外阅读——白酒中的异杂味及形成原因

白酒除有浓郁的酒香外，还有苦、辣、酸、甜、涩、咸、臭等杂味存在，它们对白酒的风味都有直接的影响。白酒的感官质量应是优美协调、醇和爽净的口味；任何杂味的超量都对白酒质量有害无益。在白酒中，有以下13类呈味物质对白酒的产品质量有较大的影响，现逐一剖析。

1. 苦味

酒中的苦味，常常是过量的高级醇、琥珀酸和少量的单宁、较多的糠醛和酚类化合物而引起的。

主要代表物：奎宁（0.005%）；无机金属离子（如 Mg^{2+}、Ca^{2+}、NH_4^+ 等盐类）；酪醇、色醇、正丙醇；正丁醇；异丁醇（最苦）；异戊醇；2-3-丁二醇；β-苯乙醇；糠醛；2-乙基缩醛；丙丁烯醛及某些酯类物质。

苦味产生的主要原因有：

（1）原辅材料发霉变质；单宁、龙葵碱、脂肪酸和含油质较高的原料产生的，因此，要求清蒸原辅材料。

（2）用曲量太大；酵母数量大；配糟蛋白质含量高，在发酵中酪氨酸经酵母菌生化反应产生干酪醇，它不仅苦，而且味长。

（3）生产操作管理不善，配糟被杂菌污染，使酒中苦味成分增加。如果在发酵糟中存在大量青霉菌；发酵期间封桶泥不适当；致使桶内透入大量空气、漏进污水；发酵桶内酒糟缺水升温猛，使细菌大量繁殖，这些都将使酒产生苦味和异味。

（4）蒸馏中，大火大汽，把某些邪杂味馏入酒中引起酒有苦味。这是因为大多数苦味物质都是高沸点物质，由于大火大汽，温高压力大，都会将一般压力蒸不出来的苦味物质流入酒中，同时也会引起杂醇油含量增加。

（5）加浆勾调用水含碱土金属盐类、硫酸盐类的含量较重，未经处理或者处理不当，也直接给酒带来苦味。

2. 辣味

辣味，并不属于味觉，它是刺激鼻腔和口腔黏膜的一种痛觉。而酒中的辣味是由于灼痛刺激痛觉神经纤维所致。适当的辣味有使食味紧张、增进食欲的效果。但酒中的辣味太大不好，酒中存在微量的辣味也是不可缺少的。白酒中的辣味物质代表是醛类。如糠醛、乙醛、乙缩醛、丙烯醛、丁烯醛及叔丁醇、叔戊醇、丙酮、甲酸乙酯；乙酸乙酯等物质。

辣味产生主要原因有：

（1）辅料（如谷壳）用量太大，并且未经清蒸就用于生产，使酿造期间其中的多缩戊糖受热后生成大量的糠醛，使酒产生糠皮味、燥辣味。

（2）发酵温度太高；操作条件清洁卫生不好，引起糖化不良、配糟感染杂菌，特别是乳酸菌的作用产生甘油醛和丙烯醛而引起的异常发酵，使白酒辣味增加。

（3）发酵速度不平衡，前火猛，吹口来得快而猛，酵母过早衰老而死亡引起发酵不正常，造成酵母酒精发酵不彻底，便产生了较多的乙醛，也使酒的辣味增加。

（4）蒸馏时，火（汽）太小、温度太低，低沸点物质挥发后，反之辣味增大。

（5）未经老熟和勾调的酒辣味大。

3. 酸味

白酒中必须也必然具有一定的酸味成分，并且与其他香味物质共同组成白酒的芳香。但含量要适宜，如果超量，不仅使酒味粗糙，而且影响酒的"回甜"感，后味短。酒中酸味物质主要代表物有：乙酸、乳酸、琥珀酸、苹果酸、柠檬酸、己酸和果酸等。

造成白酒中酸味过量的主要原因有：

（1）酿造过程中，卫生条件差，产酸杂菌大量入侵使培菌糖化发酵生成大量酸物质。

（2）配糟中蛋白质过剩；配糟比例太小；淀粉碎裂率低，原料糊化不好；熟粮水分重；出箱温度高；箱老或太嫩；发酵升温太高（38℃以上）后期生酸多；发酵期太长，都将引起酒中酸味过量。

（3）酒曲质量太差；用曲量太大，酵母菌数量大，都使糖化发酵不正常，造成酒中酸味突出。

（4）蒸馏时，不按操作规程摘酒，使尾水过多地流入，使高沸点含酸物质对酒质造成影响。

4. 甜味

白酒中的甜味，主要来源于醇类。特别是多元醇，因甜味来自醇基，当物质的羟基增加，其醇的甜味也增加，多元醇都有甜味基团和助甜基团，比一个醇基的醇要甜得多。酒中甜味的主要代表物有：葡萄糖、果糖、半乳糖、蔗糖、麦芽糖、乳糖及己六醇、丙三醇、2，3－丁二醇、丁四醇、戊五醇、双乙酰、氨基酸等。这些物质中，主要是醇基在一个羟基的情况下，仅有三个分子己醇溶液就能产生甜味，说明羟基多的物质，甜味就强。白酒中存在适量的甜味是可以的，若太大就体现不了白酒应有的风格；太少则酒无回甜感尾淡。

造成酒中有甜味的主要来源的有以下几个方面：

（1）生产中用曲量太少；酵母菌数少，不能有效地将糖质转化为乙醇，发酵残糖过剩而馏入酒中。

（2）培菌出箱太老；促进糖化的因素增多；发酵速度不平衡，剩余糖质也馏入酒中。

5. 涩味

涩味，是通过刺激味觉神经而产生的，它可凝固神经蛋白质，使舌头的黏膜蛋白质凝固，产生收敛作用，使味觉感觉到了涩味，口腔、舌面、上腭有不滑润感。白酒中呈涩味的物质，主要是过量的乳酸和单宁、木质素及其分解出的酸类化合物。例如：重金属离子（铁、铜）、甲酸、丙酸及乳酸等物质味涩；甲酸乙酯、乙酸乙酯、乳酸乙酯等物质若超量，味呈苦涩；还有正丁醇、异戊醇、乙醛、糠醛、乙缩醛等物质过量也呈涩味。

酒中涩味来源主要有以下几种情况：

（1）单宁、木质素含量较高的原料、设备设施，未经处理（泡淘）和不清蒸、不清洁，直接进入酒中或经生化反应生成馏入酒中。

（2）用曲量太大；酵母菌数多；卫生条件不好杂菌感染严重，配糟比例太大。

（3）发酵期太长又管理不善；发酵在有氧（充足的）条件下进行，杂菌分解能力加强。

（4）蒸馏中，大火大汽流酒，并且酒温高。

（5）成品酒与钙类物质（如石灰）接触，而且时间长；用血料涂刷的容器贮酒，使酒在贮存期间把涩味物质溶于酒中。

6. 咸味

白酒中如有呈味的盐类（NaCl），能促进味觉的灵敏，使人觉得酒味浓厚，并产生谷氨酸的酯味感觉。若过量，就会使酒变得粗糙而呈咸味。酒中存在的咸味物质有卤族元素离子、有机碱金属盐类、食盐及硫酸、硝酸呈咸味物质，这些物质稍在酒中超量，就会使酒出现咸味，危害酒的风味。

咸味在酒中超量的主要原因有：

（1）由于处理酿造用水草率地添加了 Na^+ 等碱金属离子物质，最终使酒呈咸味。

（2）由于酿造用水硬度太大，携带 Na^+ 等金属阳离子及其盐类物质，未经处理便用于酿造。

（3）有些酒厂由于地理条件的限制，酿造用水取自农田内，逢秋收后稻田水未经处理（梯形滤池）就用于酿造，也能造成酒中咸味重。原因在于稻谷收割后，露在稻田面的稻秆及其根部随翻耕而腐烂，稻秆（草）本身有很多的碱味物质。

7. 臭味

白酒中带有臭味，当然是不受欢迎的，但是白酒中都含有臭味成分，只是被刺激的香味物质所掩盖而不突出罢了。一是质量次的白酒及新酒有明显的臭味；二是当某种香味物质过浓和过分突出时，有时也会呈现臭味。臭味是嗅觉反应，某种香气超常就视为臭（气）味；一旦有臭味就很难排除，需有其他物质掩盖。白酒中的臭（气）味有：硫化氢味（犹如臭鸡蛋、臭豆腐味）、硫醇（乙硫醇，似吃生萝卜后打嗝返回的臭辣味及韭菜、卷心菜腐败味）等物质。白酒中能产生臭味的有硫化氢、硫醇、杂醇油、丁酸、戊酸、己酸、乙硫醚、游离氨、丙烯醛和果胶质等物质。各种物质在酒中一旦超量又无法掩盖，就会发出某种臭味，这些物质产生和超量主要有以下原因：

（1）酿酒原料蛋白质含量高，经发酵后仍过剩，提供了产生杂醇油及含硫化合物的物质基础，使这些物质馏入酒中，使酒产生臭辣味，严重者难以排除。

（2）"四配合"不当，发酵中酸度上升，造成发酵糟酸度大、乙醛含量高，蒸馏中生成大量硫化氢，使酒的臭味增加。

（3）酿造过程中，卫生条件差，杂菌易污染，使酒糟酸度增大；若酒糟受到腐败菌的污染，就会使酒糟发黏发臭，这是酒中杂臭味形成的重要原因。

（4）大火大汽蒸馏，使一些高沸点物质流入酒中，如番薯酮等；含硫氨基酸在有机酸的影响下，产生大量硫化氢。

8. 油味

白酒应有的风味与油味是互不相容的。酒中哪怕有微量油味，都将对酒质有严重损害，酒味将呈现出腐败的哈喇味。

白酒中存在油味的主要原因在于：

（1）采用了含油脂高的原辅材料进行白酒酿造，没有按操作规程处理原料。

（2）原料保管不善。特别是玉米、米糠这些含油脂原料，在温度、湿度高的条件下变质，经糖化发酵，脂肪被分解产生的油腥味。

（3）没有贯彻"掐头去尾、断花摘酒"的原则，使存在于尾水中的水溶性高级脂肪酸流入酒中。

（4）用涂油（如桐油）、涂蜡容器贮酒；而且时间又长，使酒将壁内油脂溶于酒中。

（5）操作中不慎将含油物质（如煤油、汽油、柴油等）洒漏在原料、配糟、发酵糟中，蒸馏入酒中，这类物质极难排除，并且影响几酢酒质。

9. 糠味

白酒中的糠味，主要是不重视辅料的选择和处理的结果，使酒中呈现生谷壳味，主要来源于：

（1）辅料没精选，不合乎生产要求。

（2）辅料没有经过清蒸消毒。

（3）常常在糠味中夹带土味和霉味。

10. 霉味

酒中的霉味，大多是辅料及原料霉变造成的。主要是，每当梅雨季节，由于潮湿，引起霉菌在衣物上生长繁殖后，其霉菌菌丝、孢子经腾抖而飞扬所散发出的气味。如青霉菌、毛霉菌的繁殖结果。

酒中产生霉味，有以下几个原因：

（1）原辅材料保管不善，或漏雨或返潮而发生霉变；加上操作不严，灭菌不彻底，把有害霉菌带入制曲生产和发酵糟内，经蒸馏，霉味直接进入酒中。像原辅材料发霉发臭、淋雨返潮或者因此引发的火灾更应注意。

（2）发酵管理不严，出现发酵封桶泥、窖泥缺水干裂、漏气漏水入发酵桶内，发酵糟烧色及发酵盖糟、桶壁四周发酵糟发霉（有害霉菌大量繁殖），造成酒中不仅苦涩味加重，而且霉味加大。

（3）发酵温度太高，大量耐高温细菌同时繁殖，不仅造成出酒率下降，而且会使酒带霉味。

11. 腥味

白酒中的腥味往往是铁物质造成的，常称之为金属味，是舌部和口腔共同产生的一种带涩味感的生理反应。酒中的腥味来源于锡、铁等金属离子，产生原因主要有：

（1）盛酒容器用血料涂篓或封口，贮存时间长，使血腥味溶到酒中。

（2）用未经处理的水加浆勾调白酒，直接把外界腥臭味带入酒中。

12. 焦煳味

白酒中的焦煳味，是生产操作不细心、不负责任、粗心大意的结果。其味就是物质烧焦的煳味，例如：酿酒时因底锅水少造成被烧干后，锅中的糠、糟及沉积物被灼煳烧焦所发出的浓煳焦味。酒中存在焦煳味的主要原因有：

（1）酿造中，直接烧干底锅水，烧灼焦煳味直接串入酒糟，再随蒸汽进入酒中。

（2）地甑、甑篦、底锅没有洗净，经高温将残留废物烧烤、蒸焦产生的煳味。

13. 其他杂味

（1）使用劣质橡胶管输送白酒时，酒将会带有橡胶味。

（2）黄水滴窖不尽，使发酵糟中含有大量黄水，使酒中呈现黄水味。

（3）蒸馏时，上甑不均和摘酒不当，酒中带梢子味。

训练五　浓香型原酒质差鉴别

一、训练目标及重难点

（一）训练目标

1. 知识目标

（1）熟悉浓香型白酒生产工艺；

（2）了解白酒中风味物质产生的机理；

（3）了解浓香型白酒的感官评价标准和理化标准；

（4）了解产生白酒质差的原因；

（5）掌握白酒的品评方式和品评要点；

2. 能力目标

（1）能结合白酒的感官标准对样酒进行感官品评；

（2）能按照标准记分法对样酒进行感官品评并打分；

（3）能参照感官品评标准对样酒进行感官描述并记录。

（二）训练重点及难点

1. 训练重点
（1）浓香型、酱香型、清香型白酒的感官评价标准；
（2）浓香型白酒的品评要点。
2. 训练难点
正确把握浓香型白酒的品评要点。

二、教学组织及运行

本训练任务按照教师讲解、学生训练、师生交流等方式进行，最后通过专项训练考核检验教学效果。

三、训练内容

（一）训练材料及设备

1. 训练材料
浓香型原酒。
2. 训练设备
白酒品酒杯。

（二）训练步骤及要求

1. 生产准备（或训练准备）
（1）准备 5 个白酒专用品酒杯（郁金香型，采用无色透明玻璃，满容量 50～55mL，最大液面处容量为 15～20mL），按顺序在杯底贴上 1～5 的编号，数字向下；
（2）准备浓香型原酒（1～5 级）。
2. 操作规程
操作步骤 1：清洗干净品酒杯并控干水分。
标准与要求：
（1）品酒杯内外壁无任何污物残留；
（2）品酒杯内外壁无残留的水渍。
操作步骤 2：把准备好浓香型原酒（1～5 级）对应倒入不同编号的品酒杯。
标准与要求：

（1） 倒入量为品酒杯的 1/3 ~ 1/2；

（2） 每杯容量基本一致。

操作步骤 3：尝评浓香型原酒（1 ~ 5 级）并记录其感官特征。

标准与要求：

（1） 品酒环境要求明亮、清静，自然通风；

（2） 环境灯光一律采用白光，严禁采用有色光；

（3） 尝评后记录每一级浓香型原酒的感官特征。

操作步骤 4：师生交流。

标准与要求：

（1） 随机抽取学生点评各级酒样；

（2） 老师点评酒样并纠正学生品评中的错误；

（3） 老师纠偏后，学生继续按照正确的方式和思路尝评酒样。

操作步骤 5：实行项目化考核。

标准与要求：

（1） 采用盲评方式进行考核；

（2） 记录每一杯酒样的感官特征并进行质差排序。

四、训练考核方法

学生练习完后采用盲评的方式进行项目考核，具体考核表和评分标准如下：

原酒质差考核表

杯号	1	2	3	4	5
排序					

评分标准：对照正确序位，每杯酒样答对20分，每个序差5分，偏离1位扣5分；偏离2位扣10分；偏离3位扣15分，偏离4位不得分。请将色度从高到低排序，即最高的写1，次高的写2，依此类推，最低的写5。

五、课外拓展任务

选择酱香型、清香型原酒（1 ~ 5 级），按照浓香型原酒（1 ~ 5 级）的判断方法进行质差排序。

六、课外阅读

（一）浓香型原酒的感官标准

项目	优级	一级	二级
色泽	无色、清亮透明、无悬浮物、无沉淀		
香气	具有浓郁的己酸乙酯为主体的复合香气	具有较浓郁的己酸乙酯为主体的复合香气	具有己酸乙酯为主体的复合香气
口味	绵甜爽净，香味谐调，余味悠长	较绵甜爽净，香味谐调，余味悠长	入口纯正，后味较净
风格	具有本品突出的风格	具有本品明显的风格	具有本品固有的风格

（二）浓香型原酒色、香、味及风格的评分表

色泽		香气	
项目	分数	项目	分数
无色透明	+10	具备固定香型的香气特点	+25
浑浊	-4	放香不足	-2
沉淀	-2	香气不纯	-2
悬浮物	-2	香气不足	-2
带色（除微黄外）	-2	带有异香	-3
		有不愉快气味	-5
		有杂醇油气味	-5
		有其他臭味	-7
滋味		风格	
项目	分数	项目	分数
具有本香型的口味特点	+50	具有本品特有风格	+15
欠绵软	-2	风格不突出	-5
欠回甜	-2	偏格	-5
淡薄	-2	错格	-5
冲辣	-3		

续表

滋味		风格	
项目	分数	项目	分数
后味短	－2		
后味淡	－2		
后味苦（对小曲酒放宽）	－3		
涩味	－5		
焦煳味	－3		
辅料味	－5		
梢子味	－5		
杂醇油味	－5		
糠腥味	－5		
其他邪杂味	－6		

训练六　酒的香型鉴别

一、训练目标及重难点

（一）训练目标

1. 知识目标
（1）了解十二种香型白酒的生产工艺；
（2）了解浓香型白酒的感官评价标准和理化标准；
（3）了解十二种香型白酒的品评要点；
（4）掌握白酒的品评方式和品评要点。

2. 能力目标
（1）掌握十二种香型白酒的感官标准；
（2）掌握十二种香型白酒的品评要点；
（3）能参照各香型白酒的品评要点对白酒进行感官品评并记录感官特征。

（二）训练重点及难点

1. 训练重点
（1）酒的香型鉴别；

（2）各香型酒的品评要点。

2. 训练难点

正确把握各香型白酒的品评要点。

二、教学组织及运行

本训练任务按照教师讲解、学生训练、师生交流等方式进行，最后通过专项训练考核检验教学效果。

三、训练内容

（一）训练材料及设备

1. 训练材料

浓香型、酱香型、清香型（大曲清香、麸曲清香、小曲清香三者选一）、兼香型、米香型白酒。

2. 训练设备

白酒品酒杯。

（二）训练步骤及要求

1. 生产准备（或训练准备）

（1）准备5个白酒专用品酒杯（郁金香型，采用无色透明玻璃，满容量50~55mL，最大液面处容量为15~20mL），按顺序在杯底贴上1~5的编号，数字向下；

（2）准备浓香型、酱香型、清香型（大曲清香、麸曲清香、小曲清香三者选一）、兼香型、米香型白酒。

2. 操作规程

操作步骤1：清洗干净品酒杯并控干水分。

标准与要求：

（1）品酒杯内外壁无任何污物残留；

（2）品酒杯内外壁无残留的水渍。

操作步骤2：把准备好的五种香型白酒对应倒入不同编号的品酒杯。

标准与要求：

（1）倒入量为品酒杯的1/3~1/2；

（2）每杯容量基本一致。

操作步骤3：尝评五种香型白酒并记录其感官特征。

标准与要求：

（1）品酒环境要求明亮、清静，自然通风；

（2）环境灯光一律采用白光，严禁采用有色光；

（3）尝评后记录五种香型白酒的感官特征。

操作步骤 4：师生交流。

标准与要求：

（1）随机抽取学生点评各香型酒样；

（2）老师点评酒样并纠正学生品评中的错误；

（3）老师纠偏后学生继续按照正确的方式和思路尝评酒样。

操作步骤 5：实行项目化考核。

标准与要求：

（1）采用盲评方式进行考核；

（2）记录每一杯酒样的感官特征并判断香型；

（3）根据香型判断写出各香型酒的感官评语、发酵设备和糖化发酵剂类型。

四、训练考核方法

学生练习完后采用盲评的方式进行项目考核，具体考核表和评分标准如下：

酒的香型鉴别考核表

杯号	1	2	3	4	5
香型					
感官评语					
发酵设备					
糖化发酵剂					

评分标准：判断正确 1 个得 5 分，不正确不得分；评语、发酵设备、糖化发酵剂三项由教师打分，每个空格为最多 5 分，共 100 分。

五、课外拓展任务

选择药香型、老白干香型、豉香型、凤香型、馥郁香型、芝麻香型、特型按照上述方法进行感官品评。

六、课外阅读——十二种香型白酒的标准品评术语及香味特征

1. 酱香型

微黄透明，酱香突出，幽雅细腻，酒体丰满醇厚，回味悠长，空杯留香持

久，风格典型。

代表酒：贵州茅台酒、四川郎酒、湖南武陵酒。

香味特征：

（1）茅台酒香型的主要代表物质尚未定论，现有 4－乙基愈创木酚说、吡嗪及加热香气说，呋喃类和吡喃类说，十种特征成分说等多种说法。

（2）传统说法把茅台酒的香味分成三大类：酱香酒、醇甜酒、窖底香酒。

（3）根据目前对茅台酒香味成分的剖析，可以认为酱香型酒具有以下特征：酸含量高，己酸乙酯含量低，醛酮类含量大，含氮化合物为各香型白酒之最，正丙醇、庚醇、辛醇含量也相对高。

品评要点：

（1）色泽：微黄透明。

（2）香气：酱香突出，酱香、焦香、煳香的复合香气，酱香＞焦香＞煳香。

（3）酒的酸度高，是形成酒体醇厚、丰满，口味细腻幽雅的重要原因。

（4）空杯留香持久，香气幽雅舒适。

2. 浓香型

无色透明，窖香浓郁，具有以己酸乙酯为主体的纯正、协调的复合香气，绵甜甘洌，香味谐调，尾净余长，风格典型。

代表酒：泸州老窖特曲、四川宜宾五粮液、剑南春、全兴大曲、沱牌大曲、洋河大曲、古贡酒、双沟大曲、宋河粮液。

香味特征：

（1）己酸乙酯为主体香，它的最高含量以不超过 280mg/100mL 为准，一般的浓香型优质酒均可达到这个指标。

（2）乳酸乙酯与己酸乙酯的比值，以小于 1 为好。

（3）丁酸乙酯与己酸乙酯比值，以 0.1 左右为好。

（4）乙酸乙酯与己酸乙酯的比值，以小于 1 为好。

品评要点：

（1）色泽：无色透明（允许微黄），无沉淀物。

（2）依据香气浓郁大小的特点分出流派和质量差。凡香气大，体现窖香浓郁突出，且浓中带陈的特点为川派，而以口味醇、绵甜、净、爽为显著特点为江淮派。

（3）品评酒的甘爽程度，是区别不同酒质量差的重要依据。

（4）绵甜的优质浓香酒的主要特点，也是区分酒质的关键所在。体现为甜得自然舒畅、酒体醇厚。稍差的酒不是绵甜，只是醇甜或甜味不突出，这种酒体显单薄、味短、陈味不够。

（5）品评后味长短、干净程度，也是区分酒质的要点。

（6）香味谐调，是区分白酒质量差，也是区分酿造、发酵酒和固态配制酒的主要依据。酿造酒中己酸乙酯等香味成分由生物途径合成，是一种复合香气，自然感强，故香味谐调，且能持久。而外添加己酸乙酯等香精、香料的酒，往往是香大于味，酒体显单薄，入口后香和味很快消失，香与味均短，自然感差。如香精纯度差、添加比例不当，更是严重影响酒质，其香气给人一种厌恶感，闷香，入口后刺激性强。当然，如果香精、酒精纯度高、质量好，通过精心勾调，也能使酒的香和味趋于协调。

（7）浓香型白酒中最易品出的不良口味是泥臭味、涩味等，这主要是与新窖泥和工艺操作不当、发酵不正常有关。这种混味偏重，严重影响酒质。

3. 清香型

清澈透明，清香纯正，具有以乙酸乙酯为主体的清雅谐调的复合香气，口感柔和，自然谐调，余味爽净，风格典型。

代表酒：

大曲清香：山西汾酒、河南宝丰酒、武汉黄鹤楼酒。

麸曲清香：北京二锅头、牛栏山二锅头。

小曲清香：重庆江津老白干。

香味特征：

（1）乙酸乙酯为主体香，它的含量占总酯50%以上。

（2）乙酸乙酯与乳酸乙酯匹配合理，一般在1:0.6左右。

（3）乙缩醛含量占总醛的15.3%，与爽口感有关，虽然导致酒度高，但是刺激性小。

（4）酯大于酸，一般酸酯比为1:（4.5~5）。

品评要点：

（1）色泽：无色透明。

（2）主体香气以乙酸乙酯为主，乳酸乙酯为辅的清雅、纯正的复合香气，无其他杂香。

（3）由于酒度较高，入口后有明显的辣感、且较持久，如水与酒精分子缔合度好，则刺激性减小。

（4）口味特别净，质量好的清香型白酒没有任何邪杂味。

（5）尝第二口后，辣感明显减弱，甜味突出，饮后有余香。

（6）酒体突出清、爽、绵、甜、净的风格特征。

三种清香型酒品评比较：

（1）主要闻其香气舒适度。

（2）大曲清香、麸曲清香、小曲清香的共同点：无色透明，清香纯正，醇和，甜净，爽口。

（3）个性：清香香气大，舒适度，醇厚为：大清＞麸清＞小清。

（4）入口刺激性：小清＜麸清＜大清。

（5）麸清：闻香有麸皮味明显，糟香较明显。

（6）小清：糟香明显，有粮香，回甜突出，新臭味。

4. 老白干香型

清澈透明，醇香清雅，具有以乳酸乙酯和乙酸乙酯为主体的复合香气，醇厚丰满，甘爽挺拔，丰满柔顺，诸味谐调，回味悠长，风格典型。

代表酒：衡水老白干。

香味特征：

（1）乳酸乙酯与乙酸乙酯为主体香气。

（2）乳酸乙酯含量大于乙酸乙酯，一般乳乙比为 1.34：1。

（3）乳酸、戊酸、异戊酸含量均高于汾酒 1~5 倍。

（4）正丙醇、异戊醇、异丁醇含量均高于汾酒和凤型酒。

（5）甲醇含量（0.0987g/L）低于国家标准规定（0.6g/L）近 80% 以上。

品评要点：

（1）闻香有醇香与酯香复合的香气，细闻有类似大枣的香气。

（2）入口有挺扩感，酒体醇厚丰满。

（3）口味甘冽，有后味，口味干净。

（4）典型风格突出，与清香型汾酒风格有很大不同。

5. 米香型

清澈透明，蜜香清雅，入口绵甜，落口爽净，回味怡畅，风格典型。

代表酒：桂林三花酒、全州湘山酒。

香味特征：

（1）香味主体成分是乳酸乙酯和乙酸乙酯及适量的 β-苯乙醇。新标准中 β-苯乙醇 $\geq 30mg/L$。

（2）高级醇含量高于酯含量。其中，异戊醇最高达 160mg/100mL，高级醇总量 200mg/100mL，酯总量约 150mg/100mL。

（3）乳酸乙酯含量高于乙酸乙酯，两者比例为（2~3）：1。

（4）乳酸含量最高，占总酸 90%。

（5）醛含量低。

品评要点：

（1）以乳酸乙酯和乙酸乙酯及适量的 β-苯乙醇为主体的复合香气。

（2）口味显甜，有发闷的感觉。

（3）后味稍短，但爽净。优质酒后味怡畅。

（4）口味柔和，刺激性小。

6. 豉香型

玉洁冰清，豉香独特，醇厚甘润，余味爽净，风格典型。

代表酒：广东石湾玉冰烧酒。

香味特征：

（1）酸、酯含量低。

（2）高级醇含量高。

（3）β-苯乙醇含量为白酒之冠。

（4）含有高沸点的二元酸酯，是该酒的独特成分，如庚二酸二乙酯、壬二酸二乙酯、辛二酸二乙酯。这些成分来源于浸肉工艺。

（5）该类酒国家标准中规定：β-苯乙醇≥50mg/L。二元酸酯总量≥1.0mg/L。

品评要点：

（1）闻香，突出豉香，有特别明显的油脂香气。

（2）酒度低，入口醇和，余味净爽，后味长。

7. 兼香型

酱浓谐调，芳香幽雅、舒适，细腻丰满，回甜爽净，余味悠长，风格典型。

酱中带浓：

代表酒：湖北白云边酒。

香味特征：

（1）庚酸含量高，平均在200mg/L。

（2）庚酸乙酯含量高，多数样品在200mg/L左右。

（3）含有较高的乙酸异戊酯。

（4）丁酸、异戊酸含量较高。

（5）该类酒国家标准中规定：正丙醇含量范围0.25～1.00g/L、己酸乙酯含量范围0.60～1.80g/L、固形物≤0.70g/L。

品评要点：

（1）闻香以酱香为主，略带浓香。

（2）入口后浓香较突出。

（3）口味较细腻，后味较长。

浓中带酱：

兼香型：清亮透明（微黄）、浓香带酱香、诸味协调、口味细腻、余味爽净。

代表酒：黑龙江玉泉酒。

香味特征：

中国玉泉酒有八大特征：己酸乙酯高于"白云边酒"1倍，己酸大于乙酸（而白云边是乙酸大于己酸），乳酸、丁二酸、戊酸含量高，正丙醇含量低（为白云边酒的1/2），己醇含量高（达40mg/100mL），糠醛含量高（高出白云边酒30%，高出浓香型10倍，与茅台酒接近），β-苯乙醇含量高（高出白云边23%，与茅台酒接近），丁二酸乙酯含量是白云边酒的40倍。

品评要点：

（1）闻香以浓香为主，带有明显产酱香。

（2）入口绵甜爽净，以浓味为主。

（3）浓、酱协调，后味带有酱味。

（4）口味柔顺、细腻。

8. 芝麻香型

酒香幽雅，入口丰满醇厚，纯净回甜，余味悠长，芝麻香风格突出，风格典型。

代表酒：山东景芝白干和江苏梅兰春。

香味特征：

（1）吡嗪化合物含量在1100～1500μg/L，低于茅台及其他酱香型酒。

（2）检出5种呋喃化合物，其含量低于酱香型茅台酒，却高于浓香型白酒。

（3）己酸乙酯含量平均值174mg/L。

（4）β-苯乙醇、苯甲醇及丙酸乙酯含量低于酱香白酒。有人认为，这三种物质跟酱香浓郁有关。景芝白干含量低正是清雅风格之因素。

（5）景芝白干含有一定量的丁二酸二丁酯，平均值为4mg/L。

（6）该类酒国家标准中规定：乙酸乙酯≥0.4g/L、己酸乙酯在0.10～0.80g/L、3-甲硫基丙醇≥0.50mg/L。

品评要点：

（1）闻香以芝麻香的复合香气为主。

（2）入口后焦煳香味突出，细品有类似芝麻香气，后味有轻微的焦香。

（3）口味醇厚。

9. 特型

浓清酱兼而有之，具有幽雅舒适，诸香谐调，柔绵醇和，香味悠长，回甜的特点，风格典型。

代表酒：江西四特酒。

香味特征：

（1）富含奇数碳脂肪酸乙酯（主要包括丙酸乙酯、戊酸乙酯、庚酸乙酯、壬酸乙酯）其总量为白酒之冠。

（2）含有多量的正丙醇与茅台、董酒相似。

（3）高级脂肪酸乙酯总量超过其他白酒近 1 倍，相应的脂肪酸含量也较高。

（4）乳酸乙酯含量高，居各种酯类之首，其次是乙酸乙酯，己酸乙酯居第三。

品评要点：

（1）清香带浓香是主体香，细闻有焦煳香。

（2）入口类似庚酸乙酯，香味突出。

（3）口味柔和，绵甜、稍有糟香。

10. 药香型

香气典雅，浓郁甘美，略带药香，谐调，醇和爽口，后味悠长，风格典型。

代表酒：贵州董酒。

香味特征：

（1）兼有小曲酒和大曲酒的风格。使大曲酒的浓郁芬芳和小曲酒的醇和绵爽的特点融为一体。

（2）大曲与小曲中均配有品种繁多的中草药，使成品酒中有令人愉悦的药香。

（3）除药香外，董酒的香气主要来源于香醅，使董酒具有持久的窖底香，回味中略带爽口的微酸味。

品评要点：

（1）香气浓郁，酒香、药香协调、舒适。

（2）酒的酸度高、后味长。

（3）董酒是大、小曲并用的典型，而且加入多种中药材。故既有大曲酒的浓郁芳香、醇厚味长，又有小曲酒的柔绵、醇和的特点，且带有舒适的药香、窖香及爽口的酸味。

11. 凤型

醇香秀雅，甘润挺爽，诸味谐调，尾净悠长，风格典型。

代表酒：陕西西凤酒。

香味特征：

（1）乙酸乙酯为主，己酸乙酯为辅及适量的 β - 苯乙醇的复合香气。

（2）有明显的以异戊醇为代表的醇类香气。异戊醇含量高于清香型，是浓香型的 2 倍。

（3）乙酸乙酯：己酸乙酯为 4：1 左右。

（4）本身特征香气成分：酒海溶出物、丙酸羟胺、乙酸羟胺等。

12. 馥郁香型

清亮透明，芳香秀雅，绵柔甘冽，醇厚细腻，后味怡畅，香味馥郁，酒体净爽。

代表酒：酒鬼酒。

香味特征：

（1）在总酯中，己酸乙酯与乙酸乙酯含量突出，二者呈平行的量比关系。

（2）乙酸乙酯：己酸乙酯为（1～1.4）：1。

（3）四大酯的比例关系：

乙酸乙酯：己酸乙酯：乳酸乙酯：丁酸乙酯 = 1.14：1：0.57：0.19。

（4）丁酸乙酯较高，己酸乙酯：丁酸乙酯 =（5～8）：1（浓香型酒的己酸乙酯：丁酸乙酯 = 10：1）。

（5）有机酸含量高，高达 200mg/100mL 以上，大大高于浓香型、清香型、四川小曲清香型，尤以乙酸、己酸突出，占总酸的 70% 左右，乳酸含 19%，丁酸为 7%。

（6）高级醇含量适中，高级醇含量在 110～140mg/100mL，高于浓香和清香，低于四川小曲清香，高级醇含量最多的异戊醇含量为 40mg/100mL，正丙醇、正丁醇、异丁醇含量也较高。

品评要点：

（1）色泽透明，清亮。

（2）明确馥郁香型的内涵：两香为兼，多香为馥郁。

（3）酒体风格体现和谐平衡，形成馥郁香气。

（4）在味感上不同时段能够感觉出不同的香气，即在一口之间，能品到三种香，即"前浓、中清、后酱"。

（5）香气舒适、优雅度。

（6）酒体醇和、丰满、圆润，体现了高度酒不烈、低度酒不淡的口味。

（7）回味爽净度。

思考与练习

1. 白酒品评的意义和作用是什么？

2. 评酒员的四个基本功是指什么？

3. 简述白酒中杂味物质的来源。

4. 白酒的评酒方法有哪些？各自特点是什么？

5. 何谓顺效应？何谓正顺序效应？何谓负顺序效应？何谓后效应？

6. 简述评酒的操作步骤。

7. 评酒对环境的要求是什么？

项目三 白酒勾兑材料及处理

导　读

　　白酒勾兑所用材料包括水、基础酒、调味酒、食用酒精、酒用添加剂等，本部分主要从白酒勾兑用水处理手段，基酒和基础酒的质量选择，基酒、基础酒的组合，调香酒、调味酒的选择，食用酒精的选择和处理等多方面阐述白酒勾兑材料的处理。

任务一　白酒勾兑用水处理技术

　　白酒勾兑用水的处理方法是较复杂的，首先要考虑水质和工厂条件、经济合理性等问题。

　　白酒生产中把握质量最关键的一环是勾兑，而勾兑用水的质量是很重要的，它不仅影响白酒的内在质量，还影响白酒的外观质量。特别是近几年，随着人们生活水平的提高，白酒国家标准中增加了固形物含量检测项目，而酒的固形物大部分来自勾兑用水。

一、白酒勾兑用水的要求

　　勾兑用水是引起白酒固形物超标的一个重要因素，按照标准要求勾兑用水应使用软化水，有条件的最好使用纯净水。为此，勾兑用水必须事先处理，可采用离子交换树脂法、电渗析法、反渗透膜法等，原水硬度在 20mmol/L 以上，经过处理的软化水硬度在 0.04mmol/L 以下，水质达到无色、无味、无悬浮物等要求。

二、白酒勾兑用水处理技术

（一）离子交换处理技术

用离子交换树脂制备无离子水在化工方面已十分成功并广泛应用，但配酒用水不必达到无离子水的水平，可按要求控制。

离子交换膜是一种有离子交换的薄膜，阳离子交换膜只能让水中阳离子通过，而阴离子交换膜只能让水中阴离子通过。如将阳膜、阴膜、阳膜依次交替排列，并在两端设置电极，通上直流电，使需处理的水通过阳膜和阴膜的隔室内，水中的正负离子就向两极迁移。

离子交换是水处理技术中最常用的一种，离子交换器是利用阴、阳交换树脂对离子的选择性平衡反应原理，去除水中电解质离子的一种水处理装置，它在水处理的应用方面最为广泛，是高纯水制取的必备设备。

1. 钠离子交换软化流程

钠离子交换软化流程就是用 Na^+ 置换水中易结垢的 Ca^{2+}、Mg^{2+}，离子交换树脂失效时可以用食盐溶液再生，流程为：原水→钠离子交换器→软化水箱。

交换时反应式：

$$Ca^{2+} + Na_2R \rightarrow CaR + 2Na^+$$
$$Mg^{2+} + Na_2R \rightarrow MgR + 2Na^+$$

再生时反应式：

$$CaR + 2Na^+ \rightarrow Ca^{2+} + Na_2R$$
$$MgR + 2Na^+ \rightarrow Mg^{2+} + Na_2R$$

该法只能除去水中的硬度离子，不能降低水的碱度，水的含盐量基本不变，因此，只适用于碱度和含盐量不高的原水。它分为单级钠离子交换和双级钠离子交换串联软化两种流程，前者适用于原水硬度较小的水，后者适用于硬度较大的水。对硬度太大的原水，如果采用单级钠离子交换流程，势必使运行周期变短，出水水质达不到规定标准。用水量较小的单位（在 10t/h 以下），因锅炉用水不能均匀连续，且无中间贮水池，水的软化建议采用固定床逆流再生设备；如用水量大，而且又有中间贮水池，可以采用流动床软水处理设备。若软化水碱度超标，可加硫酸处理，同时注意除去 CO_2。一般软化后的水残留碱度应控制在 0.5～7mmol/L。

2. 弱酸阳离子树脂氢钠串联流程

软化除碱的流程较多，石灰钠离子交换流程便是其中的一种。该流程适用于碳酸盐硬度比较高、过剩碱度不是很高的原水。石灰处理成本低，但劳动强度大，劳动条件差。比较常用的软化除碱流程是弱酸阳离子树脂氢钠串联流程，其流程为：原水→弱酸氢离子交换器→除碳器→钠离子交换器→软化水。

其中，弱酸阳离子交换器内填装弱酸阳离子树脂如 D111，以交换碳酸盐硬度；钠离子交换器内填装强酸阳离子树脂如 001×7，以交换非碳酸盐硬度和泄漏的碳酸盐硬度。当原水经过弱酸阳离子交换器后，水中的碳酸盐硬度大部分转化为二氧化碳。二氧化碳可以用除碳器除掉，反应式为：

$$H_2R + Ca(HCO_3)_2 \rightarrow CaR + 2CO_2 \uparrow + 2H_2O$$
$$H_2R + Mg(HCO_3)_2 \rightarrow MgR + 2CO_2 \uparrow + 2H_2O$$

该流程利用了弱酸阳离子树脂，具有交换容量高、再生容易、再生剂耗量低的特点。再生时采用理论酸量，具有酸耗低、运行周期长、再生废液接近中性、出水有一定的残余碱度、不会出酸性水等优点。但该流程只能降低水中碳酸盐硬度和同这相对应的那部分碱度，不能去除过剩碱度，故适用于条件与石灰处理相同，但劳动条件、劳动强度等都优于石灰钠处理流程，可作为软化除碱的首选流程。

（二）电渗析技术

电渗析技术是利用正、负离子的电吸附原理除盐。电渗析技术处理水，对原水要求：透明，有机物少，含铁量低，水温不超过 40～50℃。

其工作原理是：由于地下水是长期存在于地下岩石间的，很容易溶进一些矿物质，而这些物质大部分都是以离子形式存在的，阴离子如 Cl^-、SO_4^{2-}、CO_3^{2-}、HPO_4^{2-} 等，阳离子有 K^+、NH_4^+、Ca^{2+}、Mg^{2+}、Fe^{2+} 等，这些阴、阳离子在直流电场的作用下，向正、负两极板移动，使水中的阴、阳离子浓度减少，这部分水的含盐量降低，电导率减小，称为淡水，固形物含量也降低，达到勾兑用水的标准。而靠近极板的水，由于富集较多的阴、阳离子，水中含盐量增多，电导率很大，称为浓水，被弃掉。所用设备为电渗析器。

生产低度酒对配制用水要求非常严格，使用电渗析器处理配制用水，可使水质明显改善，达到最软水标准，口感爽甜，无色透明，无沉淀物、悬浮物。用该水加浆降度，酒质明显提高，固形物含量下降，杜绝了白酒货架期沉淀现象的发生。

其操作流程为：深井水→沙滤→石英砂柱→电渗析器→水罐→合格水。

进入电渗析器的水应经预处理，浑浊度在 2mg/L 左右，水中不含铁、锰，有机物尽量少。

当电渗析器进水压力明显上升（达 0.15MPa），必须经过酸洗。采用浓度 2%～3% 稀盐酸（每台设备 500kg），用泵循环打入电渗析器进行酸洗，待酸液打完后，用水冲洗至 pH6～7 即可重新使用，这一过程为电渗析器的再生。

电渗析法较离子交换树脂法酸碱耗量大大降低，连续运行时间长，生产耗费低，离子交换膜的使用寿命比离子交换树脂的使用寿命长得多，除盐效果很好。但是，电渗析法处理水，只能除去水中溶解盐类和离子态杂质，分子杂质、不带电杂质（如游离残余氯、酚类化合物、有机杂质、农药残留等）在处理前后变化不大，而离子交换树脂处理，可依靠树脂多孔的机械吸附作用，除去一部分上述杂质。两种方法的比较如表 3−1 所示。

电渗析法处理水，不能制备无离子纯水，随着水中离子的减少，水的电阻增加，致使电耗迅速上升，它可作为制备纯水时离子交换法的前处理步骤。

配酒用水不需要达到纯水程度，仅是含溶解盐太多（如总含量在 500～5000mg/L），总硬度在 9～22°d 的硬水可经电渗析法除盐，水中含盐量可降低到 10～50mg/L，总硬度降低到 0.1～0.5°d，每吨水电耗不到 1kW·h。此法是比较经济适用的方法。但是，如果原水水质污染严重，含微生物和有机杂质太多，则应配以适当的前处理，如机械过滤、活性炭过滤等，才能满足配酒用水的要求。

为了保证产品的固形物含量达到国家标准，产品设计人员首先要根据产品的组成，如各种基酒的比例和它们的固形物以及添加剂量引起的固形物，通过计算找到合适的水的固形物含量。

电渗析技术的优点：①能量消耗低；②药剂耗量少，环境污染小；③对原水含盐量变化适应性强；④操作简单易于实现机械化、自动化；⑤设备紧凑耐用，预处理简单；⑥水的利用率高。

电渗析也有它自身的缺点，它的运行过程中易发生浓差化极而产生结垢，并与反渗透系统（RO）相比，脱盐率低。

表 3−1　水处理设备的性能特征

项目	H⁺交换柱	电渗析器
工作原理	阴树脂、阳树脂对阴离子、阳离子的化学吸附	正负电极板对阴离子、阳离子在电力作用下进行富集，使水纯净分离
操作的难易程度	复杂，烦琐	简单
运行成本	高	较高
得水率	90%	约50%
保养维修情况	一般不损坏，只需补加少量树脂	需定时修理，换膜
配酒后的固形物	能达标	能达标
投资费用	自制4万～6万元，购买国产8万～10万元，购买全自动进口约80万元	8万～10万元

　　随着对离子交换膜和传统电渗析装置的不断革新和改进，电渗析技术进入一个新的发展阶段。下面是电渗析技术的最新发展研究趋势。

　　1. 无极水电渗析技术

　　无极水电渗析是传统电渗析的一种改进形式，它的主要特点是除去了传统电渗析的极室和极水。由于取消了极室且无极水排放，极大地提高了原水的利用率。无极水电渗析器自1991年问世以来，在应用中不断改善，装置在运行方式上采用频繁倒极，全自动操作，水质数字显示，自动报警，以城市自来水为进水，单台多极多段配置，脱盐率可达99%以上；由于取消了极水水路，无极水排放，原水的利用率可达70%以上；吨水耗电较常规电渗析节省1/3左右。目前，无极水全自动控制电渗析器已在国内20个省、市使用，近来，还远销东南亚。

　　2. 无隔板电渗析器

　　电渗析器自发明以来，一直采用浓淡水隔板、离子交换膜和电极等部件组装而成。1994年，江维达设计出了无隔板电渗析器，它主要是用新设计的JM离子交换网膜构件取代离子交换膜和隔板，同时此新构件具有普通离子交换膜和隔板的功能。无隔板电渗析器是一种不需要配置隔板、直接由JM离子交换网膜和电极为主要部件组装而成的新型电渗析器。现已研制成220mm×150mm样机，该机在相同条件下与有隔板的电渗析器比较，脱盐速率快，电耗可降低20%以上。

　　3. 卷式电渗析器

　　卷式电渗析器是一种类似卷式反渗透组件结构的电渗析器，它的阴、阳离子交换膜都放在同心圆筒内，并卷成螺旋状。

　　卷式电渗析器结构的优点是能够使用像布匹那样长的离子交换膜，可把膜组装成受厂商和用户欢迎的箱式组件。但卷式电渗析器至今没有应用实例，其主要缺点是螺旋膜堆难以密封，特别是圆筒中心管既作电极用，又要作集水管用，由于存在电极反应，使得离子交换膜与中心管黏结的部分不易密封。

　　4. 填充床电渗析技术

　　填充床电渗析，国外称为电去离子（EDI），是将离子交换膜与离子交换树脂有机地结合在一起，在直流电场的作用下实现去离子过程的一种新分离技术。它的最大特点是利用水解离产生的 H^+ 和 OH^- 自动再生填充在电渗析器淡水室中的混床离子交换树脂，从而实现了持续深度脱盐。

　　5. 液膜电渗析

　　液膜电渗析是用具有相同功能的液态膜代替固态离子交换膜，其实验模型是用半透性玻璃纸将液膜溶液包制成薄层状的隔板，然后装入电渗析器中运行。

利用萃取剂做液膜电渗析的液态膜，可能为浓缩和提取贵金属、重金属、稀有金属等找到高效的分离方法，因为提高电渗析的提取效率直接与寻找对这种形式离子具有特殊选择性的膜有关，而这种选择最有可能在液膜领域中找到。液膜电渗析的研究对象以分离无机物为主，但规模均处于小试验阶段，已有关于液膜电渗析在浓缩、提取化合物、合成高纯物质、脱盐等方面应用的报道。液膜电渗析把化学反应、扩散和电迁移三者结合起来，开拓了液膜应用研究的新领域，具有广阔的发展前景。

6. 双极膜电渗析技术

双极膜是一种新型离子交换复合膜，它一般由阴离子交换树脂层和阳离子交换树脂层及中间界面亲水层组成。在直流电场作用下，从膜外渗透入膜间的水分子即刻分解成 H^+ 和 OH^-，可作为 H^+ 和 OH^- 的供应源。

双极膜电渗析原理以三室电渗析器制备酸碱为例，两极间的膜堆由一张阴膜、一张双极膜和一张阳膜依次排列而成。Na_2SO_4 或其他盐溶液通入阴膜与阳膜之间，通直流电后，Na^+ 和 SO_4^{2-} 分别进入两侧的隔室中，与双极膜生成的 OH^- 与 H^+ 分别生成 $NaOH$ 和 Na_2SO_4。实验结果表明，利用双极膜电渗析法生产 $NaOH$ 的成本仅为传统电解过程的 $1/3 \sim 2/3$。

双极膜自 20 世纪 80 年代开发成功后，迅速发展，国外已有多个双极膜制备方面的专利，双极膜水解离电渗析技术已进入应用阶段。由于阴、阳膜层的复合，给双极膜的传质性带来了很多新的特性，用有不同电荷密度、厚度和性能的膜材料在不同的复合条件下，可制成不同性能和用途的双极膜。将双极膜和单极膜巧妙地组合，可使双极膜应用于化工、环保、生物化工、海洋化工等不同领域。双极膜是很有发展前途的新型离子交换复合膜，用其制备酸和碱及其水解离技术已成为电渗析技术发展的新的生长点。

（三）石灰水处理

石灰水能降低水的暂时硬度和有害成分。反应式如下：

$$CO_2 + Ca(OH)_2 \rightarrow CaCO_3 \downarrow + H_2O$$
$$Ca(HCO_3)_2 + Ca(OH)_2 \rightarrow 2CaCO_3 \downarrow + 2H_2O$$
$$Mg(HCO_3)_2 + Ca(OH)_2 \rightarrow MgCO_3 \downarrow + CaCO_3 \downarrow + 2H_2O$$
$$MgCO_3 + Ca(OH)_2 \rightarrow CaCO_3 \downarrow + Mg(OH)_2 \downarrow$$
$$4Fe(HCO_3)_2 + 8Ca(OH)_2 \rightarrow 4Fe(OH)_2 \downarrow + 8CaCO_3 \downarrow + 8H_2O$$
$$H_2SiO_3 + Ca(OH)_2 \rightarrow CaSiO_3 \downarrow + 2H_2O$$

方法是将需软化的水注入大水槽（圆柱锥底容器）内，加入石灰乳溶液，同时用压缩空气充分搅拌 $10 \sim 20min$，静置沉淀 $4 \sim 5h$，在容器上部引出处理后底水，在锥底排出沉淀。

此法简单，石灰添加量容易控制，但处理时间长。实际经验资料如下（请注意若添加的是工业石灰，其含氧化钙仅 50 ~ 80%）：

（1）每降低 $1cm^3$ 水中暂时硬度 $1°d$，需加纯氧化钙 10g。

（2）每降低 $1cm^3$ 水中 CO_2 1mg，需加纯氧化钙 1.27g。

（3）每 $1m^3$ 水中加入生石灰 1kg 即能配成饱和石灰乳溶液，再添加到处理水中。

此法需严格测定水中重碳酸盐含量，精确计算加入石灰乳的量，处理后的水中不允许有剩余氧化钙存在。凡暂时硬度较高（$8°d$ 以上）而永久硬度较低的原水都可用此法处理。

除此之外，还有煮沸法处理、活性炭吸附过滤水技术。

煮沸法的基本原理是将水加热至沸，使水中溶解的重碳酸钙或碳酸镁生成难溶解的碳酸钙或碳酸镁，以降低水中大部分暂时硬度，反应式如下：

$$Ca（HCO_3）_2 \rightarrow CaCO_3 \downarrow + H_2O + CO_2 \uparrow$$
$$Mg（HCO_3）_2 \rightarrow MgCO_3 \downarrow + CO_2 \uparrow + H_2O$$

在任何容器中，将水加热至沸，并不断搅拌（通入压缩空气搅拌更佳）排除 CO_2，形成碳酸钙自然沉降，积于底部，采用倾斜法分离出处理后的水。

如果被处理的水含重碳酸镁较多，由于形成碳酸镁沉淀析出缓慢，同时它的溶解度随温度降低而增加，必须煮沸后立即过滤，或加凝聚剂一起过滤。

对含重碳酸钙较多的具有暂时硬度（简称暂硬水）的水，处理后水的暂时硬度降低率可达 90% 以上（因为碳酸钙的溶解度为 $1.4g/m^3$）。

对含重碳酸镁较多的暂硬水，煮沸后需加凝聚剂如石膏等，反应式如下：

$$MgCO_3 + CaSO_4 \rightarrow CaCO_3 \downarrow + MgSO_4$$

反应后产生的碳酸钙沉淀容易除去，但反应后产生的硫酸镁溶解于水中，产生不良的苦涩味，是其缺点。

此法简单，适合小工厂，但时间长，耗热量大，成本高，处理后的水温度高，尚需进行冷却后才能作配酒用。此法对含重碳酸镁高的水效果不佳。

另外，活性炭吸附过滤水的基本原理是：活性炭表面和内部布满了微孔，孔直径从不及 1nm 到几百纳米不等，当杂质的分子直径接近活性炭微孔直径时，就很容易被吸附，它还可借助巨大的比表面积吸附作用及机械过滤作用除去水中多种杂质。其方法为：活性炭过滤结构和一般管柱式树脂离子交换器相似，过滤柱底部装填经酸洗后的石英砂层作为支持层，上面装 1/2 柱高的活性炭层。原水由顶部导入，顺流自然下降过滤。

活性炭过滤器运行一段时间后，因截污量过多，会暂时失去活性，此时应进行反洗排污再生。

活性炭使用期随水质而异，正常运转下可使用 3 年，当用再生法而无法恢复其能力时，应予更新。

活性炭吸附过滤广泛应用于除去水中有机杂质和分子态胶体微细颗粒悬浮杂质，否则很容易堵塞微孔。

任务二　基酒及基础酒的质量评价及处理

一、基酒及基础酒的来源

所有参加组合的各类产品酒，在组合中统称为基酒，组合完成后，准备用作调味的酒称为基础酒。

基础酒是成品酒的骨干，它的好坏是大批量成品酒质量标准的关键。基础酒是由合格酒（经过验收符合质量标准的酒）组成的，因此，首先要确定合格酒的质量标准及类型。例如，剑南春合格酒的感官要求是香气正，尾味净；理化标准是将各种微量香味成分划分为 86 个指标和 20 个比例关系，入库前按制定和划分的范畴验收合格酒。这样做，较过去按常规仅靠感官印象验收合格酒准确得多、可靠得多。由过去感官指标"只可意会，不可言传"的抽象化、神秘化变成标准化、数据化，这对提高名优酒的合格率和培养勾兑人员等方面都起到积极的作用。

二、基础酒的基酒比例及指标要求

由于受各地水、土、气候、粮食等因素影响较大，微生物的种类及数量有很大的差异，因而最终导致基础酒中的各种微量香味物质的多寡及种类悬殊较大。白酒中的臭、苦、酸、辣、涩、油味等与白酒众多微量成分如酸、酯、醇、醛、酮、酚类等物质的含量多少、相互间的比例有着极为密切的关系；而其他邪杂味则是由于不同窖池设备、不同的技术工人的技术业务素质不一致、发酵条件控制不当、工艺操作及其管理不善、各种用具及生产场所不洁而造成的。

（一）各等级基础酒的基酒比例

经过广泛的探索和试验，一般使用比例如下。

（1）优级酒　固态法白酒为 30% ~ 40%，其中浓香单一粮食酒占 60% 左右，多种粮食酒占 25%，酱香粮食酒占 15% 左右；串香酒为 50% 左右，其中，第一次串香酒占 60%，第二次串香酒占 20%，第三次串香酒占 10%（各次串香酒的浓香型单一粮食、多种粮食及酱香型各次串香酒的比例分别为 60%、25% 和 15%）；液态法白酒为 10% ~ 20%。

（2）一级酒　用固态法白酒为20％，其中浓香单一粮食酒为10％，多种粮食酒为5％；串香酒为70％左右，其中，第一次串香酒占35％，第二次串香酒占15％，第三次串香酒占10％；液态法白酒占10％。

（3）二级酒　用固态法白酒为10％，其中浓香单一粮食酒为6％，多种粮食酒为2％，酱香型酒占2％；串香酒为（一、二次串香酒综合样）50％，其中酱香综合串香酒占10％，液态法白酒占40％。

（4）三级酒　用固态法串香，酒尾占5％，尾水占5％；液态法白酒占80％，串香酒在组合时，可把浓香单一粮食和多种粮的串香酒、酒头、酒尾、尾水等分别使用，有一定经验后，可采用混合使用的方法。在整个基酒的组合中，可根据情况进行适当的调整，找出更理想的组合比例。

（二）精品酒的基酒组合比例

在固态法白酒的组合实践中，发现加入30％的液态法白酒或串香酒，会使全固态法白酒的口感更加完美，可以除掉轻微的杂味、涩味，增加醇甜、柔和的感觉，质量超过了全固态法组合的白酒，并更加适合消费者的需要。所以许多厂家都用这种方法来生产精品酒，降低了成本，提高了质量，开拓了市场，增加了效益。此酒各类基酒的比例关系一般为：固态法白酒占70％，其中浓香单一粮食酒为45％，多种粮食酒占10％；液态法白酒占30％。然后进行组合，可以根据酒体设计的风格要求，调整基酒的组合比例。

（三）指标（包括卫生指标）要求及制作标样

要规定各等级酒的香味微量成分的量比关系，在组合阶段主要是掌握各种酯的量比关系。

在这个基础上，勾调人员会同质检人员共同制定各等级酒的组合标准实样。这样在组合基础酒时有明确的标准又有实物对照，有利于组合工作。

1. 各级基酒酯含量的量比关系的要求范围　（以浓香型酒为例）

精品酒和优级酒己酸乙酯含量，高、中度酒为2.2～2.5g/L；低度酒为1.6～2.0g/L。一级酒己酸乙酯含量，高、中度酒在2.1～2.4g/L，低度酒在1.5～1.9g/L。二级酒己酸乙酯含量，高、中度酒在1.6～2.3g/L，低度酒在1.5～1.8g/L。三级酒己酸乙酯含量同二级酒。其他等级酒酯类含量基本上是一致的。组合低度酒时可取较高的比例；组合高度酒时可取较低的比例。

2. 制作实物标样

制作各等级基酒的实物标样由质检部门会同勾调室共同进行。通常是由勾调室提供，质检部门认定。勾调室在组合基础酒时，要善于发现突然出现的理想组合的基酒，即配方简单、质量优良的基础酒，把它放大到一定数量，再确认基础酒实物标样的种子酒。有了 3 个这种标样的种子酒后，可送质检部门确定；当然也可制作 5 个实物标样进行选定。实物标样半年左右更换一次，这样可以不断从实践中总结经验，提高组合基酒的技术水平，改进配方，对改善酒质和特征，都有重要作用和深远意义。

三、基酒组合的类型

（一）原度酒组合和降度组合

这两种方法均在采用，各有各的优点和缺陷。原度酒组合，是将选用的各类基酒编号后，不调酒精含量，即开始进行搭配组合，组合完成后，再按所需求的酒精含量降度，降度后再进行必要的微调。大多数情况下不需再微调，即成为合格的基酒。降度组合是将选用的各类基酒，分别降到高出所需酒精含量的 0.5%～1%，然后才进行搭配组合，以达到合格为止。

（二）口感组合

将选用的各类基酒分别进行尝评，认识各自的香和味，然后确定所选酒是否能组合成功，若感到个别酒质量较差或有异杂味和怪味，可更换较差的基酒或重新再选择。在组合过程中，发现上述基酒没有问题也可采取同样措施。开始组合时，再细致地品尝一次实物标样，加深认识，然后拟定 1～4 个各类基酒的搭配组合方案。按拟订方案组合几个基酒，分别与实物标样比较，找准各个基础酒的优、缺点，再进行必要的补加微调，或重新组合，然后再与实物标样比较。按此反复进行，直到符合基础酒要求标准为止，即组合完成。

（三）数据组合

在选用各类基酒时，首先考虑各类基酒的己酸乙酯含量以及己酸乙酯与乙酸乙酯、乳酸乙酯、丁酸乙酯和戊酸乙酯的量比关系，再品尝出各类基酒的风格和特点，来挑选基酒。按规定比例把挑选好的各类基酒的酯类分析数据输入计算机，进行运算组合，组合 1～3 个符合该实物标样中酯类含量及量比关系所规定范围标准的方案。得出各类基酒用量，按此用量组合 1～3 个基础酒酒样，再与实物标样作对比品评和比较，若其中有 1 个符合实物标样的感官要求，组合即完成，若有 2 个以上均符合感官要求，则可在其中选用 1 个，若 3 个均不符合口感要求，就应重新选择酒样，把分析数据输入计算机，再做运算。按此反复进行，直到其中有一个方案所组成的基础酒符合标准要求为止。这种组合方法能使每批酒的香味微量成分的含量、主要酯类的量比关系基本保持稳定，并给今后开展微机组合打下基础。

（四）分析调整

组合成功的基酒，都要送样到检测室进行色谱分析，即对总酸、总酯、固形物等进行常规分析，勾调人员要把分析结果进行登记备案，并检查所有结果是否符合卫生指标和各等级酒香味成分的规定范围，若不符合还需进行微调，甚至重新再行组合，直到达到标准要求为止。通常化验分析结果都会符合要求，最多进行微调。分析调整合格后即书面通知库房管理人员，进行规定数量的大样组合，组合好后再取样两瓶到勾调室进行口感和理化指标的复查，合格后即可作为调味用基础酒。

（五）特殊酒样的组合

根据市场需求的变化和开发新品种的要求，重新研究试验各类基酒用量比例，来调整口感，或根据市场上畅销产品的风格特征来进行设计。

1. 确定风格和特征

选择市场上畅销的某一产品的风格和特征，或自己设计某一风格特征的新品种进行开发，例如，开发浓、酱、清三种风格为一体的新型酒，或在浓香、浓酱酒中增加某种药香而形成新风格的新型酒等，都应首先把特殊酒样的风格特征确定，然后再展开研发工作。

2. 确定特殊酒样的香味微量成分的含量和量比关系，进行仿制样

可购买 2 瓶以上的拟仿制品原样进行理化分析，对分析结果进行充分讨论研究，结合其风味特征，确定该产品的香味微量成分的含量范围和量比关系范围；若为新设计产品，则应根据该产品的档次、风格特征等要求，制定己酸乙酯的含量范围和其他酯酸量比关系，以及酯、醇、醛、酸的比例范围，或这 4 大类中，突出哪一类或某类成分中的某一两种物质，以确保风格特征的形成和稳定。

3. 制定各类各种基酒的用量范围

根据新设计酒的风格、特征、档次来研究制定各类基酒的用量比例以及是否需要特别的基酒等，通过试验，确认它们的用量和比例，这是一个比较细致的基础工作。

4. 制定标样仿制酒

开始可以市售酒为标准，逐步定型后改用自制标准，新开发的产品，要按上述要求，自制标样，标样的制作方法、审批程序、管理和使用如前所述，不再重复。

5. 组合基础酒

参见前述基础酒的组合方法。

四、基酒组合中应注意的问题

基酒组合是勾调工作中的重要环节，使产品酒成型，基本达到出厂酒的标准。所以基酒组合得好，调味工作就比较容易，相反就会给调味带来困难。过多地使用调味酒或调味液，反而达不到理想目的，造成返工重组。

（一）严格要求，精心组合

在实践操作中不断总结经验和教训，从而提高组合基酒的技术水平。要认真做好组合中的原始记录，并在此基础上反复分析对比，不断总结经验。发现了好的或差的基酒以及基酒的变化情况要及时反馈给库房，使库房管理人员了解信息，以便总结调整基酒质量的经验，以保证组合基酒工作的顺利进行。

（二）注意研究酱香型酒的调味酒的添加

经验表明，若基础酒的香味冲或大，口味糙辣，尾味短，或酱香气陈味不足，这时应添加酱香型酒；若香放不出来，带酸味，或酱香气陈味过重，则应减少酱香型酒。对酱香型酒添加要有一个正确的认识和了解才能搭配好基酒。酱香型酒含酸类较高，它有增进酒体丰满、味长、压辛辣等作用，同时也压香、压爽。酱香型基酒酱香和糟香气浓，它有增加基酒陈香和糟香的作用。

（三）必须先进行小样组合

组合是一项非常细致的工作，选酒不当，一坛酒就会影响一大罐酒的质量，后果是很严重的，既浪费了好酒，也影响了组合的效果。因此，做小样组合是必不可少的。同时，还可以通过小样组合，逐渐认识各种酒的性质，了解不同酒质的变化规律，不断总结经验，提高组合技术水平。

（四）掌握合格酒的各种情况

各坛酒必须有健全的卡片，卡片上记有产酒日期、车间和小组、窖号、酒度、重量和酒质情况（如醇、香、甜、爽或其他怪杂味等应分别注明）。组合时应清楚了解各坛合格酒的情况，便于组合。

（五）做好组合的原始记录

不论小样组合还是正式组合都应做好原始记录，以提供分析研究的数据，通过大量的实践，找出其中的规律，有助于提高组合的技术水平。

（六）对杂味酒的处理

带杂味的酒，尤其是带苦、酸、涩、麻味的酒，要进行具体分析，视情况进行处理。

（1）带麻味的酒　是因发酵期过长（一年以上），加上窖池管理不善而产生的。这种酒在组合时，若使用得当，可以提高组合酒的浓香味，甚至可以作为调味酒使用，但不能一概而论，要具体分析。

（2）后味带苦的酒　可以增加组合酒的陈味；后味带涩的酒，可以增加基础酒的香味；后味带酸的酒，可增加基础酒的醇甜味。因此，有人认为带苦、酸、涩的酒不一定是坏酒，使用得当可以作为调味酒。但如酒带烂味、酒尾味、霉味、倒烧味、香精味、胶臭味等怪杂味的酒，一般都认为是坏酒，只能作为搭酒。若怪杂味重，只有另作处理。

（3）丢糟黄水酒　在人们的心目中，这是不好的酒，只能作回窖再发酵或复蒸之用，不能作为半成品酒入库；但近年来在实践中，人们发现丢糟黄水酒如果是没烂味、尾酒味、霉味等怪杂味的正常丢糟黄水酒，在组合中可以明显地提高组合酒的浓香和糟香味。

总之，组合是调味的基础。基础酒质量的好坏，直接影响调味工作和产品质量。如基础酒质量差，增加了调味的困难，势必增大调味酒的用量，而且会有反复多次都调不好的可能。基础酒组合得好，调味容易，且调味酒用量少，调味成功后的产品质量既好又稳定。所以，组合工作是十分重要的。

（七）组合基础酒中的名词解释

1. 基酒和基础酒

所有参加组合的各类各种产品酒，在组合中都统称为基酒，组合完成后，准备用作调味的酒称为基础酒。基础酒是由基酒组成的，是基本达到了某一产品酒的质量要求的酒。

2. 酱香型基酒和酱香型酒

按酱香型白酒生产工艺所生产的粮糟酒、酒头酒、酒尾酒、尾水酒以及用此工艺糟醅进行串香的一、二、三次酒为基酒，在调香时，按照酱香型白酒的香味微量成分的量比关系进行调制的称酱香型酒。

3. 浓香型酒

用上述各种酒为基酒，按照浓香型白酒的香味微量成分的量比关系进行调制的酒统称为浓香型酒。

4. 液态法白酒

用酒精来调制的新型白酒，统称为液态法白酒，其中有单一粮食和多种粮食的浓香液态法白酒和酱香液态法白酒（按酱香型白酒的香味微量成分和量比关系进行调香而制成的）。

五、严格选择基础酒、调香酒及调味酒

前面已经阐述，低度白酒因酒精含量较低，易造成香气"漂浮"、口味"寡淡"等方面的问题。白酒中存在有低沸点、相对分子质量小、水溶性较好的化合物；还有沸点居中、相对分子质量居中、在水中有一定溶解度、香气较持久的一类化合物；还有高沸点、相对分子质量较大、在水中溶解度较小、香气很持久的一类化合物。后者是低度白酒中主要的不稳定因素，在除浊中应考虑除去一部分。为了确保低度白酒在香气上有一定的持久性，在口味上有一定的刺激性（常说的低而不淡），同时在一定条件下又有相对的稳定性（不浑浊、不失光），在选择原酒及调香、调味时，应遵循尽可能选取沸点居中、相对分子质量居中、香气较持久、并有一定水溶性化合物的原酒或调香、调味酒进行香气和口味的调整。此外，还应该选择一些含相对分子质量小，具有一定刺激性的化合物的调味酒进行味觉调整，弥补酒度低而产生的"淡薄"问题。

当然，选择含高沸点化合物的调香、调味酒进行调香、调味，会使酒体重新产生浑浊或失光现象，或者因为高沸点物质过饱和而被除去。因此，选择高沸点物质进行调香、调味来增加持久性时，应该更偏重选择含水溶性较好的高沸点物质来进行定向调香、调味，这样可以避免再产生浑浊或增加不稳定因素。所以，对于低度酒的勾兑与调味，选择合适的原酒及恰当的调香、调味酒是很关键的。一般低度白酒勾兑所选用的原酒应该贮存期稍长（如陈酒）、发酵期较长（如双轮底酒等）、香气和呈味较好，因为这类酒中含有的香气和呈味物质总量及种类较多，含沸点居中、相对分子质量居中、有一定水溶性、有一定的香气持久性的化合物较多。在调香、调味酒的选择上，应该选取老酒、酒头和酒尾等。这些调香、调味酒中小分子化合物含量较高，如醇类、醛类及酸类化合物，一方面可以提高酒的酸刺激感或醇、醛刺激性，解决"水味"问题；另一方面，它们还可以增加入口的"喷香"（顶香）并且与酒体香相互谐调。此外，一些不挥发酸或挥发性居中的酸类物质，在水中有一定的溶解度，可以使酒体的香气和口味变得持久一些。

任务三　酒精的处理

一、食用酒精的标准

食用酒精是以谷物、薯类、糖蜜或其他可食用农作物为原料，经发酵、蒸

馏精制而成的，供食品工业使用的含水酒精。

食用酒精（乙醇）应符合 GB 10343—2008 的要求，见表 3 - 2。

表 3 - 2　食用酒精要求

项目		特级	优级	普通
外观		无色透明		
气味		具有乙醇固有的香气，香气纯正		无异臭
口味		纯净、微甜		较纯净
色度/号	≤	10		
乙醇/%	≥	96.0	95.5	95.0
硫酸试验/号	≤	10		60
氧化时间/min	≥	40	30	20
醛（以乙醛计）/（mg/L）	≤	1	2	30
甲醇/（mg/L）	≤	2	50	150
正丙醇/（mg/L）	≤	2	15	100
异丁醇＋异戊醇/（mg/L）	≤	1	2	30
酸（以乙酸计）/（mg/L）	≤	7	10	20
酯（以乙酸乙酯计）/（mg/L）	≤	10	18	25
不挥发物/（mg/L）	≤	10	15	25
重金属（以 Pb 计）/（mg/L）	≤	1		
氰化物（以 HCN 计）[①]/（mg/L）	≤	5		

注：①以木薯为原料的产品要求，以其他原料制成的食用酒精则无此要求。

二、酒精质量对酒质的影响

新型白酒的酒精必须符合食用酒精的标准，如将高纯度酒精与二级酒精或普通级食用酒精用 2 倍水稀释后品尝，前者只有轻微的香气和回甜的感觉，而后者则有令人不愉快之感。人们说的"酒精味"，实质是酒精中杂质所形成的异杂味。酒精中很多杂质的感觉阈值是很低的，常规分析方法不易检出，但人的感官可以察觉，所以常规分析不能检定酒精中呈味物质的变化。两个级别食用酒精如氧化实验达不到要求，即规定的优级大于等于 30min，普通级大于或等于 15min，则将影响食用酒精的质量。氧化实验，或称高锰酸钾实验，是定性酒精中所含还原性杂质多少的一种简单易行的实验方法，是衡量酒精质量的一项主要指标。氧化实验不合格，说明酒精中所含有的还原性杂质和其他一些影响氧化实验的杂质多；氧化实验合格，说明酒精中所含有的这些杂质少。酒精中杂质对氧化性的影响见表 3 - 3。

表 3 - 3　酒精中杂质对氧化性的影响

杂质名称	感觉阈值和气味	对氧化性的影响	常规分析能否检出
丙醇	有乙醚味，无烧灼味，阈值：水溶液中味觉为 0.2%，嗅觉为 0.4%，在酒精中味觉及嗅觉均为 0.3%	乙醇中加入 0.002% 时不影响	否
丁醇	有烧灼味，阈值在水溶液中为 0.002%，在酒精中为 0.004%	有剧烈的影响	能
戊醇	有肉桂酸味及窒息性感觉，阈值在水溶液中为 0.005%	降低	能
己醇	有特有的强烈的刺激性，对黏膜有刺激性，阈值在水溶液中为 0.002%	无影响	否
庚醇	有烧灼味，阈值在水溶液中为 0.0001%	降低	否
辛醇	强烈的腐败奶油气味和灼烧味，阈值在水及稀酒精中均为 0.00005%	降低	否
壬醇	有特有的不快嗅感，蓖麻油味很持久，阈值在水及稀酒精中均为 0.00002%	降低	否
乙酸	有强烈的酸气味，阈值：水溶液中嗅觉为 0.005%，味觉为 0.02%，稀酒精中为 0.01%	降低	能
丁酸	似乙酸但有腐败的热油回味，阈值在水及稀酒精中均为 0.00005%	无影响	否
己酸	有腐败油的嗅感，阈值在水溶液中为 0.0003%	降低	否
辛酸	腐败的油味，阈值在水溶液中为 0.0005%，稀酒精中为 0.001%	降低	否
月桂酸	强烈的腐败油味，阈值在酒精中为 0.001%	无影响	—
肉豆蔻酸	腐败脂肪气味，酒精中含有 0.01%，即有不愉快的味	降低	否
棕榈酸	腐败脂肪气味，酒精中含有 0.0001%，即可感到水果香	几乎不降低	否
乙酸乙酯	水果香，阈值在水中为 0.0002%，在稀酒精中为 0.005%	降低	否

续表

杂质名称	感觉阈值和气味	对氧化性的影响	常规分析能否检出
丁酸乙酯	水果香，阈值在水及稀酒精中均为 0.00005%	无影响	低浓度时检不出
己酸乙酯	稳定的水果香，阈值在水中 0.00005%，在稀酒精中为 0.00002%	不明显	与水杨酸有轻度反应
辛酸乙酯	爽快的白兰地香，阈值在水及酒精中均为 0.0001%	无影响	未测定
壬酸乙酯	爽快的不明确香气	—	未测定
月桂酸乙酯	花香	—	—
肉豆蔻酸乙酯	紫罗兰香气	—	—
萜烯	根据化学结构不同，而有不同的气味，如松节油香、花香、水果香，阈值在稀酒精中为 0.0008%	无影响	否
水合萜松	气味淡，是由萜烯和蒎烯生成的产物，有松节油味，阈值在稀酒精中为 0.0008%	无影响	否
吡啶	有强烈的异味，阈值在水中为 0.0025%，在稀酒精中为 0.005%	轻微影响	否

表 3-3 所列杂质气味虽有 20 余种之多，但并不完全。

尽管大多数酯类呈令人愉快的香味，但它们往往和产生异杂味的其他杂质同时并存于酒精中，现在人们还未找到只排除酒精中的异杂味而保留香味的方法，所以只能将香味和臭味一起除去。

由于常规分析不能检出酒精中呈味物质的变化，所以在实际生产中经常出现理化指标无变化而感官指标显著下降的情况。例如，用甜菜糖蜜制得的酒精，尽管理化指标合格，但却有一种不愉快的异杂味。又如，在利用严重霉变的谷物时，则成品酒精中有一种难以排除的正丁醛。各类酒精-水溶液感官品评指标如表 3-4 所示。

糖蜜酒精中之所以有怪味是含硫的各种化合物所造成的，已检测出的有二氧化硫、硫化氢、硫酸等，这些含硫杂质能降低酒精的氧化性实验指标。

巴豆醛、丙烯醛均可严重恶化酒精的感官指标，降低氧化时间，巴豆醛和异丙醇一起聚集在精馏塔中，在倒数 17 块塔板的液体中，巴豆醛的含量达 1.3～1.4g/L。

酒精中的杂质不单是几种醛、醇和酯，而是十分复杂多变的。

表3-4　各类酒精水溶液感官品评指标

类别 等级 指标	玉米酒精		糖蜜酒精	
	优级	普级	处理	未处理
感官品评	无色透明，气味纯正，入口甘醇，落口爽净	无色透明，气味较纯正，入口尚醇甜，落口较净	无色透明，无异味，入口较甜，落口较净	无色透明，气味欠纯正，入口尚甜，落口欠净

任务四　常用白酒添加剂处理

在基础酒中添加特殊发酵作用所形成的微量芳香物质，以增加基础酒的微量香味成分的结构，含量增加了，酒体变浓了，其风味也就改变了。

如果基础酒中含有某种芳香物质较少，达不到其放香阈值，香味就显示不出来。若在其中加入这种芳香成分，达到其阈值，就能放出令人愉快的香味，遂使酒体的香气和口味变得较为谐调和圆满，从而突出了酒体的特殊风格。白酒中微量芳香成分的芳香阈值一般在 0.1～1mg/L，因此，在基础酒中稍微添加一点微量芳香成分，就可达到或超过它们原来的放香阈值，从而呈现出它单一或综合的香韵来。

一、食用添加剂的要求

白酒中的食用添加剂包括增味剂、酸味剂、甜味剂和增香剂等。它们的使用必须符合 GB 2760—2014《食品安全国家标准　食品添加剂使用标准》，最好使用国家定点厂家生产的添加剂。

选择调酸剂的一个先决条件就是必须既溶于酒精，又溶于水，还要在勾兑成品酒放置过程中不易产生沉淀，再加上调酸剂是混合酸，相应的纯度低，因此挑选要严格，要做小试，要检测，最好选纯度高的单体酸。添加的酯类要求纯度高，不含或少含杂质，勾兑成品酒贮存时不易产生沉淀。香料要从正规厂家购进，要定点，不能随时改变购进货源。一旦添加香料勾兑好成品酒，沉淀多或固形物超标就要采取措施。可直接进行串蒸，或与固形物低的勾兑成品酒混合。

二、添加剂的风味特征及阈值

（一）常用添加剂风味特征

常用添加剂中有机酸类是产生酸味的物质基础，也是形成香味的主要物质，更是形成酯类的前体。酯类是具有芳香性气味的挥发性化合物，是曲酒的主要呈香呈味物质，对各种名优酒的典型性起到决定性作用。醇类是各种名优白酒的醇甜剂和助香剂，也是酯的前体。醛类也与名优白酒的香气有密切关系，对构成曲酒的主要香味物质较为重要。酮类是名优白酒产生优良风味的重要化合物，具有类似蜜蜂一样的香甜口味，可使酒的风格变高。芳香族化合物中 β - 苯乙醇具有玫瑰香，4 - 乙基愈创木酚也是重要的呈味物质，可使白酒入口时具有浓厚感，并带甜味。含氮化合物中，4 - 甲基吡嗪具有甜味，并使酒具有浓厚感，氨基酸类在酒中虽然很少，但也是呈味物质或前体。

（二）常用添加剂的阈值

阈值分为两种：一种是感知阈值，只检出有味或无味；另一种是辨别阈值，检出是什么味（粗放），甚至是什么成分。在实践中，这两种阈值的测定结果往往存在很大的差异，所以在文献上经常出现同一种物质的阈值却有很大差异的情况。除感知阈值和辨别阈值不相等之外，测定方法和测定条件不同也会带来很大的差异。

味阈值测定方法比较简单，可制定不同的浓度，以一种评酒方法进行测定。嗅阈值测定方法比较复杂，嗅阈值一般以 1L 空气中气味物质的质量（g 或 mg）为基础，而味阈值则以 1L 液体内呈味物质的质量（g）为基础，两者一般都用 mg/kg 表示。个别情况下，有在嗅阈值上采用 500mL 空气中的呈味物质的相对分子质量来表示的，但此法采用者不多。

（三）常用添加剂风味特征及香味阈值

微量成分在白酒中的含量相同时，其滋味有强有弱，甚至有的不引起感觉，这主要是由于各种微量成分的香味阈值大小的不同。某一种香味物质在白酒中的含量若低于它本身的阈值，则不会对酒的风味产生影响，只是超过它的阈值时才会显露出该成分的香味来。常用添加剂风味特征及香味阈值见表 3 - 5。不同浓度的常用添加剂的风味特征见表 3 - 6。

表 3 - 5　常用添加剂风味特征及香味阈值　　单位：mg/kg

名称	风味特征	香味阈值
甲酸	微酸味，微涩，较甜	1
乙酸	强刺激性气味，味似醋，常温无色透明液体	2.6
丙酸	嗅到酸气，进口柔和，微涩	20
丁酸	略具奶油臭，有大曲酒香	3.4

续表

名称	风味特征	香味阈值
异丁酸	闻有脂肪臭，似丁酸气味	8.2
乳酸	馊味，微酸涩，适量具浓厚感	350
戊酸	脂肪臭，微酸，带甜	0.5
异戊酸	有脂肪臭，似丁酸气味，稀时无臭	0.75
己酸	较强脂肪臭，有酸刺激感，较爽口	8.6
庚酸	有强脂肪臭，有酸刺激感	70.5
辛酸	脂肪臭，稍有酸刺激感，不易水溶	15
壬酸	有轻快的脂肪气味，酸刺激感不明显	71.1
癸酸	愉快的脂肪气味，有油味，易凝固	9.4
油酸	较弱的脂肪气味，油味，易凝固，水溶性差	1.0
甘油	味甜，黏稠，能柔和酒体，并使酒具有浓厚感	1.0
甲酸乙酯	似桃果香气味，刺激，带涩味	150
乙酸异戊酯	似梨、苹果样香气，味微甜，带涩	0.23
丙酸乙酯	菠萝香，微酸涩，似芝麻香	4.0
戊酸乙酯	似菠萝香，味浓，刺舌	—
甲酸甲酯	似桃子香，味辣，有涩感	5000
乙酸乙酯	"香蕉苹果"香气，味辣带涩	17
己酸乙酯	似菠萝香，味甜爽口，有大曲酒香	0.076
乳酸乙酯	具有特殊的朗姆酒、水果和奶油香气	—
丁酸乙酯	似菠萝香，爽快可口	0.15
庚酸乙酯	似果香气味，带有脂肪臭	0.4
辛酸乙酯	水果样气味，明显脂肪臭	0.24
癸酸乙酯	明显的脂肪臭，微弱的果香气味	1.10
油酸乙酯	脂肪气味，油味	1.0
双乙酰	馊饭味	0.02
乙缩醛	水果香气，味甜带涩	—
甲醇	似酒精气味，但较温和可口	100
乙醇	酒精气味，冲、刺、辣	14000
丙醇	似醚臭，有苦味	50~800
丁醇	溶剂的刺激臭，具苦味	75

续表

名称	风味特征	香味阈值
戊醇	似酒精气味，具药味	80
己醇	强烈芳香，味持久，有浓厚感	5.2
异丙醇	酒精味	1500
异戊醇	杂醇油味，刺舌，稍涩，有芳香	6.5
异丁醇	微弱的戊醇味，具苦味	75
庚醇	葡萄样果香气味，微甜	2.0
辛醇	果实香气，带有脂肪气味，油味感	1.5
癸醇	脂肪气味，微弱芳香气味，易凝固	1.0
2，3-丁二醇	有甜味，稍带苦	4500
丙三醇	无气味，黏稠，微甜	1.0
甲醛	刺激臭，辣味	—
乙醛	似绿叶味，辛辣	1.2
丙醛	有刺激性气味，辣味，有窒息感	2.0
丁醛	绿叶气味，微带弱果香气味，味略涩，带苦	0.028
戊醛	青草气味，带弱果香，味刺激	0.1
庚醛	果香气味，味苦	0.05
异丁醛	微带坚果气味，味刺激	1.0
异戊醛	苹果芳香，甜味	0.12
糠醛	糠香，糠味，焦苦，似杏仁味	5.8
苯甲醛	有苦杏仁味	1.0
丙酮	溶剂气味，带弱果香，微甜，带刺激感	200
丁酮	溶剂气味，带果香，带甜，味刺激	80

表3-6 不同浓度的常用添加剂的风味特征　　　　　单位：mg/L

名称	浓度	风味特征
乙酸	1000	有醋的味道和刺激感
	100	稍有醋的气味和刺激感，进口爽口，微酸，微甜
	10	无气味，接近界限值
丙酸	1000	有酸味，进口柔和稍涩，微酸
	100	无酸味，进口柔和稍涩，稍涩
	10	接近界限值

续表

名称	浓度	风味特征
丁酸	1000	似大曲酒的糟香和窖泥香气，进口有甜酸味，爽口
	100	似有轻微的大曲酒的糟香和窖泥香气，进口微酸甜
	10	接近界限值
戊酸	1000	有脂肪臭味和不愉快感
	100	有轻微脂肪臭味，进口微酸涩
	10	无脂肪臭味，进口微酸甜
	1	无脂肪臭味，进口微酸甜，醇和
	0.1	接近界限值
乳酸	1000	微酸，微涩
	100	微酸，微甜，略带浓厚感
	10	微酸，微甜，微涩
	1	接近界限值
己酸	1000	似大曲酒气味，进口柔和，带甜，爽口
	100	似大曲酒气味，微甜爽口
	10	微有大曲酒的气味，略带甜味
	1	接近界限值
乙酸乙酯	1000	似香蕉气味，味辣带苦涩
	100	香味淡，味微辣，带苦涩
	10	无色无味，接近界限值
丙酸乙酯	1000	似芝麻香，味稍涩
	100	味香，入口涩，后味麻
	10	微香，略涩
	1	无色无味，接近界限值
戊酸乙酯	1000	似菠萝香，味较涩
	100	似菠萝香，进口微涩，带菠萝味
	10	进口稍有菠萝味，略涩带苦
	1	接近界限值
丁酸乙酯	1000	似大曲窖泥香味，进口香气浓厚，有脂肪味
	100	有窖泥香味，较爽口，微带脂肪臭，稍麻
	10	微带窖香气，尾较净
	1	微带窖香气
	0.1	无气味，接近界限值

续表

名称	浓度	风味特征
己酸乙酯	1000	闻似浓香型曲酒味，味甜，爽口，糟香气味，浓厚感，似大曲香
	100	闻似浓香型曲酒的特殊芳香味，香短，有苦涩味
	10	微有曲酒香味，较爽口，稍带回甜
	1	稍有香气，微甜带涩
	0.1	稍带甜味，略苦
	0.01	无气味，接近界限值
乳酸乙酯	1000	香弱，稍甜，有浓厚感，带点涩味
	100	香弱，微涩，带甜味
	10	无气味，接近界限值
辛酸乙酯	1000	闻似菠萝香或梨香，进口有苹果味，带甜
	100	闻有菠萝香，后味带涩
	10	闻无香味，进口稍有菠萝味，略涩
	1	接近界限值
庚酸乙酯	1000	闻似苹果香味，进口有苹果香，味浓厚，爽口，微甜，尾净
	100	闻有苹果香味，进口有苹果味，微甜，带涩
	10	稍有苹果味，微带涩
	1	稍有苹果味，微甜，爽口
	0.1	无气味，接近界限值
丙三醇	1000	味甜，有浓厚感，细腻柔和
	100	味甜，有浓厚感，细腻柔和
	10	进口带甜味，柔和，较爽口
	1	微甜，爽口
	0.1	无气味，接近界限值
丁醇	1000	有刺激臭，带苦涩味
	100	有刺激臭，有苦涩麻味
	10	稍有刺激臭，微有苦涩，带刺激感
	1	无气味，接近界限值
戊醇	1000	微有刺激臭，似酒精味
	100	有闷人的刺激臭，稍似酒精气味
	10	略有奶油味，灼烧味少于酒精味
	1	略有奶油味
	0.1	无气味，接近界限值

续表

名称	浓度	风味特征
丁二酮	1000	闻有奶油味，味浓厚，进口后微苦
	100	有奶油香，爽口，有木质味
	10	微有奶油香，稍有木质味
	1	稍有奶油香，带有酒精味
	0.1	稍弱的奶油香，酒精味突出
	0.01	无气味，接近界限值
乙醛	1000	有绿叶味
	100	微有绿叶味，略带水果味
	10	稍有水果味，较爽口
	1	无气味，接近界限值
乙缩醛	1000	有羊乳干酪味，略带水果味
	10	稍有羊乳干酪味，爽口
	1	稍有羊乳干酪味，爽口
	0.1	稍有羊乳干酪味，柔和爽口
	0.01	稍有羊乳干酪味，有刺激感
	0.001	接近界限值

训练一　单体香溶液的配制和鉴别

一、训练目标及重难点

（一）训练目标

1. 知识目标
（1）掌握芳香物质香气及香气浓度鉴别的具体步骤；
（2）了解芳香物质溶液配制的步骤；
（3）熟悉各芳香物质的香气特征。

2. 能力目标
（1）能按规定配制一定浓度的芳香物质溶液；
（2）能够采用有效辅助手段鉴别芳香物质香气；
（3）能够初步掌握同一芳香物质不同浓度差的鉴别方法；

（4）能够参考标准记录芳香物质的香气特征。

（二）训练重点及难点

1. 实训重点

芳香物质香气特征鉴别。

2. 实训难点

溶液配制过程中物质用量计算。

二、教学组织及运行

本实训任务按照教师讲解、教师演示、学生训练方式进行，最后通过专项实训考核检验教学效果。

三、实训内容

（一）训练材料及设备

1. 实训材料

第一组：甲酸、乙酸、丁酸、己酸、乳酸等酸类物质；

第二组：己酸乙酯、乙酸乙酯、乳酸乙酯、丁酸乙酯、戊酸乙酯等酯类物质；

第三组：双乙酰、β - 苯乙醇、异丁醇、异戊醇、甘油等物质。

2. 实训设备

白酒品酒杯、容量瓶 500mL、量筒 200mL 和 10mL 各一个、微量注射器（1～1000μL）一支。

（二）训练步骤及要求

1. 生产准备（或训练准备）

（1）准备 5 个白酒专用品酒杯（郁金香型，采用无色透明玻璃，满容量50～55mL，最大液面处容量为 15～20mL），按顺序在杯底贴上 1～5 的编号，数字向下；

（2）查找单体香的香阈值或味阈值；

（3）确定单体香物质的溶剂；

（4）按照香阈值或味阈值标准计算在指定溶剂中各物质的添加量；

（5）按照计算好的添加量配制各单体香溶液。

2. 操作规程

操作步骤 1：清洗干净品酒杯并控干水分。

标准与要求：

（1）品酒杯内外壁无任何污物残留；

（2）品酒杯内外壁无残留的水渍。

操作步骤2：查找所要配制溶液的香阈值或味阈值并确定所需溶剂。

标准与要求：

（1）确定各单体香物质的基本性质；

（2）明确香阈值（或味阈值）的单位标准。

操作步骤3：配制单体香溶液。

标准与要求：

（1）明确香阈值（或味阈值）的单位标准；

（2）能准确计算在规定体积溶液中单体香溶质的添加量；

（3）能把计算得到的单体香质量转换成体积；

（4）能用微量注射器精确量取所需单体香体积。

操作步骤4：把不同芳香物质溶液倒入不同编号的品酒杯。

标准与要求：

（1）倒入量为品酒杯的 $1/3 \sim 1/2$；

（2）每杯容量基本一致。

操作步骤5：嗅闻不同芳香物质溶液并记录其香味特征。

标准与要求：

（1）品酒环境要求明亮、清静，自然通风；

（2）环境灯光一律采用白光，严禁采用有色光；

（3）品评后记录各种芳香物质溶液的香味特征。

操作步骤6：第二组到第三组溶液的鉴别。

标准与要求：参照第一组的观察步骤和要求进行。

操作步骤7：实行项目化考核。

标准与要求：

（1）采用盲评方式进行考核；

（2）对五杯酒样进行香气判断。

四、实训考核方法

学生练习完后采用盲评的方式进行项目考核，具体考核表和评分标准如下：

物质香气的鉴别考核表

杯号	1	2	3	4	5
芳香物质名称					

评分标准：正确 1 个得 20 分，不正确不得分。

五、课外拓展任务

选取黄水、酒头、酒尾、窖泥、霉糟、曲药、橡胶、软木塞进行嗅闻，区分异常气味（其中霉糟、窖泥、曲药可以用体积浓度为 54% 的酒精浸提得到浸出液后通过澄清选取上层清液进行嗅闻）。

思考与练习

1. 简述酒勾兑用水的要求。
2. 简述离子交换水处理技术的基本原理。
3. 何谓暂时硬度？何谓永久硬度？
4. 基础酒组合中应注意的问题是什么？

项目四　白酒的勾兑

导　读

　　本项目重点介绍勾兑的作用和意义、白酒勾兑的原理和勾兑方法，勾兑用酒的选择和基础酒的设计，并介绍一些名优酒厂白酒勾兑的情况。通过本项目的学习，了解勾兑的一般原理，掌握白酒加浆计算和操作方法，掌握数学勾兑法，了解勾兑过程中的注意事项。

任务一　勾兑的作用和意义

　　白酒勾兑是生产中的一个组装过程，是指把不同车间、班组以及窖池和糟别等生产出来的各种酒，通过巧妙的技术组装，组合成符合本厂质量标准的基础酒。基础酒的标准是"香气正，形成酒体，初具风格"。勾兑在生产中起取长补短的作用，重新调整酒内不同物质的组成和结构，是一个由量变到质变的过程。

　　无论是我国的传统法白酒生产，还是其他新型白酒的生产，由于生产的影响因素复杂，生产出的同类酒酒质相差很大。例如，固态法白酒生产，基本采用手工操作，富集自然界多种微生物共同发酵，尽管采用的原料、制曲和酿造工艺大致相同，但由于不同的影响因素，每个窖池所产的酒酒质是不相同的。即使是同一个窖池，在不同季节、不同班次、不同的发酵时间，所产的酒质量也有很大差异。如果不经勾兑，每坛酒分别包装出厂，酒质极不稳定。通过勾兑，可以统一酒质、统一标准，使每批出厂的成品酒质量基本一致。勾兑可起提高酒质的作用，实践证明，同等级的原酒，其味道各有差异，有的醇和，有的醇香而回味不长，有的醇浓、回味俱全但甜味不足，有的酒虽各方面均不错但略带杂味或不爽口等。通过勾兑，可以弥补缺陷，使酒质更加完美一致。

任务二　勾兑的原理

如前所述，酒中含有醇、酸、酯、醛、酮、酚等微量香味成分，因生产条件不同，它们含量多少及其相互间的量比关系各异，从而构成各种酒的不同香型和风格。目前，名优白酒的生产设备仍是以窖（或坛）、甑为单位，每个窖所生产的酒质是不一致的；即使同一个窖，每甑生产的酒质也有所区别，所含的微量成分也不一样；加上贮存酒的容器是坛、池等，每坛（池）酒的质量也存在一定差距；即使是经尝评验收后的同等级酒，在香气和口味上也不一样。在这种情况下，不经过勾兑，是不可能保证酒质量稳定的。只有把含有不同微量香味成分的酒，通过勾兑，统一达到本品所固有的各种微量香味成分适宜含量和相互间的适宜比例，使每批出厂产品质量基本一致，才能保证酒的质量稳定和提高。

在勾兑中，会出现各种奇特的现象。

1. 好酒和差酒之间勾兑后，会使酒变好

其原因是：差酒中有一种或数种微量香味成分含量偏多，也有可能偏少，但当它与比较好的酒勾兑时，偏多的微量香味成分得到稀释，偏少的可能得到补充，所以勾兑后的酒质就会变好。例如，有一种酒乳酸乙酯含量偏多，为 200mg/100mL，而己酸乙酯含量不足，只有 80mg/100mL，己酸乙酯和乳酸乙酯的比例严重失调，因而香差味涩；当它与较好的酒，如乳酸乙酯含量为 150mg/100mL，己酸乙酯含量为 250mg/100mL 的酒相勾兑后，则调整了乳酸乙酯和己酸乙酯的含量及己酸乙酯和乳酸乙酯的比例，结果变成好酒。假设勾兑时，差酒的用量为 150kg，好酒的用量为 250kg，混合均匀后，酒中上述两种微量成分的含量则变化为

$$乳酸乙酯含量 = \frac{200 \times 150 + 150 \times 250}{150 + 250} = 168.75 （mg/100mL）$$

$$己酸乙酯含量 = \frac{80 \times 150 + 250 \times 250}{150 + 250} = 186.25 （mg/100mL）$$

2. 差酒与差酒勾兑，有时也会变成好酒

这是因为一种差酒所含的某种或数种微量香味成分含量偏多，而另外的一种或数种微量香味成分含量却偏少；另一种差酒与上述差酒微量香味成分含量的情况恰好相反，于是一经勾兑，互相得到了补充，差酒就会变好。例如，一种酒丁酸乙酯含量偏高，而总酸含量不足，酒呈泥腥味和辣味；而另一种酒则总酸含量偏高，丁酸乙酯含量偏低，窖香不突出，呈酸味。把这两种酒进行勾兑后，正好取长补短，成为较全面的好酒。

　　一般来说，带涩味与带酸味、带酸味与带辣味的酒组合可以使酒变好。实践总结可得：甜与酸、甜与苦可以抵消，甜与咸、酸与咸可中和，酸与苦反增苦，苦与咸可中和，香可压邪，酸可助香等。

3. 好酒和好酒勾兑，有时反而变差

　　在相同香型酒之间进行勾兑不易发生这种情况，而在不同香型的酒之间进行勾兑时就容易发生。因为各种香型的酒都有不同的主体香味成分，而且差异很大。如浓香型酒的主体香味成分是己酸乙酯和适量的丁酸乙酯，其他的醇、酯、酸、醛、酚只起烘托作用；酱香型酒的主体香味成分是酚类物质，以多种氨基酸、高沸点醛酮为衬托，其他酸、酯、醇类为助香成分；清香型酒的主体香味成分是乙酸乙酯，以乳酸乙酯为搭配谐调，其他为助香成分。这几种酒虽然都是好酒，甚至是名酒，由于香味性质不一致，如果勾兑在一起，原来各自谐调平衡的微量香味成分含量及量比关系均受到破坏，就可能使香味变淡或出现杂味，甚至改变香型，比不上原来单一酒的口味好，从而使两种好酒变为差酒。

任务三　勾兑用酒的选择

　　勾兑技术已成为白酒生产中非常重要的环节。但勾兑不是万能的，它不能替代一切，如果生产出的是劣质酒，则是难以勾调出好酒的。只有在生产出好酒或比较好的酒的基础上，正确选择具有不同特点的合格酒，注意各种酒之间的配比关系，同时加强酒库管理，才能保证勾兑和调味工作的顺利进行。

一、酒库的管理

　　白酒在酒库贮存的过程中，质量仍处于动态变化中，经过适当时间贮存和管理，酒变得醇和、绵软，为勾兑调味创造良好的前提条件，所以酒库管理是做好勾兑和调味工作的重要环节。为了搞好酒库管理，应做好以下几方面的工作。

　　（1）新酒入库时，应先经质检部门或专门的尝评小组初步评定等级后，分级入库。评定时，不可用评老酒的标准来评定新酒，对新酒的尝评方法和标准与尝评老酒应有所区别，要分别建立新酒和老酒的评酒方法和制度。

　　（2）每个贮酒容器上，要挂上登记卡片，详细建立库存档案，上面注明坛号、生产日期、窖号、糟别（粮糟酒、红糟酒、丢糟黄水酒等）、生产车间和班组、数量、酒精度、等级以及酒的色、香、味、风格特点等。有条件的厂，最好能附上气相色谱分析的主要数据。

　　（3）各种不同风味的酒，要避免不分好坏、任意合并，否则，无法保证

质量。

（4）调味酒要单独贮存，不能任意合并，最好有地方单独贮存。

（5）分别贮存后，还需定期尝评复查。每批入库酒样，每月随机抽样一次。以100mL吸管，吸取坛中酒样100mL，盛入三角瓶内，封好，进行感官尝评和理化指标分析。根据结果，调整级别，换发卡片，并做好记录。

（6）酒坛装酒前，要检查酒坛是否渗漏。同时要保证酒坛干净，没有异杂味。

（7）酒坛装酒时，上部要留有一定空间，不要装得太满，装好后，要做好密封工作，防止酒精以及其他香味成分挥发。

（8）平时要搞好酒库的清洁卫生。

（9）勾兑员和酒库管理员应密切配合，酒库管理人员要为勾兑人员提供方便，勾兑员和酒库管理员对库存酒要做到心中有数。

二、基础酒的设计

（一）确定合格酒

合格酒是指验收生产班组所产的符合质量标准的每坛酒。验收合格酒的质量标准应该是以香气正、味净为基础。在这个基础上，还应具备浓、香、爽、甜、风格等特点。每个班组生产的原度酒是不一致的，差距很大。例如，有的酒香气正、尾子净、窖香浓；有的酒香气正、味净、香气长；或者香气正、味净、风格突出等，这些类型的酒均符合上述标准，可以作为合格酒验收入库。另外，有的原度酒味不净、略带杂味，但某一方面的特点突出，如有的浓香型酒带苦味但浓香突出；微涩但陈味突出；微辛但醇厚，有回甜；燥辣但香长；欠爽但具备风格等。这些酒可以用来勾兑成质量较好的基础酒，可作为合格酒验收入库。另外，带酸、带馊、窖泥臭、中药味等酒，均可作为合格酒验收使用，质量较好的甚至可作为调味酒。

在对出厂产品做总体设计时，应包括感官、理化、卫生标准，酸、酯、醇、醛、酮的量比关系，各微量成分的含量范围等。要求勾兑人员，牢记本厂产品的特点和固有风格，同时又有好的口感，适应性强，以便取得最佳的设计方案，并确保酒质的稳定和一致。

（二）基础酒的设计

基础酒是指勾兑完成后的酒，是调味的基础。基础酒是由各种合格酒组成的，但不是所有合格酒都能达到基础酒的质量标准，而是由各种各样的合格酒经过合理勾兑后，才符合基础酒质量标准。因此必须考虑合格酒的设计问题，这是提高合格率的关键。为了实现总体设计的质量标准，必须首先设计基础酒的标准，基础酒的标准是香气正、形成酒体、初具风格。基础酒是由合格酒组成的，根据主要微量香味成分的相互量比关系，合格酒大体分成 7 个类型。

（1）己酸乙酯 > 乳酸乙酯 > 乙酸乙酯。这样的酒浓香好，味醇甜，典型性强。

（2）己酸乙酯 > 乙酸乙酯 ≥ 乳酸乙酯。这种酒喷香好，清爽醇净，舒畅。

（3）乳酸乙酯 ≥ 乙酸乙酯 > 己酸乙酯。这种酒闷甜，味香短淡，但只要用量恰当，则可以使酒味醇和、净甜。

（4）乙缩醛 ≥ 乙醛（乙缩醛超过 100mg/100mL）。这样的酒异香突出，带馊香味。

（5）丁酸乙酯 ≥ 戊酸乙酯（含量达到 25～50mg/100mL）。这样的酒，有陈味和类似中药味。

（6）丁酸 > 己酸 ≥ 乙酸 ≥ 乳酸。

（7）己酸 > 乙酸 ≥ 乳酸。

以上 7 种类型都是构成浓香型白酒必不可少的组成部分。按这些分类验收合格酒后，再根据设计要求组合成基础酒，这样就能提高名优酒的合格率。

（三）勾兑时各种酒的配比关系

勾兑时应注意研究和应用以下各种酒的配比关系。

1. 各种糟酒之间的混合比例

各种糟酒各有特点，如粮糟酒甜味重，香味淡；红糟酒香味较好但不长，醇甜差，酒味燥辣。因此各种糟酒具有不同的香和味，将它们按适当的比例混合，才能使酒质全面，酒体完美。优质酒勾兑时，各种糟酒的比例，一般是双轮底酒占 10%，粮糟酒占 65%，红糟酒占 20%，丢糟黄水酒占 5%。各厂可根据具体情况，通过小样勾兑来确定各种糟酒配合的最适比例。

2. 老酒和一般酒的比例

一般说来，贮存一年以上的酒称老酒，它具有醇、甜、清爽、陈味好的特点，但香味不浓。而一般酒贮存期相对较短，香味较浓，但口味糙辣、欠醇和，因此在勾兑组合基础酒时，一般都要添加一定数量的老酒。应注意摸索恰当比例，逐步掌握。老酒和一般酒的组合比例为：陈酒 20%，一般酒（贮存 6 个月以上的合格酒）80%。由于每个酒厂的生产方法、酒质要求不完全相同，因此在选择新酒与老酒之间的比例以及新酒与老酒的贮存期时有不同的要求，如四川五粮液酒厂，全部采用贮存 1 年以上的酒进行勾兑。是否需要贮存更长时间的酒如 3 年、5 年等，应根据各厂具体情况而定。

3. 老窖酒和新窖酒的配比

一般老窖酒香气浓郁、口味较正，新窖酒寡淡味短，如果用老窖酒带新窖酒，既可以提高产量，又可以稳定质量。所以在勾兑时，新窖合格酒的比例占20%～30%。相反，在勾兑一般中档曲酒时，也应注意配以部分相同等级的老窖酒，这样才能保证酒质的全面和稳定。

4. 不同季节所产酒的配比

一年中由于气温的变化，粮糟入窖温度差异较大，发酵条件不同，产出的酒质也就不一致，尤其是夏季和冬季所产之酒，各有各的特点和缺陷。夏季产的酒窖香浓、味杂，冬季产的酒窖香差、绵甜度较好。

以四川为例，7、8、9、10月（淡季）所产的酒为一类，其余月份产的酒为一类，这两类酒在勾兑时应适当搭配。在组合基础酒时，淡季产的酒占35%，旺季产的酒占65%。

5. 不同发酵期所产的酒的配比

发酵期的长短与酒质有着密切的关系。发酵期较长（60～90d）的酒，香浓味醇厚，但前香不突出；发酵期短（30～40d）的酒，挥发性香味物质较多，闻香较好。若按适宜的比例混合，可提高酒的香气和喷头，使酒质更加全面。勾兑时，一般可在发酵期长的酒中配以5%～10%发酵期短的酒。

6. 全面运用各种酒的配比关系

只注意老酒和新酒、各种糟酒之间、新窖酒和老窖酒、不同季节所产酒之间的配比关系是不够的。

例如，粮糟酒过多，香味淡、甜味重；而红糟酒过多，酒味暴辣，醇甜差，香味虽好但不长，回味也短，酒味不谐调，必然要多用带酒香调味酒，即使解决了，酒味也不稳定。所以在勾兑中常发生味不谐调而找不到原因的情况，多是没有注意运用各种酒的配比关系之故。

任务四　白酒加浆的计算与训练

一、质量分数和体积分数的相互换算

酒的浓度最常用的表示方法有体积分数和质量分数。所谓体积分数是指100份体积的酒中，有若干份体积的纯酒精。如65%的酒是指100份体积的酒中有65份体积的酒精和35份体积的水。质量分数是指100g酒中所含纯酒精的克数。这是由于纯乙醇的相对密度为0.78934所造成的体积分数与质量分数的差异。每一个体积分数都有一个唯一的固定的质量分数与之相对应。两种浓度的换算方法如下。

1. 将质量分数换算成体积分数（即：酒精度）

$$\varphi（\%）=\frac{\omega \times d_4^{20}}{0.78934}$$

式中　φ——体积分数，%

　　　ω——质量分数，%

　　　d_4^{20}——样品的相对密度，指 20℃时样品的质量与同体积的纯水在 4℃时的质量比

0.78934——纯酒精在 20℃/4℃时的相对密度

【例 4 - 1】有酒精质量分数为 51.1527% 的酒，其相对密度为 0.89764，其体积分数为多少？

解

$$\varphi（\%）=\frac{\omega \times d_4^{20}}{0.78934}=\frac{57.1527 \times 0.89764}{0.78934}=65.0\%$$

2. 将体积分数换算成质量分数

$$\omega（\%）=\varphi \times \frac{0.78934}{d_4^{20}}$$

【例 4 - 2】有酒精体积分数的 60.0% 的酒，其相对密度为 0.90915，其质量分数为多少？

解

$$\omega（\%）=\varphi \times \frac{0.78934}{d_4^{20}}=60.0 \times \frac{0.78934}{0.90915}=52.0879\%$$

二、高度酒和低度酒的相互换算

高度酒和低度酒的相互换算，涉及折算率。折算率，又称互换系数，是根据"酒精体积分数%，相对密度、质量分数% 对照表"的有关数字推算而来，其公式为：

$$折算率=\frac{\varphi_1 \times \dfrac{0.78934}{(d_4^{20})_1}}{\varphi_2 \times \dfrac{0.78934}{(d_4^{20})_2}} \times 100\%=\frac{\omega_1}{\omega_2} \times 100\%$$

式中：ω_1——原酒酒精度的质量分数，%

　　　ω_2——调整后酒精度的质量分数，%

1. 将高度酒调整为低度酒

$$调整后酒的质量（kg）=原酒的质量（kg）\times \frac{\omega_1}{\omega_2} \times 100\%=原酒质量（kg）\times 折算率$$

式中　ω_1——原酒酒精度的质量分数，%

　　　ω_2——调整后酒精度的质量分数，%

【例 4 - 3】65.0%（体积分数）的酒 153kg，要把它折合为 50.0%（体积分数）的酒是多少千克？

解 查附录一知：65.0%（体积分数）= 57.1527%（质量分数），

50.0%（体积分数）= 42.4252%（质量分数）。

$$调整后酒的质量 = 153 \times \frac{57.1527\%}{42.4252\%} \times 100\% = 206.11 （kg）$$

2. 将低度酒折算为高度酒

$$折算高度酒的质量 = 欲折算低度酒的质量 \times \frac{\omega_2}{\omega_1} \times 100\%$$

式中 ω_1——欲折算低度酒的质量分数，%

ω_2——折算为高度酒的质量分数，%

【例 4 - 4】要把 39.0%（体积分数）的酒 350kg，折算为 65.0%（体积分数）的酒多少千克？

解 查附录一知：39.0%（体积分数）= 32.4139%（质量分数），

65.0%（体积分数）= 57.1527%（质量分数）。

$$折算高度酒的质量 = 350 \times \frac{32.4139\%}{57.1527\%} \times 100\% = 198.50 （kg）$$

三、不同酒精度的勾兑

有高、低度数不同的两种原酒，要勾兑成一定数量、一定酒精度的酒，需原酒各为多少的计算，可依照下式计算：

$$m_1 = \frac{m （\omega - \omega_2）}{\omega_1 - \omega_2}$$

$$m_2 = m - m_1$$

式中 ω_1——较高酒精度的原酒质量分数，%

ω_2——较低酒精度的原酒质量分数，%

m_1——较高酒精度的原酒质量，kg

m_2——较低酒精度的原酒质量，kg

m——勾兑后酒的质量，kg

【例 4 - 5】有 72.0% 和 58.0%（体积分数）两种原酒，要勾兑成 100kg 60.0%（体积分数）的酒，各需多少千克？

解 查附录一知：72.0%（体积分数）= 64.5392%（质量分数），

58.0%（体积分数）= 50.1080%（质量分数），

60.0%（体积分数）= 52.0879%（质量分数）。

$$m_1 = \frac{m （\omega - \omega_2）}{\omega_1 - \omega_2} = \frac{100 \times （52.0879\% - 50.1080\%）}{（64.5392\% - 50.1080\%）} = 13.72 （kg）$$

$$m_2 = m - m_1 = 100 - 13.72 = 86.28 \text{kg}$$

即需 72.0%（体积分数）原酒 13.72kg，需 58.0%（体积分数）86.28kg。

四、不同温度下酒精度的折算

我国规定酒精计测量的标准温度为 20℃。但在实际测量时，酒精溶液温度不可能正好都在 20℃。因此必须在温度、酒精度之间进行折算，把其他温度下测得的酒精溶液浓度换算成 20℃时的酒精溶液浓度？

【例 4 − 6】某坛酒在温度为 14℃时测得的酒精度为 64.08%（体积分数），求该酒在 20℃时的酒精浓度是多少？

解　其查表方法如下：

在附录 2（酒精浓度与温度校正表）中酒精溶液温度栏中查到 14℃，再在酒精计示值体积浓度栏中查到 64.0%，两点相交的数值 66.0，即为该酒在 20℃时的酒度 66.0%（体积分数）。

【例 4 − 7】某坛酒在温度为 25℃时测得的酒精度为 65.0%（体积分数）求该酒在 20℃时的酒精浓度是多少？

解　其查表方法如下：

在附录二（酒精浓度与温度校正表）中酒精溶液温度栏中查到 25℃，再在酒精计示值体积浓度栏中查到 65.0%，两点相交的数值 63.3，即为该酒在 20℃时的酒度。

另外，在实际生产过程中，有时要将实际温度下的酒精浓度换算为 20℃时的酒精浓度，也可在附录二（酒精浓度与温度校正表）中查取。

【例 4 − 8】某坛酒在 18℃时测得的酒精浓度为 40%（体积分数），其酒精浓度为多少？

解　查表得 20℃时的酒精浓度为 40.8%（体积分数）。

【例 4 − 9】某坛酒在 22℃时测得的酒精浓度为 40.0%（体积分数），其酒精浓度为多少？

解　查得 20℃时的酒精浓度为 39.2%（体积分数）。

在无"酒精浓度与温度校正表"或不需精确计算时，可用酒精度与温度校正粗略计算方法，其公式为：

该酒在 20℃时的酒精度（体积分数）＝实测酒精度（体积分数）＋（20℃ − 实测酒的温度度数）$\times \dfrac{1}{3}$

仍以上述例 4 − 6 和例 4 − 7 的有关数据为例说明。

【例 4 − 10】某酒在 14℃时测得的酒精度为 64.0%（体积分数），求该酒在 20℃时的酒精度（体积分数）为多少？

解 酒精度 $=64.0+(20℃-14℃)×\dfrac{1}{3}=66.0\%$ （体积分数）

【例4-11】某酒在25℃时测得的酒精度为65.0%（体积分数），求该酒在25℃时的酒精度（体积分数）为多少？

解 酒精度 $=65.0+(20℃-25℃)×\dfrac{1}{3}=63.3\%$ （体积分数）

五、白酒加浆定度用水量的计算

不同白酒产品均有不同的标准酒精度，原酒往往酒精度较高，在白酒勾兑时，常需加水降度，使成品酒达到标准酒精度，加水数量的多少要通过计算来确定：

加浆量 = 标准量 - 原酒量

　　　= 原酒量 × 酒度折算率 - 原酒量

　　　= 原酒量 × (酒度折算率 - 1)

【例4-12】原酒65.0%（体积分数）500kg，要求兑成50.0%（体积分数）的酒，求加浆数量是多少？

解 查附录一知：65.0%（体积分数）=57.1527%（质量分数），

50.0%（体积分数）=42.4252%（质量分数）。

加浆数 $=500×\left(\dfrac{57.1527\%}{42.4252\%}-1\right)=173.57$ （kg）

【例4-13】要勾兑1000kg 46.0%（体积分数）的成品酒，问需多少千克65.0%（体积分数）的原酒？需加多少千克的水？

解 查附录一知：65.0%（体积分数）=57.1527%（质量分数），

46.0%（体积分数）=38.7165%（质量分数）。

需65.0%（体积分数）原酒质量 $=1000×\dfrac{38.7165\%}{57.1527\%}=677.42$ （kg）

加水量 $=1000-677.42=322.58$ （kg）

任务五　勾兑的方法

一、酒体设计

（一）调查工作

新产品设计的重要程序应该是进行酒体设计，在进行酒体设计前要做好调查工作，调查工作的内容应该包括以下几个方面。

1. 市场调查

了解国内外市场对酒的品种、规格、数量、质量的需求，也就是说，市场上能销售多少酒，现在的生产厂家有多少，总产量有多少，群众购买力如何，何种产品最好销，该产品的风格特征怎样，这些酒属于什么香型，理化指标应达到什么程度，感官指标应达到什么程度，是用什么样的生产工艺在什么样的环境条件下生产出来的，为什么会受人喜欢等。这从现代管理学来讲就是市场细分，分得越细，对酒体设计就越有利。

2. 技术调查

调查有关产品的生产技术现状与发展趋势，预测未来酿酒行业可能出现的新情况，为制定新产品的酒体设计方案准备第一手资料。

3. 分析原因

通过对本厂产品进行感官和理化分析，找出质量上差距的原因。

4. 新产品构思

根据本厂的实际生产能力、技术条件、工艺特点、产品质量的情况，参照国际和国内优质名酒的特色和人民群众饮用习惯的变化情况进行新产品的构思。

为了保证新产品的成功，需要把初步入选的设计创意，同时搞成几个新产品的设计方案。然后再进行新产品酒体设计方案的决策，决策的任务是对不同方案进行技术经济论证和比较，最后决定取舍。衡量一个方案是否合理，主要的标准是看它是否有价值。

价值公式：价值 = 功能/成本。

一般有 5 种途径可使产品价值更高：功能一定，成本降低；成本一定，功能提高；增加一定量的成本，使功能大大提高；既降低成本，又提高功能；功能稍有下降，成本大幅度下降。这里讲的功能是指产品的用途和作用，任何产品都有满足用户某种需要的特定功能。

（二）样品的试制

试制样品的第一步就是进行基础酒的分类定性和制定检测验收标准。基础酒的好坏是大批量成品酒是否达到酒体设计方案规定的质量标准的关键，而基础酒是由合格酒组成的。因为，首先要确定合格酒的质量标准和类型。例如，剑南春合格酒的感官标准：香气正，尾味净。理化指标：将各种微量香味成分的含量及各种微量香味成分之间的比例关系划分为几个范畴：己酸乙酯 > 乳酸乙酯 > 乙酸乙酯，这样的酒感官特征是浓香好、味醇甜、典型性强；己酸乙酯 < 乙酸乙酯 < 乳酸乙酯，感官特征是闷甜，香味淡（是生产过程中入窖温度过低或发酵时间过短而造成的），适量用这类酒会使酒体绵甜；乙醛 > 乙缩醛，味糙辣……按事先制定和划分的范畴来验收合格酒，就比按常规的仅靠感官印象、没有标准、没有目标方案先验收合格酒，贮存后再尝评复查然后进行小样勾兑，一次不成又重复返工，另挑合格酒再组成基础酒的传统方法准确得多。这样不仅可使在验收合格酒时感官指标由神秘化变成标准化、数据化，而且对于提高名优白酒的合格率，为加速勾兑人员的培养等方面将起到积极作用。

（三）样品酒的鉴定

样品酒试制出来以后还必须要从技术上、经济上做出全面评价，再确定是否进入下一阶段的批量生产。鉴定工作必须严格进行，未经鉴定的产品不得投入批量生产。这样才能保证新产品的质量和信誉，新产品才能有强的竞争能力。

（四）基础酒的组合

基础酒的组合是按照经鉴定合格了的样品规定的各项指标进行组合。其具体要求如下。

1. 按照样品标准制定基础酒的验收标准

按照酒体风味设计方案中的理化和感官定性、微量香味成分的含量和相互比例关系的参数制定合格酒的验收标准和组合基础酒的标准。

2. 基础酒的组合

将基础酒的各种标准数据保存下来，然后将进库的各坛酒用气相色谱仪分析检验，把分析结果（通过人工计算或数字处理机计算出来的数据）输入数据库或软盘贮存起来，然后按规定的标准范围进行对照、筛选和组合，最终得出一个最佳的数字平衡组合方案。勾兑师按比例组合小样进行复查，待组合方案与实物酒样一致后，新产品试制过程就完成了。

二、铝罐勾兑法

（一）选酒

选酒是以每坛酒的卡片为依据，最好再尝评一遍，以掌握实际情况。在选酒时，应注意酒的配比关系和各种香味之间的配合比例。

（1）后味浓厚的酒可与味正而后味淡薄的酒组合。

（2）前香过浓的酒可与前香不足而后味浓厚的酒组合。

（3）味较纯正，但前香不足、后香淡的酒，可与前香浓而后香淡的酒，加上一种后香长但稍欠净的酒，三者组合在一起，就会变成较完善的好酒。

同时为利于选择，把香味分为香、醇、爽、风格四种类型，根据本厂情况，把参与勾兑的合格酒（多少不论），使这四种酒各占 25% 左右。例如，要选用 20 坛进行勾兑，那么香的、醇的、爽的、有风格的各选 5 坛，为了使勾兑顺利进行，又可把这 20 坛酒分成三组。

第一组：带酒。具有某种独特香味的酒，主要是双轮底酒和老酒，这种酒一般占 15%，使其起到风格方面的带头作用。

第二组：大宗酒。为一般的，无独特香味，但香、醇、爽、风格均有或某种香味稍好，而其他香、味又略差者；各坛可用小样勾兑，综合起来则能构成香、醇、爽、风格谐调的酒，这种酒占 80% 左右。

第三组：搭酒。有一定特点，有一些可取之处，但味稍杂或香气不正之酒，这种酒一般占 5% 左右。

（二）小样勾兑

酒选好后，在进行大样勾兑之前，必须先进行小样勾兑试验，以验证所选酒样是否适合，以及试选各种酒的配比量，然后再按小样比例进行大样勾兑。

小样勾兑试验具体可分四个步骤来进行。

1. 大宗酒的组合

就是将确定为大宗酒的那些酒样，先按等量混合，每坛用量杯量取 25 ~ 50mL 置于三角瓶中充分摇匀后，尝评其香味，确定是否符合基础酒的要求，如果不符合，就要分析其原因，调整大宗酒的比例，或增或减大宗酒，甚至加入部分带酒，再进行掺兑，尝评鉴定，反复进行，直到符合基础酒的要求为止。

2. 试加搭酒

取组合好的大宗酒初样 100mL，以 1% 的比例递加搭酒，边加边尝评，根据尝评的结果，判定搭酒的性质是否适合，并确定搭酒添加量的多少。搭酒的添加直到再加有损其风味为止，如果添加 1% ~2% 时有损初样酒的风味，说明该搭酒不合适，应另选搭酒。当然也可以根据实际情况，不加搭酒。一般说来，如果搭酒选得好，适量添加，不但无损于初样酒的风味，而且还可以使其风味得到改善。只要不起坏作用，搭酒可尽量多加。

3. 添加带酒

在已经加过搭酒并认为合格的大宗酒中，按 3% ~5% 比例逐渐加入带酒，边加边尝评，直到酒质谐调、丰满、醇厚、完整，符合合格基础酒标准为止。根据尝评鉴定，测试带酒的性质是否适合以及确定添加带酒的数量。带酒添加量要恰到好处，既要提高基础酒的风味质量，又要避免用量过多。在保证质量的前提下，尽可能少加带酒。

4. 组合验证检查

将勾兑好的基础酒，加浆到产品的标准酒精度，再仔细尝评验证，并进行理化指标的检验，如酒质无变化，小样勾兑即算完成。若小样与调度前有明显的变化，应分析原因，重新进行勾兑，直到合格为止。然后，再根据小样比例，进行大样勾兑。

（三）正式勾兑

大样勾兑一般都在 5～10t（或更大）的铝罐或不锈钢罐中进行。按小样勾兑的比例关系，计算大批量勾兑酒的数量。如某小样勾兑的比例为 A 酒 2.20：B 酒 1.00：C 酒 0.56：D 酒 1.20。那么大批量勾兑为 A 酒 220kg，B 酒 100kg，C 酒 56kg，D 酒 120kg。按各自的用量，用酒泵泵入勾兑罐中，搅拌均匀后，取样尝评，并从中取少量酒样，按小样勾兑的比例，加入搭酒和带酒，混合均匀，进行尝评。若与原小样合格基础酒相比无大的变化，即按小样勾兑的比例，经换算扩大，将搭酒和带酒泵入勾兑罐，再加浆到成品的标准酒精度，搅拌均匀后，成为调味的基础酒。其感官尝评应达到：香气纯正，香味谐调，尾净味长，初具酒体。然后再进行正式调味，如香味发生了变化，要进行必要的调整，直到符合标准为止。

三、坛内勾兑法

在坛内勾兑也应先做小样勾兑试验，然后按小样勾兑的最佳配比量，进行大样勾兑。坛内勾兑一般有以下几种方法。

（一）两坛勾兑法

根据尝评结果，选用两坛能互相弥补各自缺陷、发挥各自长处的酒进行勾兑。例如，有一坛 A 酒 200kg，香味好，醇和感差，而另一坛 B 酒 250kg，则醇和感好，香味差。这两坛酒就可以相互勾兑，小样勾兑比例可以从等量开始。第一次勾兑 A 酒取 20mL，B 酒取 25mL，混合均匀后尝评，认为是醇和感好，香味差，说明 B 酒用量过多，应减少。第二次勾兑用 A 酒 20mL，B 酒 12.5mL（25/2），混合均匀，再进行尝评，认为香味好，醇和感差，应增加 B 酒量。第三次勾兑用 A 酒 20mL，B 酒 18.75mL［（25＋12.5）/2］，混合均匀后进行尝评，认为符合等级质量标准。根据小样勾兑结果的配比，计算出扩大勾兑所需的用量：

$$A 酒 = 200kg，B 酒 = 187.5kg（250 × 18.75/25）$$

（二）多坛勾兑法

根据尝评结果，选用几坛能相互弥补各自缺陷、发挥各自长处的酒进行勾兑。例如，有 A、B、C、D 四坛酒，各自的数量、特点及缺陷如下。

A 酒：香味好，醇和感差，250kg。

B 酒：醇和感好，香味差，200kg。

C 酒：风格好，稍有杂味，225kg。

D 酒：醇香陈味好，香气稍差，240kg。

小样勾兑试验也用等量对分法。

第一步：以数量最小的 B 坛酒为基础，其他酒与之相比得到等量的比例关系，即为 A 酒：B 酒（250/200）：C 酒（225/200）：D 酒（240/200）= 1.25：1：1.125：1.2。

按此比例关系勾兑小样，即 A 酒 125mL，B 酒 100mL，C 酒 112.5mL，D 酒 120mL，混合均匀后尝评。结果是味杂，香不足。这说明有杂味的 C 酒用量过多，应减少 C 酒用量；香不足，是香味好的 A 酒用量太少，应增加其用量。增加或减少应遵循对分原则。

第二步：按对分原则，减少 C 酒为 1.125/2 = 0.56，增加 A 酒为：

$$1.25 + 1.25/2 = 1.88$$

因此调整比例为 A：B：C：D = 1.88：1：0.56：1.2，即 A 酒 188mL，B 酒 100mL，C 酒 56mL，D 酒 120mL，混合均匀后尝评，结果是杂味消失，但香气仍不足，说明带有杂味的 C 酒用量合适，而 A 酒用量仍然偏少，需进一步加大用量。

第三步：还是按对分原则，增加 A 酒比例数为：

$$1.88 + \frac{1.25}{2} = 2.51$$

再次调整的比例为 A：B：C：D = 2.51：1：0.56：1.20，即 A 酒 251mL，B 酒 100mL，C 酒 56mL，D 酒 120mL，混合均匀后尝评，结果是香气浓郁，达到合格基础酒的要求，则可以进一步试验 A 酒能否减少到最适量。

第四步：按对分法减少 A 酒的比例数为：

$$2.51 - \frac{1.25/2}{2} = 2.20$$

即调整比例 A：B：C：D = 2.20：1：0.56：1.20，小样勾兑为 A 酒 220mL，B 酒 100mL，C 酒 56mL，D 酒 120mL 混合均匀后尝评，如酒质基本全面，就可以不再组合，小样勾兑试验完成。如仍有不理想之处，可按对分法再次进行调整，直到最佳比例为止。

对于 5 坛或 5 坛以上的多坛酒，勾兑方式有以下两种。

（1）从多坛酒中首先选出香味特点突出的带酒和具有某种缺陷的搭酒，而其他香味基本相似的酒，作为大宗酒，这样就可以采用"铝罐勾兑法"进行勾兑，效果是相当不错的。

（2）逐坛尝评，将香味相似的酒分为 4 个组，分别尝评出各自的香味特点，做好记录。然后采用等量对分法进行勾兑，该法虽步骤较烦琐，工作量较大，但勾兑效果显著，且易学易懂。

坛内勾兑的缺点是，勾兑的工作量大，酒质难以稳定，较难达到统一标准。

任务六　勾兑中应注意的问题

勾兑是为了组合出合格的基础酒。基础酒质量好坏直接影响到调味工作的难易和产品质量的优劣。勾兑时首先应注重以下几方面的问题。

（1）作为勾兑人员，应有高度的责任心和强烈的事业心。在实践中刻苦钻研勾兑、调味技术，不断提高自己的勾兑技术水平，并练就过硬的评酒水平，对酒的风格、各种酒的香型等都要准确掌握。

（2）清楚地了解合格酒的各种情况。每坛酒必须有健全的卡片。在勾兑时必须清楚地了解每坛酒的上述基本情况，如因酒质有所变化，或因某种原因记载不详，勾兑人员应通过尝评了解该酒质情况。

（3）在勾兑中要注意全面运用各种酒的配比关系。有的酒厂在研究各种酒的配比关系时，一般只注重老酒和新酒，底糟酒和一般酒的配比，而忽视红糟酒、粮糟酒、丢糟黄水酒之间；新窖酒和老窖酒之间，不同季节所产酒之间的配比关系。由于各种酒之间的配合比例不恰当，使勾兑酒香味难以谐调，用带酒甚至用调味酒都不易解决，所以在勾兑中要注意各种酒之间的配比关系。

（4）必须先进行小样勾兑。勾兑时选酒不当，一坛酒可影响一、二十坛酒，甚至几十吨酒的质量。为防止上述情况发生，小样试验勾兑是必不可少的。

（5）做好勾兑的原始记录。勾兑的原始记录（包括小样勾兑），能帮助我们记忆和提供分析研究的数字和依据，通过无数次的实践勾兑的记录，从中找出规律性的东西，这对于提高勾兑技术水平是非常重要的。

（6）正确认识杂味酒。带杂味的酒，尤其是带苦、酸、涩、麻味的酒，不一定都是坏酒，有时可能是好酒，甚至还是调味酒。所以对杂味酒要进行具体分析和研究，然后才能确定是好酒还是坏酒。

①带麻苦味的酒：一般是因为发酵周期过长，加上窖池管理不善而产生的，出酒率低，粮耗高，不注意就会被误认为是坏酒而被处理掉。经过反复验证，这种带麻苦味的酒一般均是好酒，如果在勾兑中添加适当，可以明显地提高勾兑酒的浓香味，应作为带酒，甚至作为很好的调味酒使用。

②后味带苦、涩、酸的酒：后味带苦的酒，可以增加勾兑酒的陈味；后味带涩的酒，可以增加勾兑酒的香味；后味带酸的酒，可增加勾兑酒的醇甜味。

所以带苦、涩、酸的酒不一定是坏酒，而且往往是好的调味酒，当然，用多了不行，或作为带酒或搭酒，要加以充分利用。但是如果酒带糊味、黄水味、梢子臭等人为的怪杂味，一般都是坏酒，这些杂味在勾兑中不会起良好作用的，轻微而又有特点的可作为搭酒加以处理。

③丢糟黄水酒：一般都是坏酒，要进行复蒸处理，或用于回窖再发酵。在勾兑实践中，人们发现，如果丢糟黄水酒没有糊味、酒尾味、霉味等人为的怪杂味，可以明显提高勾兑酒的浓香味和糟香味。

注意各种不同香味之间的关系和相互间的搭配。从感官认识上可用下面几句话表达：浓香可代短、淡、单、微燥、微涩醇和掩；酸头、苦头两相适，稍冲、稍辣增醇甜；放香不足调酒头，回味不长添香绵；双轮底酒配老酒，搭带恰当香爽调。

任务七 企业勾兑参考案例

名优白酒厂的勾兑因香型和风格差异较大，在此着重介绍汾酒和茅台酒的基本勾兑情况，概略介绍其他几个名酒的勾兑情况。

一、汾酒厂

汾酒是清香型白酒的代表，采用清蒸二次清的发酵工艺。原酒入库前先由质检部门品评，分为大楂酒、二楂酒、合格酒及优质酒四个类型，其中优质酒又可分为香、绵、甜、回味四种。为了突出其固有的风格，稳定产品质量，达到出厂标准基本一致，必须对不同发酵季节、不同轮次、不同贮存周期的酒，进行勾兑。

1. 不同轮次的汾酒勾兑

汾酒大楂酒和二楂酒的比例，以贮存大楂汾酒60%～75%与贮存二楂汾酒25%～40%较为合理，不仅突出了风格，也与生产的比例基本适应。

2. 贮存老汾酒与新汾酒的勾兑

汾酒的勾兑应限于入库同级合格酒，或在单独存放的精华酒中，加入适量的新酒，可以使放香增大。一般老汾酒占70%～75%，新汾酒占25%～30%为宜。

3. 贮存汾酒与老酒头勾兑

汾酒中适量加入单独存放的老酒头1%～3%，可以使酒的香气增加，酒质提高，但不能过量，否则会破坏汾酒的风格。

4. 热、冷季所产酒的比例以不超过2∶8为宜

另外，酒头、酒尾、酒身的勾兑比例通常为（2～5）∶（3～5）∶（90～95）。

二、茅台酒厂

茅台酒是酱香型白酒的代表产品，生产工艺独特，历来讲究勾兑。勾兑对酒的质量和信誉起着重要作用。根据茅台酒勾兑技术的发展，可分为两个阶段。

20世纪60年代前后，茅台酒勾兑是由成品酒车间主任负责，因为他们对酒库内的陈酿酒有全面的了解，并对尝评和勾兑有一定实践经验。70年代以后，茅台酒厂设有专职勾兑人员，以感官尝评为主。现在已经发展为采用感官品评和色谱分析检测相结合的检测方式。

为了搞好勾兑工作，应先了解茅台酒不同轮次酒的风味特征、主要成分以及酱香、醇甜、窖底香三种单型酒的香味组成。茅台酒不同轮次酒的风味特征如表4-1所示。

表4-1 茅台酒不同轮次酒的风味特征

轮次	名称	每甑产量/kg	风味特征
1	生沙酒	—	香气大，具有乙酸异戊酯香味
2	糙沙酒	3~5	清香带甜，后味带酸
3	二次酒	30~50	进口香，后味涩
4	三次酒	40~75	香气全面，具有酱香，后味甜香
5	四次酒	40~75	酱香浓厚，后味带涩，微苦
6	五次酒	30~50	煳香，焦煳味，稍带涩味
7	小回酒	20左右	煳香，带有糟味
8	枯糟酒	10左右	香气一般，带霉、糠等杂味

茅台酒不同轮次酒的主要成分如表4-2所示。

表4-2 茅台酒不同轮次酒的主要成分　　　单位：mg/100mL

轮次	酒度（体积分数）/%	总酸	总酯	总醛	糠醛	高级醇	甲醇
1	37.2	0.2733	0.3260	0.0343	0.012	0.244	0.045
2	53.8	0.2899	0.5353	0.0334	0.0016	0.235	0.012
3	56.0	0.1970	0.3684	0.0594	0.0158	0.127	0.005
4	57.6	0.1220	0.3846	0.0659	0.0217	0.226	0.005
5	60.5	0.0931	0.3606	0.0489	0.0239	0.253	0.005

续表

轮次	酒度 （体积分数）/%	总酸	总酯	总醛	糠醛	高级醇	甲醇
6	58.7	0.0935	0.3079	0.0435	0.0172	0.235	0.005
7	57.0	0.0848	0.3310	0.0567	0.0226	0.271	0.005
8	28.0	0.1495	0.3117	0.0581	0.0500	—	

表4-3所示为三种单型酒的感官特征。

表4-3　三种单型酒的感官特征

名称	感官特征
酱香	微黄透明，酱香突出，入口有浓厚的酱香味，醇甜爽口，余香较长，留杯观察，酒液逐渐浑浊，除有酱香味外，还带有酒醅气味，待干涸后，杯底微黄，微见一层固形物，酱香更较突出，香气纯正
醇甜	无色透明，具有清香带浓香气味，入口绵甜，略有酱香味，后味爽快。留杯观察，酒液逐渐浑浊，除醇甜特点外，酒醅气味明显，待干涸后，杯底有颗粒状固形物，色泽带黄，有酱香味，香气纯正
窖底香	微黄透明，窖香较浓，醇厚回甜，稍有辣味，后味欠爽。留杯观察，酒液逐渐浑浊，浓香纯正，略带酱香，快要干涸时，闻有浓香带酱香。干涸后，杯底微有小颗粒状固形物，色泽稍黄，酱香明显，香气纯正

茅台酒的勾兑方法有多种，一般采用大宗法，即采用不同轮次、不同香型、不同酒度、新酒和老酒等单型酒相互搭配。其工艺流程如下：

标准风格酒→基础酒范围→逐坛尝评→调味酒→尝评鉴定→比例勾兑→质量检查。

主要程序和内容如下。

1. 要把握勾兑用酒所具有的特点

勾兑用酒应无色透明（或微黄透明），闻香幽雅，酱香突出，口感醇厚，回味悠长，稍带爽口舒适的酸味，空杯留香持久。

2. 小样勾兑

取2~7不同轮次的酒，200~300个单型酒样进行勾兑。一个成型的酒样，先以勾兑一个小样的比例开始，至少要反复做10次以上试验。试验是用5mL的容器，先初审所用的单型酒，以"一闻、二看、三尝评、四鉴定"的步骤进行。取出带杂、异味的酒，另选2~3个香气典型、风味纯正的酒样，留着备用，其他部分则按新老、轮次、香型、酒精度等相互结合，但不能平均用量。一个勾兑比例少的酒样需用 30 个单型酒，多则用 70 个。在一般情况下，多以酒质好坏来决定所用酒的用量。然后再凭借所把握的各种酒特点，恰当地使它们混合在一起，让它们的香气和口味能在混合的整体内各显其能。各种微量香味成分得到充分的中和，比例达到平衡、谐调，从而改善了原酒的香气平淡、酒体单调，使勾兑样品酒初步接近典型风格。勾兑小样时，必须计划妥善，计量准确，并做好详细的原始记录。

3. 大样勾兑

取贮存 3 年以上的各轮次酒，以大回酒产量最多，质量最好；二次酒和六次酒产量少，质量较差。勾兑时一般是选用醇甜单型酒作基础酒，其他香型酒作调味酒，要求基础酒气味要正，形成酒体，初具风格。香型酒则要求其香气浓郁，勾兑入基础酒后，形成酒体，芳香幽雅。

常规勾兑的轮次酒是"两头少，中间多"，以醇甜为基础（约占 55%），酱香为主体（约占 35%），陈年老酒为辅助（约占 8%）的原则，其他特殊香的酒用作调味酒（约占 2%）。

勾兑好的基础酒，经尝评后，再调整其香气和口味，务求尽善尽美。

除参考酒库的档案卡片登记的内容外，还必须随时取样尝评。掌握勾兑酒的特征和用量，以取每坛酒之长，补基础酒之短，达到基础酒的质量要求。这是香型白酒勾兑工作的第一步。

4. 调味

调味是针对基础酒中出现的各种口味缺陷或不足，加以补充。采用调味酒就是为了弥补基础酒中出现的各种缺陷。选用调味酒至关重要，若调味酒选不准确，不但达不到调味的目的，反而会影响基础酒酒质。根据勾兑实践经验，带酸味的酒与带苦味的酒掺和时变成醇陈；带酸味的酒与带涩味的酒变成喷香；带麻味的酒可增加醇厚、提高浓香；后味带苦味的酒可增加基础酒的闻香，但显辛辣，后味稍苦；后味带酸味的酒可增加基础酒的醇和，也可改进涩味；口味醇厚的酒能压涩、压糊；后味短的基础酒可增加适量的一次酒以及含己酸乙酯、丁酸乙酯、己酸、丁酸等有机酸和酯类较高的窖底酒。

此外，还可以用新酒来调香、增香，用不同酒度的酒来调整酒度。茅台酒禁止用浆水降度，这是其重要工艺特点之一。

一般还认为酱香型白酒加入一次酒后，可使酒味变甜，放香变好；加入七次酒后，使酒的糊香好，只要苦味不露头，也可增长后味。其他含有芳香族化合物较多的曲香酒、酱香陈酿酒等，更是很好的调味酒；部分带特殊香味的醇甜酒及中轮次酒，也可以作调味酒使用。除用香型酒调香外，还需要用一次酒或七次酒来调味，使勾兑酒的香气更加突出，口味更加谐调，酒体更加丰满。

三、五粮液酒厂

五粮液酒厂是全国同行中勾兑工作搞得最好的厂家之一。该厂勾兑的特点是：验收等级酒时，非常重视香气，严格检查香气是否"正"和"好"。气味不正、不好的酒一般都不作为合格酒验收。另外，还特别注意味的净爽，有怪杂味的酒，只要具有某一特点，如香味好或有风格等，就可以作为合格酒验收入库，而不要求每坛酒都全面达到五粮液的标准才算合格酒。这样可充分发挥勾兑优势，增加产量。

五粮液酒厂还把生产酒分为特等酒、合格酒和不合格酒三级。特等酒一般都是双轮底酒，贮存后作调味酒，或者作特需用酒。合格酒都是五粮液，经贮存1年后，从中挑选香气一致，口味符合要求和香型突出的组成基础酒。基础酒要照顾到香、醇、甜、爽和酒体谐调，主体酯香和其他香味的烘托陪衬，酸酯含量符合标准等。调味原则是缺啥补啥，在贮存到期的酒中，逐坛尝评，按照香味特点挑选基础酒，勾兑小样，经尝评和化验合格后，作为合格基础酒，再细心调味。五粮液酒厂的调味工作认真细致，一个基础酒要经过反复多次调味才能完成。调味时，要集体研究，共同决定。该厂调味酒种类多，质量高，技术过硬，对调味酒和基础酒的性质较了解，经验也较丰富，用调味酒的数量较少，一般在1/1000以内，有的调味酒仅用1/100000左右。该厂对勾兑调味十分重视，做得十分严格，即使口味有微小的不足，也不轻易放过，严格控制产品质量。勾调好的酒经贮存3~6个月后包装出厂。五粮液酒厂的特点是重视普遍的贮存和香味检验。

四、泸州老窖酒厂

泸州老窖酒厂勾兑的特点是重视新酒和老酒之间，双轮底酒和一般糟酒之间的勾兑配合比例。一般情况下，新酒（指贮存3个月左右的酒）和老酒（贮存1年以上的酒）之间的配合比例为7:3左右，双轮底酒和一般糟酒之间的配合比例为1:9左右。泸州老窖酒厂传统观念认为老酒陈味、回味、醇和较好，但香味较差且不够清爽，尤其有浓香差、香味短的缺点，而新酒虽然较糙辣、醇和差，但香浓味长。如果全部用1年以上的老酒进行勾兑，就会出现浓香不够的缺点，全部用新酒就会出现糙辣、不醇和的缺点。所以新酒、老酒之间要按一定比例进行勾兑。

泸州老窖酒厂从20世纪80年代起，对调味工作就十分重视。该厂的特点是调味酒品种多，调味酒用量一般为0.1%~0.5%，特别是对泸州老窖特曲酒的调味，更加认真细致。

五、成都全兴酒厂

成都全兴酒厂的勾兑方法是"先勾兑后贮存"，把新产出来的合格酒（当日新产或 3 个月的产品）进行勾兑，勾兑完成后，加浆到酒精含量为 60%，再分装在陶坛里贮存 1 年，1 年后混合在一起，不再进行勾兑，便可以包装出厂。"先勾兑后贮存"的优点是勾兑后加浆至出厂成品酒的酒精度（略高一些）再入酒库贮存，贮存 1 年后不再打乱酒、水之间的平衡和分子间缔合，使酒味醇和清爽。这是全兴大曲的固有特点。"先勾兑后贮存"不宜在降度酒和低度酒中推广，否则会因酒度降低，水比例增大而造成酒质在贮存中发生变化。

六、绵竹剑南春酒厂

绵竹剑南春酒厂的勾兑方法，可分为感官尝评和数字计算机平衡两种。前者是传统尝评勾兑法，按照香、浓、醇、甜、净的感官印象组合基础酒，要求勾兑的基础酒，具有本香型固有香气，形成初具风格的酒体；同时还要注意各种酒的特性，掌握各种酒的用量比例，从而使每次勾兑的酒完全符合基础酒规定的质量标准。后者是将验收入库的原酒，逐坛进行微量香味成分的测定，然后将测定的数据按照定性定量的种类数字编号，用计算机代替人工进行数字平衡，同样可使剑南春具有芳香浓郁，醇和回甜，清冽净爽，余味悠长的独特风格。

训练一　白酒的加浆降度

一、训练目标及重难点

（一）训练目标

1. 知识目标
（1）了解酒度计和其他密度计的不同结构；
（2）熟悉酒度计的使用方法；
（3）熟悉酒精度换算的两种方式（简易法和查表法）；
（4）熟悉高度酒换算成低度酒的计算公式。
2. 能力目标
（1）能够按照酒度计的操作规范正确使用酒度计；
（2）能够正确进行酒度的换算；
（3）能够按照标准计算加浆量和原酒量；
（4）能够按照计算进行白酒的加浆降度。

（二）训练重点及难点

1. 实训重点
（1）酒度的测定和换算；
（2）白酒的降度计算；
（3）白酒的降度。
2. 实训难点
白酒的降度计算。

二、教学组织及运行

本实训任务按照教师讲解、教师演示、学生实际测量酒度并执行加浆降度操作，最后通过测定酒度与标准酒度的差进行考核。

三、训练内容

（一）训练材料及设备

1. 实训材料
酒精 95% vol，矿泉水。
2. 实训设备
量筒（500mL），酒度计，温度计，烧杯、容量瓶，品酒杯。

（二）训练步骤及要求

1. 生产准备 （或训练准备）
（1）准备 5 个白酒专用品酒杯（郁金香型，采用无色透明玻璃，满容量 50 ～55mL，最大液面处容量为 15 ～20mL），按顺序在杯底贴上 1 ～5 的编号，数字向下；
（2）准备量筒、容量瓶、酒度计（50% ～100%）、温度计。
2. 操作规程
操作步骤 1：清洗干净品酒杯并控干水分。
标准与要求：
（1）品酒杯内外壁无任何污物残留；
（2）品酒杯内外壁无残留的水渍。
操作步骤 2：清洗干净量筒和容量瓶。
标准与要求：
（1）量筒和容量瓶内外壁无任何污物残留；
（2）量筒和容量瓶内外壁无残留的水渍。

操作步骤3：高浓度酒精溶液酒精度测定和换算。

标准与要求：

（1）品酒环境要求明亮、清静，自然通风；

（2）环境灯光一律采用白光，严禁采用有色光；

（3）根据高浓度酒精的酒精度含量初步选择合适的酒精计；

（4）熟悉酒精计的结构，掌握其使用方法；

（5）熟悉酒精度换算的两种方式及其准确性。

操作步骤4：计算高浓度酒精降度后的加浆量和原酒量。

标准与要求：

（1）熟悉酒度的两种表示方法（体积分数和质量分数）；

（2）了解质量守恒定律；

（3）了解酒精加浆后的体积不等于高浓度酒精体积和加浆体积之和；

（4）熟悉高度酒加浆降度的计算方法。

操作步骤5：按要求进行高浓度酒精的加浆降度。

标准与要求：

（1）按照班级人数划分为6个小组；

（2）按照三级品酒师标准每个组独立加浆得到一个酒精浓度（一般浓度为 30% vol、35% vol、40% vol、45% vol、50% vol、55% vol）。

四、训练考核方法

学生分组降度完成后进行酒精度测定，根据测定值和标准值的差异进行评分：

	降度后酒精度	分值	备注
标准酒精度	误差 ≤ ±1%	扣0分	
	误差 ≤ ±2%	扣20分	
	误差 ≤ ±3%	扣40分	
	误差 ≥ ±5%	不得分	

训练二 酒体风味设计

一、训练目标及重难点

（一）实训目标

1. 知识目标

（1）了解酒体风味设计的原理、步骤和方法；

（2）掌握白酒的感官品评方法和各标准感官评价语言。

2．能力目标

（1）能进行白酒销售市场调查；

（2）能根据市场的白酒分析其典型性及特征风味物质；

（3）能进行白酒消费者喜好调查分析。

（二）实训重点及难点

1．实训重点

（1）制定合理的酒体风味设计调查问卷；

（2）实施有效的酒体风味设计市场调查。

2．实训难点

实施有效的酒体风味设计市场调查。

二、教学组织及运行

本实训任务按照教师讲解、制定酒体风味设计调查问卷、学生开展酒体风味设计调查，师生共同完成酒体风味设计调查分析并作出初步决断等方式进行，最后通过问卷设计的合理性以及调查结果的可靠性等进行项目考核。

三、训练内容

（一）训练材料及设备

酒体风味设计调查问卷、笔。

（二）训练步骤级要求

1．生产准备 （或实训准备）

（1）准备酒体风味设计调查问卷；

（2）设定目标市场和目标人群。

2．操作规程

操作步骤1：制定酒体风味设计调查问卷。

标准与要求：

（1）具有针对性和合理性；

（2）问题简洁明了，易于回答。

操作步骤2：进入目标市场开展调查。

标准与要求：

（1）目标市场定位准确；

（2）目标人群定位合理；

（3）做好耐心细致的解释工作。

操作步骤3：酒体风味设计市场调查分析。

标准与要求：

（1）保持客观、公正的态度；

（2）剔除严重不合理问卷。

操作步骤4：结果讨论。

标准与要求：

（1）对分析结果进行客观讨论并得出酒体风味设计方案；

（2）按照酒体风味设计要求衡量方案的可操作性。

四、实训考核方法

根据学生调查分析结束后所形成的方案的合理性进行评价考核。

五、课外阅读——酒体风味设计的程序

1. 酒体风味设计前的调查

（1）市场调查　就是了解国内外市场对酒的品种、规格、数量、质量的要求。

（2）技术调查　就是调查有关产品的生产技术现状与发展趋势，预测未来酿酒行业可能出现的新情况，为制定新的产品的酒体风味设计方案准备第一手资料。

（3）分析原因　通过对本厂产品进行感官和理化分析，找出与畅销产品在质量上的差距，明确影响产品质量的主要原因。

（4）做出决策　根据本厂的生产设备、技术力量、工艺特点、产品质量等实际情况，参照国际、国内优质酒的特色和消费者饮用习惯的变化情况进行新产品的构思。

2. 酒体风味设计方案的来源与筛选

（1）消费者。

（2）企业职工。

（3）专业科研人员。

在调查工作结束后，将众多的方案进行对比，通过细致的分析筛选，得到几个比较合理的方案。然后，在此基础上进行新的酒体风味设计。

3. 酒体风味设计的决策

决策的任务是对不同方案进行经济技术论证和比较，最后决定其取舍。就是对某个方案的取舍，要从技术要求的高低，生产的难易程度，产品成本的大

小，是否适销对路，价格是否合理等多方面考虑。

衡量一个方案是否合理，主要的标准应是看它是否有实用价值。一般有五种途径可使产品价值提高：

①功能一定，成本降低；

②成本一定，功能提高；

③增加一定量的成本，使功能大大提高；

④既降低成本，又提高功能；

⑤功能稍有下降，成本大幅度的下降。

4. 酒体风味设计方案的内容

（1）产品的结构形式　也就是产品品种的等级标准的划分：①要搞清楚本企业的产品的特色是符合哪些地区的要求；②要清楚同一产品直接竞争对手的状况。

（2）主要理化参数　即新产品的理化指标的绝对含量。

（3）生产条件　就是在现有的生产条件和将要引进的新技术和生产设备下，一定要有承担新酒体风味设计方案中规定的各种技术和质量标准的能力。

5. 新产品标样的试制和鉴定

（1）组合基础酒　是按将要生产的基础酒的各项指标进行综合平衡。其具体要求是：按照酒体风味设计方案中的理化和感官定性，微量香味成分的含量和相互比例关系的参数制定合格酒的验收标准和组合基础酒的标准。

（2）制定调味酒的生产方法　确定新酒体风味设计方案中应制备的各类型调味酒的工艺。

（3）鉴定　按照酒体风味设计方案试制出的样品确定后，还须从技术上、经济上作出全面评价，确定是否批量生产。

（4）酒体风味设计的应用。

6. 酒体风味设计人员的素质要求

（1）具有良好的理论素养和实践经验。

（2）健康的身体、良好的心理因素和灵敏的感觉器官。

（3）具有开拓创新精神和研究能力。

思考与练习

1. 名词解释：勾兑、合格酒、基础酒、大宗酒、带酒、搭酒、酒精度。

2. 白酒为什么要进行勾兑？

3. 为什么通过勾兑可以提高酒的质量？

4. 勾兑时如何运用各种酒的配比关系？

5. 如何进行基础酒的设计？

6. 白酒的勾兑方法有哪些？

7. 怎样进行酱香型和清香型白酒的勾兑？

8. 勾兑中应注意哪些问题？

项目五　白酒的调味

导　　读

勾兑好的基础酒在香气和口味上还存在一定的欠缺，需要进行调味操作，以使其达到成品酒的最后要求。本项目将介绍调味的原理，调味酒的来源与性质，调味的操作与有关计算，并对调味中应注意的问题做简要说明。

调味是 20 世纪 60 年代初，在勾兑的基础上发展总结起来的一项新技术，该技术不仅在名优白酒生产中，而且在一般白酒、液态白酒等的生产中发挥着越来越重要的作用。

所谓调味，就是对已经勾兑好的基础酒进行进一步的精加工。在白酒的调味中，对传统白酒，历来使用调味酒；对新型白酒，既可使用调味酒，也可使用其他调味品。调味是一项非常精细而又微妙的工作，用极少量的调味酒或调味品，弥补基础酒在香气和口味上的欠缺，使其幽雅丰满，达到成品酒的最后要求。当然，调味并不能解决基础酒的所有存在的问题，调味操作能否成功，与合格酒、基础酒的质量有着密切的关系。如果合格酒、基础酒存在的问题很多，靠调味来解决这些问题，效果是不明显的，有时甚至是不可能的。如果将勾兑比喻为"画龙"，则调味可比喻为"点睛"。还有人认为白酒的勾兑、调味技术是"四分勾兑（组合），六分调味"。

任务一　调味的原理

关于调味的原理，目前尚无统一的认识，存在不同的理解和看法。在基础酒中添加少量调味酒或调味品就能使基础酒发生明显的变化，对此人们至今无法做出全面的解释。目前对调味的原理，一般有以下几种解释。

一、添加作用

在基础酒中添加特殊酿造的微量物质，引起基础酒质量的变化，以提高并完善酒体风格，添加作用有两种情况。

（1）基础酒中根本没有某种芳香物质，而调味酒或调味品中该种芳香物质含量较多。调味酒或调味品加入基础酒后，使基础酒成分中增加了这种芳香物质，只要其浓度达到放香阈值以上，就会呈现出香味，弥补基础酒的不足。酒中的微量芳香物质的放香阈值一般都在 1 ~ 10mg/kg 数量级，如乙酸乙酯的放香阈值为 17mg/kg，己酸乙酯为 0.076mg/kg。因此，只要稍微添加一点，就能超过它的放香阈值，呈现出单一或综合的香味来。

（2）基础酒中某种芳香物质较少，浓度达不到放香阈值以上，香味不能显示出来，而调味酒或调味品中这种物质较多，添加后，在基础酒中增加了这种物质，并达到或超过其放香阈值，基础酒就会呈现出香味来。例如，乳酸乙酯的味觉阈值为 14mg/kg，而基础酒中乳酸乙酯含量只有 11mg/kg，达不到放香阈值，因此香味就显示不出来；假如选用含乳酸乙酯 6mg/kg 的特殊调味酒，按 8/10000（即 1×10^4kg 基础酒加该种调味酒 8kg），则添加后基础酒中的乳酸乙酯含量应为：

$$6 \times \frac{1000 \times 8}{10000} + 11 = 15.8 \text{（mg/kg）}$$

此时，添加后的基础酒中的乳酸乙酯含量超过其放香阈值 14mg/kg，因而它的香味就会很好地显示出来。

当然，这只是简单地从单一成分考虑，实际上白酒中微量成分众多，互相缓冲、抑制、谐调等，要比这种简单计算复杂得多。

二、化学反应

调味酒中所含的微量成分与基础酒中所含的微量成分进行化学反应生成新的呈香、呈味物质，而引起酒的变化。一般有加成反应和缩合反应。

（1）加成反应　酒中的乙醇与有机酸反应生成酯类物质，就是加成反应。生成的酯类物质更是酒中的主要呈香、呈味物质。

（2）缩合反应　酒中的乙醛与乙醛反应生成乙缩醛就是缩合反应。生成的乙缩醛对酒的香气有很大的贡献。

三、平衡作用

在调味中，每一种白酒典型风格的形成，都是由众多的微量芳香成分相互缓冲、烘托、谐调、平衡复合而形成的，这可能是形成酒体风格的主要原因之一。一般认为，调味中的平衡作用主要是依据调味酒或调味品中众多芳香成分的浓度大小和味觉阈值的高低共同确定的。根据调味的目的，加进调味酒或调味品，就是要以调味酒或调味品中众多芳香成分的气味强度和溶液浓度打破基础酒原有的平衡，重新调整基础酒中微量成分的结构和物质组合，促使平衡向需要的方向移动，以达到排除、掩盖异杂味，固定、强化需要的香味，促使白酒典型风格形成的目的。

因此，掌握酒中微量成分的性质和作用，在调味时注意量比关系，合理选择和使用调味酒，使微量芳香物质在平衡、烘托、缓冲中发生作用是调味的关键。

四、分子重排

调味的作用与分子重排有关。酒质的好坏与酒中的分子排列顺序有一定关系。白酒中各种香味成分有不同的特点，有的亲水，有的疏水，有的既亲水又疏水；有的分子具有极性，根据相似相溶原理，加上极化电荷、氢键等作用，使酒中的分子间有一定的排列。当进行基础酒调味时，调味酒的微量成分引起量比关系的改变或增加了新的分子成分，因而影响各分子间原来的排列，致使酒中各分子间重新排列，改变了原来状况，突出了一些分子的作用，同时也掩盖了另一些分子的作用，显示了调味的功能。

一般来说，调味中的添加作用、化学反应、平衡作用和分子重排是共同发挥作用的，而且受各种因素的影响，情况变化复杂。调味操作后的效果是否稳定，还需要经过贮存检验。若调味后经一定时间存放，发现酒质稍有下降，还应再次进行补调，以保证酒质稳定。

任务二　调味酒（调味品）的来源、制作方法和性质

传统白酒历来是用调味酒来调味的。在调味过程中，调味酒的作用非常微妙。调味酒与合格酒、基础酒有着明显的差异，一般是采用独特工艺生产的具有各种特点的精华酒，在香气和口味上都是特香、特浓、特甜、特暴躁、特怪等。单独品尝调味酒会感到气味和口感怪而不谐调，没有经验的人往往会把它们误认为坏酒。实际上这些不谐调的怪味很可能就是调味酒的特点。所以，掌握调味酒的特点、性能，对做好调味工作有着非常重要的意义。

我们可以根据调味酒共有的一些性质来简单定义调味酒：即只要在闻香上、口感上或者某些色谱骨架成分的含量上有特点的酒就可以称调味酒；某些非色谱骨架成分（复杂成分）高度富集，特征性关键气味、口味物质高度富集的酒也可以称调味酒。调味酒的这些特点越突出，其作用越大。

　　调味酒的主要功能和作用是使勾兑后的基础酒质量水平和风格特点尽可能得到提高，使基础酒的质量向好的方向变化并基本稳定。有些调味酒，如"双轮底"酒等，在勾兑时作为勾兑的组分之一使用，在调味时又可作为调味酒使用。由此可见，某些调味酒既有勾兑功能，又有调味功能，这说明这些调味酒在不同的过程中发挥着改变、调整酒中芳香物质组成成分的相同的作用。

　　关于调味酒在调味时的用量，有人主张不超过 0.3%（指对高度酒调味而言）；也有人主张从实际需要出发确定使用量。

　　调味中，如果调味酒的用量 <0.3%，那么对合格基础酒中的色谱骨架成分不会产生实质性的影响，只是由于高度富集了某些复杂成分的调味酒的加入，使得基础酒中相关复杂成分的含量发生了较大的改变，即发生了复杂成分的重新调整，这是调味酒的一个重要功能。

　　如果在调味中，调味酒用量 >0.3%，此时可能是选用的调味酒不适合该基础酒，应重新选择合适的调味酒。这样在调整某些非色谱骨架成分（复杂成分）的同时，也使色谱骨架成分得到相应的微小的调整，有时也会起到比较理想的效果。调味酒用量超过 0.3% 的情况在生产中有时也会发生，如在勾调酒精度为 38%～46% 的中低度酒时。

　　新型白酒、液态白酒的调味，除可采用调味酒外，还可以考虑从发酵调味料或其他发酵食品中提取适用于白酒调味的调味品来调味。当然，这方面还有许多问题有待进一步研究和解决，但这也许是未来调味技术发展的重要途径之一。

　　要做好调味工作，必须要有种类繁多的高质量的调味酒或调味品。下面介绍一些调味酒和调味品的生产及主要性质。

一、双轮底调味酒

　　双轮底酒酸、酯含量高，浓香和醇香突出，糟香味大，有的还有特殊香味。双轮底酒是调味酒的主要来源。

　　所谓"双轮底"发酵，就是将已发酵成熟的酒醅起到黄水能浸没到的酒醅位置为止，再从此位置开始在窖的一角（或直接留底糟）留约一甑（或两甑）量的酒醅不起，在另一角打黄水坑，将黄水舀完，滴净，然后将这部分酒醅全部平铺于窖底，在上面隔好篾子（或撒一层熟糠），再将入窖粮糟（大楂）依次盖在上面，装满后封窖发酵。隔醅篾以下的底醅经两轮发酵，称为"双轮底"糟。在发酵期满蒸馏时，将这一部分底醅单独进行蒸馏，产的酒称作"双轮底"酒。

二、陈酿调味酒

选用生产中正常的窖池（老窖更佳），把发酵期延长到0.5年或1年，以增加酯化陈酿时间，产生特殊的香味。半年发酵的窖一般采用4月入窖，10月开窖（避过夏天高温季节）蒸馏。1年发酵的窖，3月或11月装窖，到次年3月或11月开窖蒸馏。蒸馏时量质摘酒，质量好的可全部作为调味酒。这种发酵周期长的酒，具有良好的糟香味，窖香浓郁，后味余长，尤其具有陈酿味，故称陈酿调味酒，此酒酸、酯含量特高。

三、老酒调味酒

从贮存3年以上的老酒中，选择调味酒。有些酒经过3年贮存后，酒质变得特别醇和、浓厚，具有独特风格和特殊的味道，通常带有一种所谓的"中药味"，实际上是"陈味"。用这种酒调味可提高基础酒的风格和陈酿味，去除部分"新酒味"。

四、浓香调味酒

选择好的窖池和适宜的季节，在正常生产粮醅入窖发酵15d左右时，往窖内灌酒，使糟醅酒精度达到7%左右；按每$1m^3$窖容积灌50kg己酸菌培养液（含菌数$>4×10^8$个/mL），再发酵100d，开窖蒸馏，量质摘酒即成。

采用回酒、灌己酸菌培养液、延长发酵期等工艺措施，使所产调味酒酸、酯成倍增长，香气浓而味长，是优质的浓香调味酒。

五、陈味调味酒

每甑鲜热粮醅摊晾后，撒入20kg高温曲，拌匀后堆积，升温到65℃，再摊晾，按常规工艺下曲入窖发酵，出窖蒸馏，酒液盛于瓦坛内，置发酵池一角，密封，盖上竹筐等保护物。窖池照常规下粮糟发酵，经两轮以上发酵周期后，取出瓦坛，此酒即为陈味调味酒。这种酒曲香突出，酒体浓稠柔厚，香味突出，回味悠长。

六、曲香调味酒

选择质量好、曲香味大的优质麦曲，按2%的比例加入双轮底酒中，装坛密封1年以上。在贮存期间每3个月搅拌一次，取上层澄清液作调味酒用。酒脚（残渣）可拌和在双轮底糟上回蒸，蒸馏的酒可继续浸泡麦曲。依次循环，进一步提高曲香调味酒的质量。

这种酒曲香味特别好，但酒带黄色及一些怪味，使用时要特别小心。

七、酸醇调味酒

酸醇调味酒是收集酸度较大的酒尾和黄水，各占一半，混装于麻坛内，密封贮存 3 个月以上（若提高温度，可缩短贮存周期），蒸馏后在 40℃下再贮存 3 个月以上，即可作为酸醇调味酒。此酒酸度大，有涩味。但它恰恰适用于冲辣的基础酒的调味，能起到很好的缓冲作用。这一方法特别适用于液态法白酒的勾调。

八、酒头调味酒

取双轮底糟或延长发酵期的酒醅蒸馏的酒头，每甑取 0.25 ~ 0.50kg，混装在瓦坛中，贮存一年以上备用。酒头中主要成分为：醛、酯和酚类，甲醇含量也较高。经长期贮存后，酒中的醛类、酚类和一些杂质，一部分挥发，一部分氧化还原。它可以提高基础酒的前香和喷头。

九、酒尾调味酒

选双轮底糟或延长发酵期的粮糟酒尾。方法有以下几种。

（1）每甑取酒尾 30 ~ 40kg，酒精含量为 15% 左右，装入麻坛，贮存 1 年以上。

（2）每甑取前半截酒尾 25kg，酒精含量为 20% 左右，加入质量较好的丢糟黄浆水酒，比例可为 1∶1，混合后酒精含量在 50% 左右，密封贮存。

（3）将酒尾加入底锅内重蒸，酒精含量控制在 40% ~ 50%，贮存 1 年以上。

酒尾中含有较多的较高沸点的香味物质，酸酯含量高，杂醇油、高级脂肪酸和酯的含量也高。由于含量比例很不谐调（乳酸乙酯含量特高），味道很怪，单独品尝，香味和口味都很特殊。

酒尾调味酒可以提高基础酒的后味，使酒体回味悠长和浓厚。在勾调低度白酒和液态白酒时，如果使用得当，会产生良好效果。

酒尾中的油状物主要是亚油酸乙酯、棕榈酸乙酯、油酸乙酯等，呈油状漂浮于水面。

十、酱香调味酒

采用高温曲并按茅台或郎酒工艺生产，但不需多次发酵和蒸馏，只要在入窖前堆积一段时间，入窖发酵 30d，即可生产出酱香调味酒。这种调味酒在调味时用量不大，但要使用得当，就会收到意想不到的效果。

调味酒的种类和制备方法还有很多，不少厂家都有自己独特的调味酒生产方式。各种调味酒有各自典型的特点和用途。现将泸州曲酒厂一些调味酒的主要香味成分介绍如下（表5-1）。

表5-1 泸州曲酒厂一些调味酒的主要香味成分 单位：mg/100mL

成分	双轮底酒	窖香酒	曲香酒	陈味酒	泥香酒	甜味酒	酸味酒	苦味酒
己酸乙酯	401	373	218	270	258	282	216	117
乳酸乙酯	162	136	200	118	118	145	152	1522
乙酸乙酯	114	107	146	144	61	92	242	123
丁酸乙酯	39	44	30	20	24	33	30	12
戊酸乙酯	15	17	10	8.0	10	13	12	2.5
棕榈酸乙酯	7.2	6.5	7.4	7.3	7.0	1.1	7.4	0.6
亚油酸乙酯	6.4	6.3	6.9	7.0	7.1	5.9	6.4	9.9
油酸乙酯	5.0	4.7	5.4	5.8	5.3	4.5	5.2	7.8
辛酸乙酯	8.4	7.7	5.5	4.5	6.1	4.5	5.2	3.2
甲酸乙酯	6.5	5.9	6.1	6.7	6.0	5.5	14	18
乙酸正戊酯	5.3	5.9	5.4	8.1	4.3	6.6	9.8	4.2
庚酸乙酯	7.0	6.9	4.0	4.3	4.9	5.1	4.5	1.8
乙酸	43	40	45	61	39	36	73	43
己酸	56	60	31	38	56	45	25	223
乳酸	14	15	32	63	24	28	27	27
丁酸	22	32	17	10	27	23	18	12
甲酸	3.0	4.8	4.3	1.2	2.3	1.1	3.1	2.7
戊酸	3.5	4.5	2.2	2.0	3.4	3.3	2.4	0.9
棕榈酸	1.8	1.3	4.3	2.2	1.4	2.9	1.7	3.7
亚油酸	1.2	0.7	2.2	1.4	1.3	1.6	1.5	2.7
油酸	1.3	0.9	3.2	1.9	1.2	2.0	1.5	2.7
辛酸	1.1	1.2	0.5	0.7	1.5	0.7	0.5	0.5
异丁酸	1.0	1.2	0.7	0.7	0.8	0.8	1.7	0.8
丙酸	1.1	1.2	1.0	0.8	1.1	0.8	1.7	0.6
异戊酸	1.1	1.3	0.6	0.5	0.8	1.0	1.2	0.4
庚酸	0.7	0.9	0.3	0.4	0.8	0.4	0.3	0.2
乙缩醛	56	63	58	63	201	125	121	234
乙醛	42	31	31	30	116	52	43	134

续表

成分	双轮底酒	窖香酒	曲香酒	陈味酒	泥香酒	甜味酒	酸味酒	苦味酒
双乙酰	11	8.4	6.2	12	4.3	7.3	7.0	4.4
乙酸	7.5	6.8	4.9	20	5.4	7.5	6.5	8.6
异戊醛	7.5	6.3	7.3	9.0	4.3	6.1	7.3	3.0
丙醛	4.1	5.0	4.9	3.2	2.9	2.2	3.5	2.7
异丁醛	1.8	2.8	2.8	2.4	1.3	1.7	2.4	1.3
糠醛	1.5	1.2	1.2	1.1	0.6	1.8	2.4	0.8
正丁醛	1.2	1.6	2.5	1.9	0.8	0.9	1.5	0.7
丙酮	0.8	1.2	0.9	0.9	0.4	0.6	0.6	0.6
丁酮	0.2	0.4	0.1	0.1	0.03	0.1	0.9	0.03
丙烯醛	0.9	1.7	1.2	1.2	1.1	0.7	0.5	0.8
异戊醇	33	42	33	31	40	41	36	44
正丙醇	19	17	19	19	16	16	27	12
甲醇	12	13	17	12	6.3	12	15	6.0
异丁醇	10	11	12	13	14	13	15	13
正丁醇	9.4	11	9.9	4.4	8.0	7.6	11	4.7
仲丁醇	7.9	13	7.5	3.6	4.4	7.4	18	1.7
正己醇	9.1	11	11	3.0	7.4	8.2	3.2	4.0
2,3-丁二醇	3.7	4.4	3.5	1.1	2.9	2.2	1.1	2.2
β-苯乙醇	0.3	0.4	0.4	0.4	0.5	0.3	0.6	0.5

十一、调味品

1. 配方型酸性调味品

酸是白酒中重要的呈味物质。使用单一的酸调味，酒的口味单调，克服这一缺陷的基本方法是使用混合酸。借鉴各类型白酒的气相色谱分析数据，抓住主体酸的量比关系，就可以得到调制新型白酒用的混合型酸性调味品。例如，浓香型新型白酒的混合酸较适宜的体积比范围为乙酸：己酸：乳酸：丁酸 = （1.8～2.2）：（1.6～1.8）：1.0：（0.6～0.8）。浓香型白酒中次重要的羧酸是异戊酸、戊酸、异丁酸和丙酸。前四种酸是主要酸性调味品，用量较大，首先使用；后四种酸在白酒达到味觉转变点后再使用，用量虽少，但效果突出。后四种酸的体积比范围是异戊酸：戊酸：异丁酸：丙酸 = （1.0～1.2）：（0.8～1.1）：（0.4～0.6）：1.0。清香型大曲酒和四川小曲酒，混合酸比较合适的体积比是乙酸：乳酸＝（0.8～1.1）：（0.4～0.6）。上述比例范围不一定适合每一个厂，应根据本厂酸的色谱数据，加以设计和调整。

2. 黄水

传统固态法白酒，在发酵过程中，只要窖池不渗漏，都应该有黄水（黄浆水）。不同香型、不同原料、不同工艺、不同地区的黄水差异很大。

尽管黄水中的酸和其他成分千差万别，但酸含量高是肯定的。因此将黄水作为白酒的酸性"调味品"是一个重要的利用途径。黄水杂质多、异味重、变异性大、不稳定，不能直接使用，使用前必须进行必要的处理。

在此提供一个处理办法供参考：取一定量的新鲜优质黄水，加入95%（体积分数）的食品用酒精，以凝固和絮积其中的有机物、蛋白质、机械杂质等。酒精用量视黄水情况而定，可分次加入，以不再有固体析出物为度。静置过滤（也可离心处理），滤液中加入活性炭（根据不同情况掌握用量），进行脱臭、脱胶、脱色并除去杂味。过滤后便可作为白酒的酸性调味品使用。欲得到更高质量的黄水调味液，可将活性炭处理后的滤液于专用的设备中加热回流2～3h，蒸馏，分段收集蒸馏液，分别进行色谱检测和感官评定，择优作"调味品"用。这些"调味品"用于新型白酒勾调，可赋予酒"糟香"和"发酵味"。五粮液酒厂还从黄水中提取具有发酵风味的乳酸用于白酒调配，效果很好。

3. 酸性调味酒

固态发酵法生产白酒，在生产过程中由于种种原因，会产生出一些酸味较重（即含酸量较高）的酒，这些酒若无其他怪杂味，即可作为酸性调味酒。

大曲酱香型白酒的总酸含量大大高于浓香型白酒，因此大曲酱香白酒可以作为浓香型白酒的酸性调味酒。大曲酱香型酒生产工艺独特、周期长，因而酸高、成分复杂丰富，用它作调味酒，效果十分显著，就口感来说，被调的酒味长而丰满。

4. 董酒

董酒是国内目前酸含量最高的成品酒，其总酸量是其他名酒的2～3倍，其中以丁酸含量最高。把各种成品白酒的总酸含量做比较有以下顺序：董酒＞酱香型酒＞浓香型酒＞清香型酒。董酒的风格之一就是带爽口的酸味。董酒的主体酸主要是丁酸、乙酸、乳酸、己酸、丙酸和戊酸。酿造董酒的曲是药曲，酸的复杂性很高。董酒的这些特点使它成为性能十分优异的酸性调味酒。但在使用中，为保持被调酒的本身风格，董酒作为调味酒的用量不能大，一般在1～10μL/100mL，只要使用得当，效果相当显著。

5. 食醋

食醋的发酵过程是淀粉类物质首先发酵得到酒精，然后再进行醋酸发酵。食醋的成分很复杂，含有多种酸、醇、酯和酮醛类化合物。食醋在加工淋洗过程中，香味物质被稀释，除醋酸、乳酸、乙醇等含量较高外，其他成分含量都较少。食醋与白酒都是发酵产物，香味物质的组成也有一定的相似之处，所以食醋作为酸性调味品可以用来对白酒进行调味。食醋固形物含量较多，颜色也很深，故不能直接用来调味，调味前必须进行综合处理。

处理方法：将食醋过滤，除去不溶性物质，滤液置于蒸馏装置中蒸馏，可溶性的非挥发性物质如糖、食盐、苹果酸等固体羧酸和氨基酸等则残留在蒸馏器内。可挥发性的香味物质被蒸馏出来，馏出液经色谱分析和尝评后，可直接用来对合格基础酒进行调味，或者将馏出液用适量的白酒稀释后使用。另一种处理办法则是将过滤后的食醋与适量的白酒（或酒精）混合后蒸馏，馏出液作调味用。

6. 酱油

发酵酱油有酱味，含有多种香味成分。酱油的主体香问题与酱香型白酒的主体香问题，一直是引起争议的话题，二者有很多相通或类似之处。酱油盐分多，杂质也多，可参照食醋的处理方法，将酱油处理后用作白酒调味。

7. 中草药提取液

我国的中草药资源丰富，很多有特殊的香和味，将其提取液有针对性地应用于白酒调味，会取得意想不到的效果，但以不能破坏原有白酒的风格为原则。当然，开发新产品则另当别论。

任务三　调味的方法

本任务主要介绍传统白酒的调味方法。低度白酒和新型白酒的调味方法将在本书的项目六、项目七中介绍。

一、确定基础酒的优缺点

首先要通过尝评和色谱分析，弄清基础酒的酒质情况，找出存在的问题，明确调味要解决基础酒哪方面的问题。

如通过尝评和色谱分析，可以知道基础酒是否存在香气不正；存在新酒味；带有丢糟气味；带有生味、闷臭味、苦味；前香不足；后味短淡等缺陷，以便对症下药。

二、选用调味酒

（一）确定组合酒的特点

对即将调味的组合酒进行品评，弄清感官上的不足之处，明确主攻方向，解决哪个或哪方面的问题，是调整香气还是调整口味，做到心中有数。

（二）选用合适的调味酒

调味过程是对半成品酒的香气或口味进行精细的调整，那么，就必须使用相关的调味酒来进行调香和调味。对调味酒来说，一般要求它们含有特定的香气物质或口味物质，而且尽可能针对性强一些。在对各种调味酒进行准确的"辣香"和"辣味"了解的基础上，全面了解各种调味酒的性能及呈香、呈味作用，然后根据半成品酒香气和口味的不足，进行定向调味。所以对调味酒基础知识的了解十分重要，它将决定组合调味酒的正确选择。若选取恰当，那么在具体应用时效果明显；否则，效果不明显，甚至越调越差。

调味酒的种类较多，可以按照调整香气用和调整味道用分为两大类。在调香用的调味酒中，根据香气挥发速度及含香化合物的香气特征进行分类；在调味的调味酒中，按照其中含香味物质的味觉特征及香味物质的分子的溶解度（水中）等内容进行分类。

1. 调整香气用的调味酒

（1）高挥发性的酯香气类调味酒　这类调味酒含有大量低沸点酯类化合物，而且具有高浓度的特定酯，如乙酸乙酯或己酸乙酯，这类调味酒能够使待调味的基酒的香气飘逸出来。但这类调味酒的香气不持久、很容易消失。属于这类调香酒的有酒头调味酒、高酯调味酒。

（2）挥发性居中的调味酒　这类调味酒香气挥发速度居中，香气有一定的持久性。在香气特征上，这类调味酒有陈香气味，或者具有其他特殊气味特征等。这类调味酒可以使待调味的酒体的香"丰富""浓郁"或"矫香""掩蔽"等，并使基酒的香气具有一定的持久性。属于这类调味酒的有陈酿调味酒、双轮底调味酒、酱香调味酒和陈味调味酒。

（3）挥发性低、香气持久的调味酒　这类调味酒香气挥发性低、香气很持久。它们含有大量的高沸点酯类及其他类化合物，这种调味酒香气特征可能不明显或具有特殊的气味特征。这类调味酒可以使基酒的香气持久稳定。属于这类调味酒的有猪油调味酒、窖香调味酒和曲香调味酒。

2. 调整口味用的调味酒

（1）酸味调味酒　这类调味酒一般含有较高沸点的有机酸类化合物。它能够消除酒的苦味，增加酒体的醇和、绵柔感，属于这类调味酒的有高酸调味酒、酒尾调味酒。

（2）甜味调味酒　这类调味酒是调整基础酒中果味感觉的。属于这类调味酒的有翻沙调味酒、浓香调味酒和陈味调味酒。

（3）增加刺激感的调味酒　这类调味酒含有较多的相对分子质量小的醇类

及醛类化合物。这类酒一方面可以增加基础酒中的香气和刺激性；另一方面，它的调入还可以提高酯类物质的挥发性。这类调味酒有酒头调味酒、底糟调味酒和双轮调味酒等。

在调味酒中，有些香味物质成分比较突出或复杂成分特多；有些还有特殊的感官特征。这些调味酒可赋予基础酒特殊的香、味和风格；可以克服基础酒的一些缺陷。下面介绍一些调味酒的使用特点，供参考。

①丁酸乙酯和异戊醇含量高的调味酒，可以提前香，增爽快，克服香气不正的缺陷，但用量宜少不宜多。

②乙缩醛含量高的调味酒可以解闷增爽，促放香，适口除暴，但同时又冲淡了基础酒的浓味。

③丁酸乙酯、戊酸乙酯含量高的综合调味酒可以解决酒的新味问题。这类调味酒必须是老酒。

④总酸、总酯高的综合调味酒可以解决基础酒中的生味问题，若再出现生酒味，可用丁酸乙酯含量高的调味酒解决问题。

⑤乙缩醛、己酸乙酯、丁酸乙酯、异戊醇等含量高的综合调味酒可以克服香气不正的基础酒的缺点，如闷臭、带苦、短、淡、单、不净、不谐调等。

⑥己酸乙酯含量高，庚酸乙酯、己酸、庚酸等含量较高，并含有较高的多元醇的调味酒为甜浓型调味酒，其感官特点是甜、浓突出，香气很好。这种调味酒能克服基础酒香气差、后味短淡等缺陷。

⑦己酸乙酯、丁酸乙酯、乙酸乙酯等含量高，庚酸乙酯、乙酸、庚酸、乙醛等含量较高，乳酸乙酯含量较低的酒为浓香型调味酒，其感官特点是香气正、主体香突出，香长，前喷后净。这种调味酒能克服基础酒浓香差、后味短淡等缺陷。

⑧丁酸乙酯含量很高，己酸乙酯含量也高，但乳酸乙酯含量低的酒为香爽型调味酒，其感官特点是突出了丁酸乙酯、己酸乙酯的混合香气，香度大，爽口。这种调味酒能克服基础酒带面糟或丢糟气味的缺陷，提前香的效果比较好。

⑨己酸乙酯、乙酸乙酯含量均高的酒为爽型调味酒，它的特征是香而清爽，舒适，以前香味爽为主要特点，后味也较长。这种调味酒用途广泛，副作用也小，能消除基础酒的前苦味，对前香、味爽都有较好的作用。

⑩馊香型调味酒中乙缩醛含量高，己酸乙酯、丁酸乙酯、乙醛含量也高，这种调味酒的感官特点是馊香、清爽，或有己酸乙酯和乙缩醛香味。此酒能克服基础酒的闷、不爽等缺陷，但应注意防止冲淡基础酒的浓味。

⑪木香型调味酒中戊酸乙酯、己酸乙酯、丁酸乙酯、糠醛等含量较高，这种酒的特点是带木香气味。此酒能解决基础酒的新酒味缺陷，增加陈味。

调味酒的种类还有很多，如清香型调味酒、凤型调味酒等。选好、选准调味酒一般需要这样一些基本条件：一是准确掌握基础酒的优缺点；二是有足够多的调味酒供选择；三是掌握调味酒的特性；四是要有丰富的经验。

三、小样调味

（一）调味的仪器、用具和添加量

常用的工具有：50mL、100mL、200mL、500mL、1000mL 量筒；60mL 无色无花纹酒杯；100mL、250mL 具塞三角瓶；玻璃搅拌棒；不同规格的刻度吸管；色谱进样器（微量进样器），其规格有 $10\mu L$、$50\mu L$、$100\mu L$ 等，使用中的换算关系为 $1mL = 1000\mu L$，即 $10\mu L = 0.01mL$、$50\mu L = 0.05mL$、$100\mu L = 0.1mL$；没有色谱进样器的也可使用 2mL 玻璃注射器及 $5^{1/2}$ 号针头，但精确度较差；500mL、1000mL 的烧杯等。

若使用注射器，要先将调味酒吸入注射器中，用 $5^{1/2}$ 号针头试滴，确定针头滴加量。滴时要注意注射器拿的角度要一致，不要用力过大，等速滴加，不能呈线。一般 1mL 能滴 180～200 滴（与注射器中酒的量、拿的角度和挤压力大小等密切有关）。针头滴加量的确定可通过实验和计算来确定。

举例：据实验得知 1mL 调味酒能滴 200 滴，则每滴等于 0.005mL，50mL 基础酒中添加 1 滴调味酒，即添加量为 1/10000。

（二）试调前的准备和试调的基本操作

（1）将选好的各种调味酒编号，分别装入不同规格的微量进样器备用。或者分别装入 2mL 的注射器内，贴上编号，装上 $5^{1/2}$ 号针头备用。

（2）取需要调味的基础酒 50 或 100mL 放入 100（或 250）mL 具塞三角瓶中。

（3）用微量进样器或配 $5^{1/2}$ 号针头的 2mL 玻璃注射器向基础酒中添加调味酒。微量进样器从 $10\mu L$、$20\mu L$ 开始添加；配 $5^{1/2}$ 号针头的 2mL 玻璃注射器从 1 滴或 2 滴开始添加。每次添加后盖塞摇匀，然后倒入酒杯中品尝，直到香气、口味、风格等符合要求为止。

试调过程中要做有关记录，以备以后计算。

（三）调味过程

1. 小样调味

选择好的调味酒并全面了解其风格特点后，就可以参照小样组合的程序，针对组合酒的不足进行相应调味工作。调味酒含特定的香气物质和呈味物质浓

度低，微量的添加就会明显地改变香气和口味。每一个操作过程中，应该认真记录添加量及感官变化情况。由于调味过程是一个精细的香气和口味调整的过程，添加的量一定要准，使用的器具要洁净，不能相互换用器具，以免器具污染影响最终的配比结果。

2. 分别添加、对比评味

分别加入各种调味酒，然后进行优选，最后得出不同调味酒的用量。例如，有一种组合酒，尝评认为浓香差、陈味不足、较粗糙。可以分三步进行调味，首先解决浓香差的问题，选用一种调味酒进行滴加，从万分之一、万分之二、万分之三依次增加，分别尝评，直到浓香味够为止；再选用其他的调味酒解决陈味不足的问题；最后解决粗糙的问题。

3. 依次添加、反复体会

针对组合酒的缺点和不足，选定几种调味酒，分别记住其主要特点，各以万分之一的量滴加，再根据尝评结果，增加或减少不同种类的调味酒，直到符合质量标准为止。采用本法比较省时，但需要一定的调味经验和技术水平才能顺利进行。

4. 依次添加的确定方法

根据组合酒的缺陷和不足以及调味经验，选取不同特点的调味酒，按一定比例进行混合，然后通过万分之一的添加量逐步添加到组合酒中，通过尝评找出最适用量。若添加了千分之一以上还没有合适的方案就应该重新进行调味酒的选择和改变调制方法。采用这种方法需要十分丰富的调味经验，否则就可能事倍功半，其结果适得其反。

5. 大样调味

根据小样调味的方案，按组合酒的质量进行计算，得出各种调味酒的大样添加量，进行大样调味，如最终产品有出入，可进行适当地调整，直到达到要求为止。

6. 稳定性验收

大样调味结束后，由于酒体可能发生一些物理、化学的平衡反应，可能会使酒体在风味上与调味结果存在差异，一般需要存放一个星期左右，然后经检查合格后即可。若结果又有不同的变化，还需进一步补调，以保证质量的稳定。

（四）调味方法

目前各厂主要采用下述三种方法。

1. 分别添加各种调味酒

在调味过程中，分别加入各种调味酒，逐一进行优选，最后得出不同调味酒的需用量。此法的实质是对基础酒中存在的问题逐一解决。

举例：某种基础酒，经品尝，发现存在浓香差、陈味不足、较粗糙的缺陷。首先解决浓香差的问题，可先选一种能提高浓香的调味酒进行添加，以1/10000（如100mL基础酒中添加10μL调味酒）、2/10000、3/10000的添加量逐次添加，每添加一次，品尝鉴评一次，直到浓香味够了为止。如果这种调味酒添加到3/1000，还不能解决问题，则应另找调味酒重做试验。然后解决陈味不足的问题，选能增加陈味的调味酒按上法试调直至达到目的为止。最后解决糙辣问题，方法同上。

在调味时，容易发生一种现象，即添加调味酒后，解决了原来的缺陷和不足，又出现了新的缺陷；或者要解决的问题没有解决，却解决了其他问题。例如，解决了浓香差，回甜就可能变得不足，甚至变糙；又如，解决了后味问题，前香就嫌不足。这就是调味工作的微妙和复杂之处。要想调出一瓶完美的酒，必须要"精雕细刻"，切不可操之过急。对出现的新问题，可继续选用调味酒，按前述方法尝试解决。也可重新制定方案解决问题。

此法有利于认识了解各种调味酒的性能以及与基础酒的关系；有利于总结经验，积累资料，丰富知识。对初学者甚有益处。

2. 同时加入数种调味酒

该法是针对基础酒的缺陷和不足，先选定几种调味酒，并记录其主要特点，各以1/10000的量添加，逐一优选，再根据尝评情况，增加或减少调味酒的种类和数量，直到符合质量要求为止。应用此法，比较省时，但需有一定的调味经验和技术才能顺利进行。初学者应逐步摸索，掌握规律。

举例：某种基础酒，缺进口香，回味短，甜味稍差。试选择提高进口香的调味酒，按2/10000的添加量添加；再选择提高回味的调味酒和提高甜味的调味酒，各按1/1000进行添加，然后搅匀、尝评鉴定。再根据情况酌情增、减调味酒的种类和用量，直到满意为止。

3. 综合调味法

该法是针对基础酒存在的问题，根据调味经验，选取不同特点的调味酒按一定比例组合成一种有针对性的综合调味酒，然后用该综合调味酒以1/10000的比例逐次加入基础酒中。如果效果不明显，可再适当增加用量，通过尝评找出最佳适用量。采用本法也常常会遇到添加3/1000以上仍找不到最佳点的情况。这时应更换调味酒或调整各种调味酒的比例，按上述方法进行添加，直到取得满意效果为止。本法的关键是正确认识基础酒的欠缺，准确选取调味酒并掌握其量比关系，其中具有十分丰富的调味经验显得非常重要。现在有不少酒厂采用此法进行调味。

四、调味酒用量的计算

调味是在勾兑的基础上进行的，所以调味的计算与勾兑计算有着密切的联系，一般采用勾兑和调味连续法计算，勾兑和调味连续计算法并不复杂，基本方法是根据小样勾兑、小样调味时的数据记录，按比例计算出实际生产时需用的酒量。

1. 使用微量进样器调味时的计算方法举例说明

现将此法举例说明如下。

【例5-1】勾兑计算：小样勾兑，取1号坛酒50mL，2号坛酒35mL，勾兑搅匀后品尝的结果是：香气稍短，进口醇和味甜，后味较糙，需要添加其他酒。但此酒品尝后只剩68mL，在此酒中添加3号坛酒10mL，经品尝，糙辣问题解决了，香短未解决。品尝后还剩55mL，再加16号坛酒6mL，最终符合基础酒的质量要求，小样勾兑结束。正式勾兑时，若1号坛酒取250kg，问2号、3号、16号坛应取酒各多少千克？

解 设：正式勾兑时，2号坛酒该用$x$kg、3号坛酒该用$y$kg、16号坛酒该用$z$kg。

（1）1号坛酒取250kg，2号坛酒的用量应根据下式计算：

$$50 : 35 = 250 : x$$

$$x = \frac{250 \times 35}{50} = 175 \ （kg）$$

（2）正式勾兑时，3号坛酒的用量应根据下式计算：

$$68 : 10 = (250 + 175) : y$$

$$y = \frac{10 \times (250 \times 175)}{68} = 62.5 \ （kg）$$

（3）正式勾兑时，16号坛酒的用量应根据下式计算：

$$55 : 6 = (250 + 175 + 62.5) : z$$

$$z = \frac{6 \times (250 + 175 + 62.5)}{55} = 53.18 \ （kg）$$

正式勾兑后得到的基础酒总量为：

$$250 + 175 + 62.5 + 53.18 = 540.68 \ （kg）$$

【例5-2】第一次调味计算：勾兑得到的基础酒接下来进行调味。取基础酒100mL，使用微量进样器加老酒调味酒20μL，混匀后取20mL品尝，发现老酒用量过头。再加基础酒20mL冲淡，经品尝，质量符合要求，问100mL基础酒应加老酒调味酒多少微升？正式调味（大样调味）时，540.68kg基础酒中应加老酒调味酒多少千克？

解 设：100mL基础酒应加老酒调味酒x_1μL，540.68kg基础酒中应加老

酒调味酒 x_2 kg。

根据比例关系，有：

$$100 : 20 = (100 - 20) : x_1$$

$$x_1 = \frac{20 \times (100 - 20)}{100} = 16 \ (\mu L)$$

即 100mL 基础酒应加老酒调味酒 16μL。

则 100mL 基础酒中老酒调味酒的添加量：

$$\frac{16}{100 \times 1000} = 1.6/10000$$

所以正式调味时，540.68kg 基础酒应加老酒调味酒的量：

$$x_2 = 540.68 \times 1.6/10000 = 0.08650 \ (kg)$$

【例 5 - 3】第二次调味计算：在第一次调味后的酒中取 100mL，使用微量进样器加酒尾调味酒 50μL，混匀后取 20mL 品尝，发现酒尾调味酒用过头，再加 20mL 冲淡，经品尝质量符合要求。那么在 100mL 第一次调味后的酒中，应添加酒尾调味酒多少微升？正式调味（大样调味）时应加酒尾调味酒多少千克？

解 设：第一次调味后的酒中，应添加酒尾调味酒 y_1 μL，正式调味时应加酒尾调味酒 y_2 kg。

根据比例关系，有：

$$100 : 50 = (100 - 20) : y_1$$

$$y_1 = \frac{50 \times (100 - 20)}{100} = 40 \ (\mu L)$$

即 100mL 第一次调味后的酒中应加酒尾调味酒 40μL。

则 100mL 第一次调味后的酒中酒尾调味酒的添加量为：

$$\frac{40}{100 \times 1000} = 4/10000$$

所以，正式调味时，（540.68 + 0.0865）kg 的第一次调味后的酒中应加酒尾调味酒的量为：

$$y_2 = (540.68 + 0.0865) \times 4/10000 = 0.21631 \ (kg)$$

2. 使用配 $5^{1/2}$ 号针头的 2mL 玻璃注射器调味的计算方法

现将此法举例说明如下。

【例 5 - 4】第一次调味计算：勾兑得到的基础酒接下来进行调味。取基础酒 50mL，加老酒调味酒 2 滴，取 10mL 品尝，发现老酒用量过头。再加基础酒 10mL 冲淡，经品尝，质量符合要求。问 50mL 基础酒应加老酒调味酒多少滴？正式调味（大样调味）时，540.68kg 基础酒中应加老酒调味酒多少千克？

解

$$50 : 2 = (50 - 10) : x_1$$

$$x_1 = \frac{40 \times 2}{50} = 1.6 \text{（滴）}$$

即 50mL 基础酒应加老酒调味酒 1.6 滴。

若由实验知，1mL 酒能滴 200 滴，则每滴为 0.005mL。

则 50mL 基础酒中老酒调味酒的添加量为：

$$x_2 = \frac{1.6 \times 0.005}{50} = 1.6/10000$$

所以正式调味时，540.68kg 基础酒应加老酒调味酒的量为：

$$540.68 \times 1.6/10000 = 0.08651 \text{（kg）}$$

【例 5 - 5】第二次调味计算：在第一次调味后的酒中取 50mL，加酒尾调味酒 5 滴，取 10mL 品尝，发现酒尾调味酒用过头，再加 10mL 冲淡，经品尝质量符合要求。那么在 50mL 第一次调味后的酒中，应添加酒尾调味酒多少滴？正式调味（大样调味）时应加酒尾调味酒多少千克？

解

$$50 : 5 = (20 - 10) : y_1$$

$$y_1 = \frac{5 \times 40}{50} = 4 \text{（滴）}$$

即 50mL 第一次调味后的酒中应加酒尾调味酒 4 滴。

按每滴酒为 0.005mL 计，酒尾调味酒的添加量为：

$$\frac{4 \times 0.005}{50} = 4/10000$$

所以，正式调味时，（540.68 + 0.0865）kg 的第一次调味后的酒中应加酒尾调味酒的量：

$$y_2 = (540.68 + 0.0865) \times 4/10000 = 0.21631 \text{（kg）}$$

以上两种计算中仅仅是调味时使用的工具有所不同，计算的原理是一致的。在实际操作时，建议采用微量进样器，因为配 $5^{1/2}$ 号针头的 2mL 玻璃注射器其实是一种注射工具，不是计量用的仪器，针筒上刻度误差很大，测出的每滴酒液的毫升数也因各具体人的操作不同而存在较大的差异，会给调味操作带来较大的误差，而微量进样器操作精度高，易掌握。目前微量进行器调味已基本取代玻璃注射器调味。

五、正式调味（大样调味）

根据小样调味实验和基础酒的实际总量，计算出正式调味（大样调味）的用量。

举例：小样调味时所用调味酒的量为 8/10000，正式调味的基础酒为 5000kg，其调味酒用量：

$$5000 \times 8/10000 = 4 \text{（kg）}$$

按计算结果，将调味酒加入基础酒内，搅匀品尝。如很好地符合小样的质量，则调味即告完成。若与小样有较大差异，则应在已经加了调味酒的基础酒上再次调味，直到满意为止。调好后，充分拌匀，贮存 10d 以上，再尝，质量稳定方可包装出厂。

调味实例：现有勾兑好的基础酒 5000kg，尝之较好，但不够全面，故进行调味。根据其欠缺，选取三种调味酒：甜香调味酒、醇爽调味酒、浓香调味酒。

分别取 20mL、40mL、60mL 混合均匀。分别取基础酒 100mL 于 5 个 250mL 具塞三角瓶内，各加入混合调味酒 10μL、30μL、50μL、70μL、90μL，搅匀，尝之，发现以加入 50μL、70μL 的效果较好。按加 70μL 的情况进行计算：1kg 60% 的酒为 1100mL，5000kg 酒共 5500L，则共需混合调味酒 3850mL，根据调味酒的比例，需甜香调味酒 641.6mL，醇爽调味酒 1283.4mL，浓香调味酒 1925mL。分别取量倒入勾兑罐中，充分搅拌后，尝之，酒质达到小样标准，调味便告完成。

六、调味中应注意的问题

（1）调味中，是根据小样调味的数据放大来进行正式调味的，所以小样调味时，使用的器具必须非常清洁干净，操作必须非常小心，计量必须非常准确，认真做好操作中原始数据的记录，尽可能减少和排除各种因素的影响。否则，小样调味得到的数据可靠性差，放大后用在正式调味时，导致结果偏差大，效果不好，既浪费调味酒，又破坏基础酒。

（2）必须准确鉴别基础酒，认识调味酒。调味时，根据基础酒的缺陷，选择什么种类的调味酒，选几种调味酒，是调味成功的关键。这需要在实践中不断摸索，总结经验，练好基本功。

（3）调味酒的用量一般不超过 3/1000（酒度不同，用量也有差异）。如超过一定用量，基础酒仍未达到质量要求时，说明该调味酒不适合该基础酒，应另选用调味酒。在调味中，酒的变化很复杂，有时只需添加 10mg/kg 的调味酒，就会使基础酒变好。因此，要少量添加，逐次尝评，随时准备判断调味的终点。

（4）调味中，由于调味酒的用量很少，因此调味酒的酒精度不必一定要与基础酒的酒精度相同，只要选好、选准调味酒即可使用。

（5）调味完成后，不要立刻包装出厂，特别是低度白酒，最好能存放 1~2 周。经检查如出现小问题，还需进行补调，再存放。直至质量无大变化、比较稳定后才能包装。

（6）生产厂家要制备好调味酒，不断增加调味酒的种类，提高调味酒的质量，增加调味中调味酒的可选性。这对提高白酒的质量特别是低度白酒的质量尤为重要。

（7）要注意勾兑、调味时间的安排。勾兑人员应在每天感觉较灵敏的时间内进行勾兑和调味，一般应安排在每天上午 9：00～11：00 时或下午 15：00～18：00 时进行操作。同时还要注意选择安静、整洁的工作环境。不能因为生产任务紧而疲劳工作。另外，工厂的勾兑人员应保持稳定，以利于技术和产品质量的提高。

训练一　白酒的勾兑和调味

一、训练目标及重难点

（一）训练目标

1. 知识目标
（1）熟悉白酒生产工艺；
（2）了解白酒中风味物质产生的机理；
（3）了解白酒的感官评价标准和理化标准；
（4）了解白酒质差的原因；
（5）掌握白酒的品评方式和品评要点；
（6）熟悉调味酒的生产工艺和感官特点。

2. 能力目标
（1）能正确尝评酒样并写出准确的感官评语；
（2）能根据酒样的特点设计合理的勾调方案；
（3）能正确实施勾调并把握每一次添加对酒样产生的影响。

（二）训练重点及难点

1. 训练重点
（1）能准备把握酒样的特点；
（2）能根据酒样特点和产品标准设计合理的勾调方案；
（3）能正确实施勾调并把握每一次添加对酒样产生的影响。

2. 训练难点
（1）能根据酒样特点和产品标准设计合理的勾调方案；
（2）能正确实施勾调并把握每一次添加对酒样产生的影响。

二、教学组织及运行

本实训任务按照教师讲解白酒勾调步骤、提供酒样（基酒、搭酒、带酒和调味酒），教师提出产品标准，学生尝评基酒、搭酒、带酒和调味酒并写出感官评语、学生根据感官评语提出勾调方案，学生实施勾调并提交符合标准产品，师生交流等方式进行，最后通过大众暗评酒样考核检验教学效果。

三、训练内容

（一）训练材料及设备

1. 训练材料

大宗酒、带酒、搭酒、调味酒。

2. 训练设备

色谱分析仪、白酒品酒杯、微量注射器、量筒、容量瓶、酒度计、温度计。

（二）训练步骤及要求

1. 生产准备 （或训练准备）

（1）准备 5 个白酒专用品酒杯（郁金香型，采用无色透明玻璃，满容量 50～55mL，最大液面处容量为 15～20mL），按顺序在杯底贴上 1～5 的编号，数字向下；

（2）准备大宗酒、带酒、搭酒、调味酒；

（3）准备微量注射器（10μL）、量筒（10mL、500mL 各一个）、容量瓶（500mL）、酒度计（50～100）、温度计；

（4）准备酒精计温度浓度换算表和酒精体积分数、质量分数、密度对照表。

2. 操作规程

操作步骤 1：清洗干净品酒杯并控干水分。

标准与要求：

（1）品酒杯内外壁无任何污物残留；

（2）品酒杯内外壁无残留的水渍。

操作步骤 2：品评大宗酒、带酒、搭酒、调味酒并写出感官评语。

标准与要求：

（1）按照原酒的尝评方法感官品评大宗酒、带酒、搭酒、调味酒；

（2）写出上述每样酒的感官评语，把握其特点；

（3）对照成品酒的标准分析大宗酒、带酒、搭酒的优缺点。

操作步骤 3：酒体风味设计。

标准与要求：

（1）调研目标市场，了解市场需求；

（2）调研企业技术力量，确定产品风格和档次；

（3）从经济和技术等方面设计产品类型。

操作步骤 4：实施勾兑。

标准与要求：

（1）设计大宗酒和带酒、搭酒的添加方式和不同添加比例；

（2）品评每种组合酒的特点；

（3）根据成品酒质量和风格要求确定最佳组合。

操作步骤 5：实行调味。

标准与要求：

（1）分析组合酒样的特点；

（2）明确组合酒与成品酒的差异；

（3）根据组合酒与成品酒的差异选择合适的调味酒；

（4）设计调味酒的添加方式和添加比例；

（5）按照设计添加调味酒并进行感官尝评；

（6）确定达到成品酒要求的添加方式和添加比例；

（7）通过成本核算确定最佳添加方式和添加比例。

四、实训考核方法

学生分组实施白酒的勾调，记录学生的组合和调味比例，对各组的勾调样品采用盲评方式由学生进行质量差排序，根据总体排名情况进行勾调评分。

五、课外拓展任务

以食用酒精作为基酒，尝试新型白酒的勾调。

思考与练习

1. 名词解释：调味酒、调味品、混合酸、小样调味、正式调味。

2. 白酒勾兑后，为什么要进行调味？调味与勾兑的关系是什么？

3. 调味的原理是什么？

4. 调味酒的来源主要有哪些？各种调味酒的特点是什么？

5. 应用于调味操作中的调味品有哪些种类？各种调味品的特点是什么？

6. 调味中，选好、选准调味酒的基本条件有哪些？

7. 为什么在小样调味时，不宜使用普通注射器，而普遍使用色谱微量进样器？

8. 调味中，添加调味酒的三种方法分别是什么？它们各有什么特点？

9. 勾兑调味连续计算法的原理是什么？

10. 调味中应注意哪些问题？

项目六　低度白酒的勾兑与调味

导　读

　　酒精体积分数在 40% 以下的白酒称为低度白酒。低度白酒生产中的主要问题是高度酒降度后的浑浊问题和低度白酒如何保持原型酒风味不变的难题。本项目主要介绍低度白酒酒基与调味酒的选择；白酒降度时出现浑浊的原因及除浊的方法以及低度白酒的勾兑与调味方法。

任务一　白酒降度后的变化及调酒原料选择

　　低度白酒是指酒精含量在 40% 以下的白酒。随着社会不断进步，人们生活水平和生活质量不断提高，健康消费已逐渐成为人们追求的理念，饮酒习惯有所改变，白酒的产品结构也相应发生了巨大变化。低度白酒已成为当今市场上的主导产品，低度、降度酒占到市场份额的 86%，成为中国白酒生产、消费的主流，低度白酒因其特有的魅力广泛地为消费者所接受和喜爱。

　　白酒在降度后因为其中微量成分浓度的降低以及酒体溶液性质的改变，往往使低度白酒存在口味淡薄、浑浊失光等现象从而导致消费者的可接受性差，因此了解白酒降度后的变化趋势以及如何提高低度白酒酒体香气和丰满度，延长酒体后味就是一个迫切需要解决的问题。

一、白酒降度后的变化

　　高度酒加水稀释后，由于微量成分数量的减少及彼此之间存在的平衡关系、谐调关系、缓冲关系的破坏，会使白酒的风味改变，出现"水味"（即白酒后味很淡，有似水的感觉）。另外，降度和添加的香味成分不够等也会造成

"水味"。

通过对不同香型白酒进行降度试验（表6－1），其风味的变化是：酱香型白酒，因高沸点成分较多，酒精度降至45%（体积分数）时酒味已显淡薄，降至40%（体积分数）便出现"水味"，低度酒生产比较困难；液态法白酒，所含风味物质更少，随着酒精度的降低，风味显得十分淡薄，以至于出现较重的"水味"；清香型白酒由于含风味物质较少，降低酒精度后风味变化较大，尤其当酒精度降至45%（体积分数）时，口味淡薄，失去了原酒风味；浓香型白酒的酒精度即使降到38%（体积分数），基本上还能保持原酒的风格，并且具有芳香纯正、后味绵甜的特点。其原因参见表6－2不同香型白酒降度前后的理化指标。

表6－1 不同香型的酒降度后风味的变化

清香型	酒精度/%（体积分数）	65	62	60	55	50	45
	外观	无色透明	无色透明	无色透明	＋	＋＋	＋＋＋
	品尝结果	清香纯正	清香纯正	酒香减弱	口味淡	口味淡	口味淡
浓香型	酒精度/%（体积分数）	55	50	45	40	38	35
	外观	无色透明	＋＋＋	＋＋＋＋	＋＋＋＋	＋＋＋＋	＋＋＋＋
	品尝结果	酒香浓郁，味长	酒香浓郁，纯正	酒香浓郁，纯正	酒香浓，回味	酒香，回甜	香味淡薄
液态法白酒	酒精度/%（体积分数）	60	55	50	45	40	35
	外观	无色透明	无色透明	无色透明	无色透明	无色透明	＋
	品尝结果	酒精味，辛辣	酒精味，辛辣	酒精味，辛辣	酒精味，辛辣减少	酒精气味少、味淡	酒精气味少、味淡薄

注：外观中"＋"表示轻微浑浊，"＋＋""＋＋＋""＋＋＋＋"表示浑浊度增加。

表6－2 不同香型酒降度前后的理化指标　　　　　单位：g/L

项目	浓香型酒		清香型酒		酱香型酒		液态法白酒	
酒精度/%（体积分数）	62	38	65	38	55	35	60	35
总酸	1.3380	1.0280	0.4700	0.2960	1.6030	0.9650	0.0670	0.0380
总酯	5.0820	2.8990	1.3080	0.7530	2.5720	1.5370	0.200	0.160
杂醇油	0.530	0.500	0.800	0.290	—	—	—	—

二、低度白酒的酒基选择

搞好低度白酒生产的关键是要做好、选好酒基。所选用的酒基，主要的香、味成分的含量要相当高，使加水稀释后的低度酒中的这些成分含量仍在预定的指标范围内，因而不失原有酒种的基本风格。

有些白酒厂采用生产高度酒时勾兑用的带酒、搭酒及调味酒作为低度酒生产的酒基，或以香醅制取的香料酒为酒基。若用固态法发酵的大宗高度酒，或液态法发酵白酒以及食用酒精为低度酒的酒基时，要用高度酒的调味酒等进行勾兑和调味。

做好低度酒的酒基，对不同香型的酒有不同的要求：清香型酒可在蒸馏时截取头段酒（酒头除外）作为酒基；以酱香型及液态法白酒为酒基时难度较大，应采取特殊工艺，如液态法白酒的调香、串香、浸香等措施；浓香型酒也可参照上述方法，如用双轮底或采用多层夹泥发酵而得的酒或窖边香糟酒作酒基，效果会更好。此外，无论以哪种酒为酒基制作低度酒，均应使用一些调味酒，在勾兑、调味上下功夫。

有些酒基在原来的高酒度下，某些成分在较浓的香味物质掩盖下，未能明显地显示出来，但降度后，可能会呈现某种邪杂味。所以酒基要优质，而且应有几种组成，并有主次之分。

选择酒基的基本要求如下。

（1）要符合国家规定的卫生标准。若用酒精作酒基，则酒精应达到食用级要求。

（2）不能有异臭以及杂味感。

（3）以固态发酵法白酒为酒基时，其主要香味成分含量要高，以保证低度白酒相应的典型性。

三、低度白酒的调味酒选择

要生产高质量的低度白酒，调味酒的作用是关键。调味酒就是采取独特工艺生产的具有各种特点的精华酒。低度白酒生产中常用的调味酒有：双轮底调味酒、陈酿调味酒、浓香调味酒、陈味调味酒、酒头调味酒、酒尾调味酒、新酒调味酒、花椒调味酒等。

任务二 白酒降度后浑浊的原因

高度白酒（特别是固态法白酒）加水降度后立即产生乳白色浑浊，酒度降得越低越浑浊，从而失去酒基原来的透明度。研究发现白酒降度后浑浊的原因与白酒的成分和加浆水的成分及其浓度有关。

一、高级脂肪酸乙酯

（一）高级脂肪酸乙酯的种类

据研究测定，白酒白色浑浊的成分主要为棕榈酸乙酯、油酸乙酯及亚油酸乙酯，其次十二酸乙酯、十四酸乙酯，异丁醇、异戊醇以上的高级醇也是浑浊成分。高级脂肪酸乙酯在三种香型白酒中的含量，以浓香型酒为多，清香型及酱香型白酒中的含量基本上接近，见表6-3和表6-4。

表6-3　三种不同香型白酒中脂肪酸乙酯的含量　　　　单位：mg/L

酒别	棕榈酸乙酯	油酸乙酯	亚油酸乙酯
浓香型白酒	65.0	52.0	63.0
酱香型白酒	27.0	10.5	18.3
清香型白酒	37.0	11.6	15.0

表6-4　各种酒的高级脂肪酸乙酯含量　　　　单位：mg/L

成分	茅台酒	泸州特曲	汾酒	桂林三花酒	二锅头	液态法白酒
棕榈酸乙酯	30.1	40.5	30.5	50.2	24.0	19.8
油酸乙酯	10.5	26.5	11.6	15.1	12.7	6.4
亚油酸乙酯	18.3	31.5	15.0	17.1	25.8	11.4

（二）影响三种高级脂肪酸乙酯溶解度的因素

1. 酒精度及三种酯含量

这三种高级脂肪酸乙酯都溶于乙醇，不溶于水，当白酒降度时，这三种酯因溶解度的降低而析出。它们在不同酒精度下的含量及溶解度情况见表6-5和表6-6。

表6-5　三种酯在不同酒精度下的含量及溶解度

酒精度/%（体积分数）	50	45	40	35
棕榈酸乙酯/（mg/L）	4	3.5	2.5	2.0
溶解情况	溶	难溶、析出	析出、浑浊	溶
油酸乙酯或亚油酸乙酯/（mg/L）	4	3.5	2.5	2.0
溶解情况	溶	难溶、浑浊	浑浊、析出	溶

表6-6 除浊后的低度白酒及酒基中三种酯的含量比较

酒别	棕榈酸乙酯/ (mg/100mL)	油酸乙酯/ (mg/100mL)	亚油酸乙酯/ (mg/100mL)
酒精度为38%（体积分数）的低度白酒	0.68	0.87	0.52
酒精度为62%（体积分数）的酒基	3.76	3.93	3.89

在45%（体积分数）的酒精溶液中，上述三种酯各加入5mg/L即可呈现轻度浑浊。

2. 温度

这三种酯在白酒中的溶解度随温度降低而减少，所以在冬季白酒易出现白色浑浊。

二、白酒中的杂醇油

白酒降度后出现乳白色浑浊物，也可能与酒中的杂醇油有关。

白酒降度后，原来构成香味的物质，被加浆水冲淡。原来完全溶解于高度酒中的香味物质，因酒度的降低而变成白色浑浊物。

三、其他成分

白酒降度出现浑浊的原因还与酒中含的金属离子有关、与降度用水的成分（水中的 Ca^{2+}、Mg^{2+} 含量）及其用量等有关、与贮酒容器有关。加浆用水必须经过软化或除盐处理后才能使用，选择贮酒容器时必须确保其中金属离子含量不会造成白酒在贮存中产生浑浊现象。

任务三 低度白酒的除浊方法

低度白酒生产的技术关键之一是降度后的除浊。目前，各生产厂家采取的白酒除浊工艺主要是采用吸附过滤或膜分离过滤等手段，以除去白酒中易造成浑浊的物质。现将目前国内常用的除浊方法做简要介绍。

一、冷冻过滤法

这是国内解决低度白酒浑浊采用较早的方法。白酒中棕榈酸乙酯、油酸乙酯、亚油酸乙酯的凝固点较低，棕榈酸乙酯为 -24℃，油酸乙酯为 -34℃。此法是根据醇溶性的物质——高级脂肪酸乙酯在低温下溶解度降低而析出凝聚沉淀的原理，将加浆后的白酒（38%~40%，体积分数）冷冻到 -16℃~ -12℃，并保持数小时，使高级脂肪酸乙酯絮凝、颗粒增大、析出，并在低温条件下过滤除去浑浊物，即可获得澄清透明的白酒。由于沉淀物是油性物质，过滤比较困难，一般可通过添加淀粉、纤维素、硅藻土等作助滤剂。这种方法效果较好，也较稳定，但需要一套高制冷量的冷冻设备和一个低温过滤室，必须冷至−12℃以下，否则遇冷又会返浑。这种方法设备投资大、生产费用高。此外，呈香成分损失也较大，对酒基要求较高。

二、仿生物膜透析法

本法是将待降度的白酒放在透析袋中，袋外容器中按一定比例放稀释用水，每隔10min左右振荡混合一次，促使杂乱运动的溶质分子通过透析袋的微孔从高浓度区向低浓度区扩散（即透析袋中的乙醇分子向容器中扩散，容器中的小分子物质向透析袋中扩散），其他高分子的酯类则难以通过透析袋上的微孔进入容器中。这样即可在容器中得到清亮透明的低度白酒。但此法目前仅在实验室完成。

三、蒸馏法

根据棕榈酸乙酯、油酸乙酯、亚油酸乙酯沸点较高，不溶于水，而且蒸馏时这三种物质多集中于酒头、酒尾的特点，将基础酒加水稀释到30%（体积分数）再次蒸馏，并掐头去尾。这样得到的酒再加水稀释也不会出现浑浊。此法理论上能解决低度白酒的浑浊问题，但酒中风味物质损失多。

近年来，有些厂采用分馏法来解决低度白酒和白酒冬季浑浊问题，取得了较好效果。根据白酒蒸馏中，高级脂肪酸酯集中于前馏（酒头）和酒尾的特点，在蒸馏时掐头去尾，摘取中馏酒单独贮存，并将前馏酒（酒头酒）与酒尾酒合并，此混合酒的酒度为38%~45%（体积分数），在这个混合酒中加入一定量的活性炭，吸附过夜，过滤除去浑浊物，可得清亮酒液。再与中馏酒以适当比例勾兑，即可使低度白酒清澈透明，且有较强的抗冷能力。此法尤其适用于液态法串香白酒的生产。

四、吸附法

利用吸附技术，将三种高级脂肪酸乙酯吸附出来，而尽可能不吸附或少吸附其他香味物质，从而达到除浊的目的，使低度白酒清亮透明，并且能保持原酒基本风格。常用的吸附材料有活性炭、淀粉、硅藻土、高岭土、树脂及其他特制澄清剂等。各种吸附剂处理酒样的效果不同，常用的吸附法有以下几种。

1. 活性炭吸附法

活性炭具有吸附能力强、分离效果好、处理量大、价格低、容易获得等优点。由于活性炭来源或制造方法的不同，其吸附能力也有不同。常用的活性炭有粉末状和颗粒状两种。

在加浆降度的低度白酒中添加 0.1% ~ 0.5% 的活性炭（颗粒状活性炭应增大用量、充分搅拌后静置 24h，过滤后即可得到透明的酒液）。活性炭应为符合食用标准的植物性活性炭，具体用量和处理时间应以小试确定。

活性炭不但能吸附浑浊微粒，也能吸附异味成分，同时也对酒中的酸、酯成分有影响，添加量大和处理时间长，会造成酒中香味的过多损失，酒损也大。一般应处理后再进行调味，以保证酒质。

2. 淀粉吸附法

淀粉吸附法是国内生产低度白酒的常用方法之一。其吸附原理：淀粉分子中的葡萄糖分子通过氢键卷曲成螺旋状的三级结构，聚合成淀粉颗粒，淀粉颗粒吸水膨胀后颗粒表面形成许多微孔，能吸附白酒中的浑浊物，再经过滤而除去。

淀粉种类很多，以玉米淀粉为好。表 6 - 7 所示为低度白酒加入不同来源的淀粉时酒的澄清情况。

表 6 - 7　低度白酒加入不同来源的淀粉时酒的澄清情况

淀粉种类	24h	48h	72h	96h	120h	144h
玉米淀粉	无变化	稍变清	较明显变清	变清	清、透明	清、透明
高粱淀粉	无变化	不清、微红	稍清、微红	稍清	稍清	较清、微红
小麦淀粉	无变化	不清	稍清	稍清	稍清	较清
大米淀粉	无变化	不清	稍清	稍清	稍清	较清

玉米淀粉的用量为 1% ~ 2%，淀粉加入后要充分搅拌，通常 5 ~ 7d 即可澄清透明。淀粉对低度白酒中的呈香物质的吸附量很少，对保持原酒基的风味有利，但用量过多会带进淀粉的不良气味。

淀粉吸附法虽然能解决低度白酒的浑浊问题，但不够彻底，在寒冷地区，酒会出现"返浑"现象，必须配合冷冻处理效果才好。

由于改性淀粉体积比普通淀粉增大 10 余倍，分子内部含有较多的亲水性—OH 基，易溶于水，吸附除浊效果更好，且用量减少（仅为普通淀粉的 1/10 左右），处理时间短（仅需 2 ~ 4h），过滤容易，成本低，操作简单，其应用不断增加。

3. 植酸澄清法

在浑浊失光的低度白酒中，或带黄色的白酒中（指染锈的酒）添加适量的植酸，静置过滤后即可得到澄清透明的酒液，而且对酒的香味物质含量、总酸、总酯等均无影响。酒液经低温冷冻处理，也不复浑。植酸也是一种较为理想的白酒澄清剂。

五、离子交换法及树脂吸附法

离子交换法是采用离子交换树脂与酒中的阴、阳离子进行交换而除去造成低度白酒浑浊的成分，这是一种常用的分离、纯化、除杂的方法。具体所用树脂种类和工艺条件可根据酒基的实际情况通过试验确定。吸附达到饱和的树脂经再生液再生后重新使用。

六、无机矿物质吸附法

以天然无机矿物质如高岭土、麦饭石、硅藻土等多孔性物质作为吸附剂，有利于低度白酒的澄清。

七、超滤法

根据酒液中要去除物质相对分子质量的大小，选择透析性不同的过滤介质。当酒液经过过滤介质时依照相对分子质量大小、沸点高低通过或滞留在介质的两侧，达到除浊的目的。经超滤法处理后的白酒，能保持原酒风味不变，总酸、总酯不降低，无邪杂味，低温下冷冻酒体也能保持清澈透明。

在实际生产中上述方法可单独使用，也可结合使用。

任务四　低度白酒勾兑与调味

低度白酒勾兑、调味的方式一般有以下几种。

一、一次勾兑、调味

（一）除浊后勾兑、调味

（1）只将基础酒（酒基）除浊　将基础酒降度后，经添加淀粉等除浊方法处理，再加入调味酒。此法能较好地保持原酒的风味，但在贮存或包装后易出现浑浊。

（2）基础酒及调味酒均除浊　将基础酒降度至与成品低度酒相近的酒度，再进行除浊处理。同时把调味酒加水稀释至45%（体积分数）左右进行除浊，然后进行勾兑、调味。

（二）勾兑、调味后再除浊

在澄清剂对酒的风味无影响的情况下，使用这种方式较好。

即将基础酒加水降度后，立即用调味酒进行调味，再添加蛋白质分解液等进行澄清、过滤。

二、多次勾兑、调味

在低度白酒生产中以多次勾兑、调味为好。可以在降度前后各进行一次勾兑、调味，在低度白酒贮存一段时间后再进行一次勾兑、调味，装瓶前若再进行一次调味效果则更好。

三、低度白酒的勾兑、调味

1. 选好调味酒

生产低度白酒所用的调味酒，大多选用酒头调味酒、酒尾调味酒、新酒调味酒、双轮底调味酒、老酒调味酒、花椒调味酒等。

（1）酒头调味酒 含有大量的挥发性物质，如挥发酯、挥发酸等低沸点香味物质。能提高低度白酒的前香和喷香。由于酒头中杂味太重，必须贮存1年以上才能作为调味酒。

（2）酒尾调味酒 选双轮底糟或延长发酵期的粮糟酒的酒尾，经1年以上的贮存即可作为调味酒。酒尾调味酒含有大量的不挥发酸、酯，可以提高基础酒的后味，使酒体回味悠长和浓厚。使用得当，会产生较好的效果。

（3）新酒调味酒 选用辛辣、味冲、香长、尾子干净的新酒调味，可弥补低度白酒酒度低、口味淡的缺点，起到延长口感、增加后味的作用。

（4）双轮底调味酒 双轮底酒是调味用的主要酒源。双轮底酒酸、酯含量高，浓香和醇甜突出，糟香味大，有的还具有特殊香味。

（5）老酒调味酒 一般在贮存3年以上的老酒中选择调味。有些酒经过3年以上的贮存后，酒质变得特别醇和、浓厚，具有独特的风格和特殊的味道。用这种酒调味可提高基础酒的风格和陈酿味，去除部分"新酒味"。

（6）花椒调味酒 取适量整粒花椒，用文火将豆油加热至7~8分热时，把花椒迅速放入油中浸炸，当花椒变成浅黄色时立即捞出。然后脱油洗净再加入70%（体积分数）左右的高度酒基中浸渍5~7d。花椒中的山椒素易溶于70%（体积分数）的乙醇。其对低度白酒有增香增味的作用。

2. 调味方法

根据低度白酒的缺陷，选取适当的调味酒，以弥补其不足，突出风格。

（1）直接调味法 取50mL低度酒样（已经澄清），若闻香较差，有水味，后味短，就可选用酒头调味酒提香，酒尾提后味。如先逐步加酒头调味酒10滴，酒尾调味酒20滴，混匀后尝之，闻香好，浓香，无水味，后味较长但略有杂味。再逐步调入老酒调味酒10滴，边加边尝，达到前香突出，浓香醇厚，无水味，尾净，后味较长为止。小样调味符合质量要求时，便可以此加入的调味酒数量来计算正式调味时应加入的各种调味酒数量，其中酒头调味酒可达0.1%（体积分数，下同），酒尾可达0.2%，老酒可达1%。

（2）间接调味法　在直接调味时发现，有时由于低度基础酒质量太差，所用调味酒量会相应增大，酒头调味酒用量可达2%，酒尾调味酒用量可达5%甚至更高。这时候低度酒又会重新浑浊，原因是酒头酒中含有大量的酯类物质，当用量大时，这些高级脂肪酸酯在低酒度时析出，以致浑浊。解决的办法是，将酒头酒度降到45%～50%（体积分数）析出大量的高级酯，澄清之后再用于调味。当然最根本的方法就是选好的基础酒作为低度酒的酒基，这样既节约了大量的调味酒，又节省了人力、物力，降低了成本。

此外，调味时还要注意酸、酯配比关系。白酒是酸、酯、醇、醛、酚等的混合体，它们之间存在着一定的配比关系，特别是酸、酯配比，在低度酒中更加重要。酸高酯低，不能突出低度酒的风格；酯高酸低在贮存中易产生变化，可使酯类含量减少，香味变弱，水味重现。

3. 新型低度白酒的勾兑与调味

低度新型白酒调味时主要应做好酒基、香料、配方、水质及解决好"水味"、香味不足等问题。

（1）酒基　以食用酒精为酒基，应经除杂、脱臭处理。新型白酒中易出现的所谓"酒精味"，实际上是酒精中的杂质所造成的邪杂味，优质酒精加水稀释后只有轻微的香气和微甜的感觉，并无"酒精味"。

（2）香料　新型白酒所使用的香料必须符合国家标准。要求香料品种齐全，使用品种多，总量少。

（3）配方　新型白酒配方是用多种化学成分来模仿某一种或几种名优酒的微量成分勾调而成的。生产中首先要对模仿对象的风味特征和微量芳香成分的量比关系进行深入了解，拟定出配方。根据配方先配出多种不同比例的小样，经过反复品评对比，并征求市场消费者的反映，确定本厂产品的配方。

（4）水质　生产新型白酒的加浆用水，必须经过处理后才能使用。

（5）水味的消除　由于降度或添加的香味成分不足，会造成新型低度白酒出现"水味"，解决的办法是通过添加酸和甜味剂来调整。通常酒度为28%（体积分数）的新型低度白酒，总酸可调到0.6～1.2g/L。调节甜味常用的甜味剂为高甜度蛋白糖。丙三醇也是白酒中的组分之一，适量添加可以增加酒的醇厚感和甜度，弥补白酒味的不足。

（6）某些香味不足的消除　新型低度白酒香味不足，原因有两个：一是降度产生的，二是有些香味物质一开始就没有加够或没加。具体需要添加哪种香味物质应在酒勾兑成型后通过感官品尝，找出香味不足的原因，再补加所需成分。

低度新型白酒勾兑成型后最好通过白酒净化器进行净化处理，以达到净化和催陈的目的。

4. 低度白酒在进行勾兑和调味时应该注意的问题

（1）低度白酒的酒度不是越低越好 酒度不同，溶液的性质也不同。从溶胶理论出发，过低的酒度必然会加入更多的水。虽然增加了金属离子，但酒体中的微量芳香成分被大大稀释，为形成溶胶带来困难。所以，酒度越低，酒体越不稳定。

（2）要注意对酒体进行科学的设计 根据国家相关质量标准，在可控范围内设计出科学完整的白酒色谱骨架成分，并有足够量的谐调成分和复杂成分。提高低度白酒的质量，除有合理的色谱骨架成分和恰当的谐调成分外，最关键的措施是补充足够的复杂成分的种类和量比，即复杂成分的强度。在一定条件下，酒体复杂成分的典型性决定了酒体的典型性，也决定了酒体的质量等级。

（3）严格选取基础酒及调香调味酒 应尽量选择含相对分子质量居中，香气较持久，沸点居中，在水中有一定溶解度的、化合物含量丰富的基础酒、调香调味酒进行组合勾调。此外，选择一些含相对分子质量小、沸点低、水溶性好的、化合物较多的调味酒，可增强对味觉的刺激感，克服"寡淡"的感觉；适当选择含相对分子质量大、沸点高的化合物的调香调味酒，并控制好用量，可增加酒体香、味的持久性；偏向选择水溶性较好的、含高沸点化合物多的调香调味酒，可避免多次调香调味引起的酒体浑浊，减少酒体不稳定的因素。应注意的是，勾调时须选用一定量的、小分子化合物含量较高（如醇类、醛类、有机酸类化合物）的老陈酒，以及酒头、酒尾等调香调味酒，可以提高酒体的刺激感；同时，可增加入口的"喷香"，并与酒体相互谐调。

（4）低度白酒在贮存一段时间以后，其中的酸酯含量会相应地有所变化，那么调好的酒就会失去原有的滋味，所以低度白酒在酿好以后最好先贮存一段时间，让它的成分固定以后再进行调味。

（5）要充分了解白酒中已检出的主要呈香呈味有机化合物的物理、化学性质及其在酒体中所起的作用，包括呈香呈味物质放香大小、香味强度以及层次性。

（6）组合勾调低度白酒时，应在色谱骨架成分含量合理的范围内，适当选取乳酸乙酯、正丙醇、乙酸乙酯含量较高的酒，或增加乳酸乙酯、正丙醇、乙酸乙酯的含量。乳酸乙酯广泛存在于中国各种香型白酒中，它是唯一既能与水又能与乙醇互溶的乙酯。它不仅在香和味上对酒体有较大贡献，还能起助溶的作用。

（7）注意克服组合勾调中大、小样计量误差给产品质量带来的影响。做小样时，应使用 $100\mu L$ 或 $10\mu L$ 的色谱微量进样器或移液管等准确计量。在不同酒度基础酒组合和加浆降度时，由于乙醇－水分子间氢键缔合作用和放热反应，以及热胀冷缩等因素对体积的影响，都会导致放大样的计量不准确性。

（8）新型低度白酒的组合勾兑调味过程中，应重视食用酒精的等级、质量以及酒用香精香料的纯度、气味等，是否符合国家的相关质量标准，并重视感官检测结果是否符合要求。

任务五　低度白酒勾兑与调味实例

低度白酒的勾兑调味比高度白酒更复杂，难度更大，其主要原因是难以使酒中主要香味物质与其他助香物质的含量在勾兑调味后达到平衡、谐调、匹配、烘托的关系。

不同香型的曲酒，如清香型、酱香型、浓香型、米香型或其他香型的酒，降度后的质量和风格与降度前相比都会发生较大变化。一般认为，清香型白酒因含香味物质较少，比较纯净，所以降度后的变化更大些，较难保持原有的风格和特点；而浓香型和酱香型白酒因酸、酯含量较高，降度后尚能显出其原有风格和特点，当然，若因酒基质量差或勾兑技术不过关，也会出现酒味淡薄甚至水味的现象，由于清香型白酒降度的难度更大些，所以在此仅介绍清香型低度白酒勾兑调味的情况。

一、低度汾酒的勾兑与调味

汾酒是国家名酒，低度汾酒应保持汾酒的独特风格，达到清而不淡、清香谐调的要求。汾酒厂在研制38% 汾特佳酒时，经多次试验，发现用汾酒的酒头和经过处理的酒尾进行调香调味，既能避免一般低度白酒普遍存在的香气不足、口味淡薄、后味较短的缺陷，又能保持汾酒特殊风味，真正做到降度而不降格。该产品研制成功后即获全国旅游产品金樽奖，市售时受到消费者的广泛欢迎，并在第五届评酒会上与其母酒汾酒共同被评为全国名酒，荣获金奖。

（一）汾酒酒头和酒尾的成分和作用

1. 汾酒酒头的成分和作用

刚蒸取的汾酒酒头含有大量低沸点的易挥发成分，气味既香又怪，刺激性大，会被误认为是劣酒而被处理掉。其实酒头中大量的酸、酯、高级醇都是香味成分。据分析，汾酒酒头中总酸高达 $0.9 \sim 1.2 g/L$；乙酸乙酯含量为 $10 \sim 13 g/L$；乳酸乙酯为 $0.8 \sim 1.2 g/L$。酒头中原有的若干有害成分，经过一定时间贮存后，部分挥发，部分发生变化，使酒头变成了价值较高的勾兑调味用酒。

2. 汾酒酒尾的作用

汾酒酒尾中含有较多的高沸点香味成分，如酸、酯、高级醇等。据分析，酒尾中总酸含量为 0.9 ~ 1.4g/L，乙酸乙酯含量也达 1.9 ~ 2.4g/L。但由于上述成分间的量比关系不谐调，并含有一些高沸点物质，故若将酒尾单独品尝，则味道很怪；若将其直接调入低度酒中，也会带进不愉快的异味，因而须将酒尾进行适当处理后再使用。试验表明，以采用活性炭吸附处理为好。经处理后的酒尾，清澈透明，既除去了邪杂味，又保留了有益的香味，风味独特。

3. 酒头酒尾共呈香韵、 共赋口味

如上所述，汾酒酒头、酒尾中富含各种高级醇，它们是汾酒的主要呈香呈味成分。在低度汾酒中调入酒头、酒尾，可增加酸、酯含量。谐调香味成分的量比关系，从而使酒味纯正谐调。如添加适量酒头，可增加前香；添加酒尾，可增加醇厚感及后味。若降度后再调入适量的酒头、酒尾，则可达到清香纯正、口感谐调、落口爽净、回味较长的效果。若降度后未加酒头、酒尾，则放香小，口味淡，后味短。

（二）勾兑与调味要点

汾酒勾兑中大糙酒与二糙酒比例一般为：贮存大糙酒占 60% ~ 75%，贮存二糙汾酒占 25% ~ 40%，这样不仅突出了风格，也与生产中酒中间产品的比例基本适应。

汾酒的勾兑应限于入库同级合格酒或单独存放的精华酒。加入适量的新酒，可使放香增大，一般老汾酒占 70% ~ 75%，新汾酒占 25% ~ 30%。汾酒中适量加入单独存放的老酒头可使香气增加，酒质提高，但不能过量，否则会破坏汾酒的风格。

在降度后去浊前，再添加酒头、酒尾，以增加酒的前香和后味。此时酒头用量一般为酒尾用量的 0.2% ~ 0.4% 较合适。酒尾使用前，最好先用 0.2% ~ 0.4% 的活性炭处理后过滤。

二、低度清香型白酒北国春酒勾兑技术

黑龙江绥化市制酒厂生产的低度清香型白酒北国春酒，具有酒度低而不淡、低而不浊、清纯爽净的风格。其勾兑技术基本情况如下。

（一）调味酒的选择

选择一些能增强低度清香型白酒风格的调味酒。

1. 酒头调味酒

经分析，该厂酒头调味酒中的总酸含量达 0.9 ~ 1.3g/L，总酯含量达 2.0 ~ 2.5g/L，其中乙酸乙酯含量为 1.0 ~ 1.8g/L。这种调味酒可增强低度白酒的前香和提高喷头。

2. 酒尾调味酒

经分析，该厂酒尾调味酒中总酸含量为 1.0 ~ 1.5g/L，总酯含量为 2.1 ~ 3.0g/L，其中乙酸乙酯含量为 1.0 ~ 1.5g/L。此酒尾调味酒有怪味异臭，且浑浊不清，故使用前应先用 0.1% ~ 0.3% 活性炭和 0.5% ~ 1.0% 的玉米淀粉进行吸附处理并滤清后，方可使用。这种酒尾调味酒可使低度清香型白酒增强醇厚感和后味，使之回味悠长。

3. 新酒调味酒

选用贮存期为 3 ~ 6 个月、口味较纯正、尾净爽快的大楂酒和二楂酒，可增强和延长低度清香型白酒的口感，以消除酒度低而口味淡薄的缺陷。

4. 陈味调味酒

选用贮存期在 3 年以上略带 "酱香" 的陈酒为调味酒，这是解决低度清香型白酒口味淡薄、口味短等弊病的有效措施。

（二）基础酒的选择及其勾兑

1. 基础酒的选择

严格酒库管理，建立不同轮次、季节、贮存期库存酒的分析档案，为选好合格基础酒提供依据。

选择基础酒的标准：清香纯正、余味爽净；酒精度为 65% 以上，总酸 0.8 ~ 1.0g/L，总酯 2.5 ~ 3.0g/L，其中乙酸乙酯不低于 1.98g/L，固形物不得超过国家标准，乳酸乙酯的含量必须低于乙酸乙酯，否则会使酒显得闷腻而有损清香型白酒的固有风格。

2. 基础酒的勾兑

北国春酒采用清蒸二次清的工艺，发酵期为 28d 蒸得大楂酒和二楂酒，经不同的贮存期，选出合格的基础酒。为了突出产品固有的风格，稳定产品质量，使产品出厂标准基本一致，必须先将不同发酵季节、不同轮次、不同贮存期的基础酒进行勾兑，然后进行调味。

（1）不同轮次基础酒的勾兑比例　选择香气正、酒体完整、具有清香型酒基本风格的大楂酒和二楂酒进行分析，如表 6 - 8 所示，再以不同的比例进行勾兑并尝评，如表 6 - 9 所示。

表6-8 大糟酒、二糟酒成分分析 单位：g/100mL

酒糟别	酒度（体积分数）/%	总酸	总酯	乙酸乙酯
大糟	63	0.0502	0.346	0.296
二糟	65	0.0640	0.301	0.201

表6-9 不同轮次基础酒的勾兑比例及评语

勾兑比例/%		评语
大糟酒	二糟酒	
70	30	清香突出，口味纯正，有余香
60	40	清香纯正，口味谐调，余味爽净
50	50	清香纯正，口味谐调，余味爽净
40	60	清香较纯正，口味尚谐调，尾欠净

　　如表6-9所示，以大糟酒50%~60%，二糟酒40%~50%的勾兑比例较为合适。

　　（2）不同贮存期的基础酒勾兑比例 根据入库时酒的级别，确定0.5~1年、1.5~2年、2.5~3年三种不同的贮存期，分别称之为新酒、中酒和老酒。再将它们按不同比例进行勾兑和评定，结果如表6-10所示。

表6-10 不间贮存期的基础酒勾兑比例及评语

勾兑比例/%			评语
新酒	中酒	老酒	
20	70	10	清香风格较突出，口味纯正，爽净，有余香
25	65	10	清香风格突出，口味纯正爽净，有余香
30	65	5	具有清香风格，口味纯正，较爽净，后味短
40	50	10	清香风格不突出，新酒味重，欠爽净
50	45	5	清香风格不够突出，口味较杂，尾欠净

　　如表6-10所示，以新酒20%~25%、中酒65%~70%、老酒10%的勾兑比例为宜。基础酒贮存期不能统一，应因酒质而异。

（三）勾兑用水及低度酒除浊

1. 勾兑用水

北国春酒的加浆用水为深井水，其硬度低、清凉甘美，经自然氧化处理后，即可直接应用。

2. 低度酒除浊

白酒降度后呈现乳白色浑浊。该厂通过试验，对除浊方法进行了选择，如表6-11所示。

表6-11 北国春酒除浊方法的选择

吸附剂及其用量	吸附时间/h	评语
活性炭0.2%	12~24	具有清香风格，失光，口味较纯正、淡薄、后味短
玉米淀粉0.5%	12~24	具有清香风格，微透明，口味尚纯正，后味短，尾欠净
活性炭0.1%	12~24	具有清香风格，失光，口味较纯正，尾不净
玉米淀粉0.3%	8	清澈透明，清香风格突出，口味纯正，有余香

如表6-11所示，以活性炭0.1%、玉米淀粉0.3%吸附、过滤的方法为好。此法处理的酒若加冰块饮用，依然清澈透明。若经吸附后再进行冷冻、过滤，则效果更好。如在冬季可利用自然条件进行制冷后再进行过滤。

思考与练习

1. 为什么说生产低度白酒的关键是做好、选好酒基？

2. 低度白酒降度后出现浑浊的原因是什么？常用除浊的方法有哪些？

3. 如何进行低度白酒的勾兑和调味？

4. 任选市售高度白酒，加水降度，观察白酒外观变化情况；采用添加玉米淀粉、活性炭、硅藻土等澄清剂处理，记录处理时间与酒的澄清情况。

项目七　新型白酒的勾兑与调味

导　　读

　　新型白酒是指以优质食用酒精为基础酒，经调配而成的各种白酒。本项目将介绍新型白酒的特点、新型白酒生产原料的特点及处理方法和新型白酒的生产技术等。学生通过本项目的学习，应了解新型白酒的概念以及新型白酒生产的基础原料；掌握生产新型白酒基础原料的处理方法；通过勾兑调味的训练，掌握新型白酒勾兑调味的基本技术。

任务一　新型白酒勾兑与调味

　　由于酿酒原料多种多样，酿造方法也各有特色，酒的香气特征各有千秋，故白酒分类方法有很多。按酿造的工艺特点将白酒分为固态法白酒、固液结合法白酒和液态法白酒三类。

　　新型白酒是固液结合法白酒和液态法白酒的统称，是采用食用酒精为主要原料，配以多种食用香料（精）、调味液或固态法基酒，按名优酒中微量成分的量比关系或自行设计的酒体进行增香调味而成的一大类白酒。既可以是某个香型白酒也可以是独创香型的白酒。

一、食用酒精的选用及处理

　　新型白酒所用的酒精必须达到食用级酒精标准水平，如果用来生产中、高档优质白酒，必须采用以玉米为原料、六塔蒸馏的工艺手段，符合 GB 10343—2008 优级以上要求。

　　酒精中的杂质主要是醛、高级醇、酸、酯、挥发含氮物、硫化物等。醛和杂醇油是影响口感的主要因素之一；挥发性含氮物、硫化物对口感的影响也比较大；酸、酯含量只是在伏特加酒中有限制。含有杂质的酒精必须经过脱臭处理后才能用来勾兑新型白酒。常用的酒精处理方法有以下几种。

（一）酒类专用活性炭处理法

1. 活性炭的作用原理

活性炭在活化过程中，产生了很多孔隙，形成了活性炭的多孔结构。这些孔隙一般分为微孔、过渡孔、大孔三类。孔径不同，吸附对象也不同。例如，孔径在 2.8nm 的活性炭能吸附焦糖色，称为糖用活性炭；孔径在 1.5nm 的活性炭吸附亚甲基蓝的能力强，称为工业脱色活性炭。对不同的酒基，应选用不同的活性炭来处理。如重庆产的"汪洋牌"酒用粉末炭的规格性能见表 7-1。

表 7-1　各类粉末活性炭的规格性能

规格	适用性能
JT201 型	低度白酒除浊，新酒催陈
JT203 型	去除白酒异杂味，除浊
JT204 型	防止酯含量高的低度白酒在低温下复浊
JT205 型	去除糖蜜酒精异杂味
JT207 型	去除酒中异杂味，也可以处理制备伏特加酒的纯酒精
JT209 型	清酒除浊，催陈
JZF	去除酒精异杂味、大幅度降低酒精中的还原性物质

2. 活性炭的使用方法

（1）酒精中加粉末活性炭 0.1 ~ 0.8g 搅拌均匀，25min 后滤除活性炭，可获得良好的效果。

（2）在酒精中加入 0.2% ~ 0.4% 的粉末活性炭，搅拌均匀后静置 24 ~ 48h，将活性炭全部沉淀后，取上清液使用。

（3）将颗粒活性炭（1 ~ 3.5mm）装于炭塔中，使酒精流经炭塔进行脱臭处理。有的厂以 2 ~ 3 个高 4m 左右的炭塔串联使用，流速为 600L/h，获得了良好的效果。但应注意：不同品牌或规格的活性炭、不同质量的酒精，与炭接触的时间应通过试验确定，不能固定不变。

（二）高锰酸钾处理法

1. 高锰酸钾的作用原理

高锰酸钾是一种强氧化剂，可氧化甲醇为甲醛，氧化甲醛、乙醛为甲酸、乙酸。反应式如下：

$$2KMnO_4 + 3CH_3CHO + NaOH \rightarrow CH_3COONa + 2CH_3COOK + 2MnO_2 + 2H_2O$$

因此酒精中加入适量的高锰酸钾，对降低酒精中甲醇、乙醛等杂质有很显著的作用。为了防止酒精被氧化，一般反应在碱性条件下进行，所以加入高锰酸钾的同时应加入一定量的氢氧化钠。

2. 高锰酸钾用量的测定

高锰酸钾的用量因酒质而异。当酒基杂质多时，高锰酸钾的用量多，反之则少。由于高锰酸钾是一种强氧化剂，使用时，不能过量，否则会将酒精氧化，而且过多的锰离子存留在酒中，对人体健康不利，同时也影响酒的风味。根据卫生要求，对经过高锰酸钾处理过的酒精均需重新蒸馏。

高锰酸钾的测定的方法为：取酒精于 50mL 滴定管中，然后在三角瓶中加入 0.2g/L 浓度的高锰酸钾溶液，以 20~30 滴/min 的速度将酒精滴入三角瓶中，使其呈土褐色为止。根据所耗用酒样的毫升数，可计算出酒精中需加入高锰酸钾的用量。

例如，滴定 0.2g/L 高锰酸钾溶液 5mL 耗用酒精 20mL，则每升酒精需高锰酸钾的量 = 5 × 0.0002 × 1000/20 = 0.05（g/L）。

一般高锰酸钾用量在酒基的 0.01%~0.015%。

3. 具体操作方法

将欲处理的酒精加水稀释到需要的酒度，然后加入需用的氢氧化钠（事先测定其用量）的一半，搅拌均匀。再加入经过测定计算的高锰酸钾溶液，充分搅拌，静置 6h，在蒸馏前加入其余的一半氢氧化钠，搅拌 10~15min，进行蒸馏，截头去尾，一般酒头为 5%~7.5%、酒尾为 7.5%~10%（酒头、酒尾去掉多少应按照被处理的酒精质量而定），以中馏酒为合格酒基。使用高锰酸钾时，应先用热水溶解，并分 2~3 次缓缓加入，每次加入后，可通压缩空气搅拌 20min 左右，起协助氧化作用，待红色褪去后再加第二次，然后让其静置 2~3d 便可过滤或重新蒸馏。

高锰酸钾氧化时间不可过长，否则一部分酒精将被氧化成醛，反而增加了酒精中杂质的含量。

（三）活性炭和高锰酸钾联合法

在 100L 酒精含量为 57%~65% 的待处理酒基中加入 30~40g 干法活性炭（粉末或颗粒状），充分搅拌后作用 24h，过滤，然后加入按测定量计算的高锰酸钾溶液，充分搅拌，静置 8h 后进行复蒸，取中馏酒作为处理酒基。

另一种简单的方法是，加入高锰酸钾，用量只要测定量的一半，控制最终锰离子含量不得超过 2mg/kg。作用 8h 后，再加入活性炭（用量为 0.3~0.4g/L），作用 24h 后过滤。处理时高锰酸钾和活性炭用量要严格控制，并细致过滤，以免影响酒基的质量。

（四）化学精制法

该法是将酒精先进行化学处理，即加入氢氧化钠，然后再进行重新蒸馏。

1. 加入氢氧化钠的作用

（1）皂化酯类，使挥发性的酯类转变成酒精及不挥发性的盐类。

$$RCOOR' + NaOH \rightarrow R'OH + RCOONa$$

（2）中和挥发酸，将酸类变成不挥发的盐类。

$$CH_3COOH + NaOH \rightarrow CH_3COONa + H_2O$$

（3）缩合乙醛，将挥发性乙醛聚合成红色沉淀。

$$nCH_3CHO \xrightarrow[\text{加热}]{NaOH} (CH_3CHO)_n$$

2. NaOH 用量的测定

在使用氢氧化钠处理酒基时应事先测定其用量，因为过多的用量会使酒精变成乙醛，还会给酒基带来苦涩味，从而影响酒精质量。

测定的方法如下：取已稀释至酒精含量为 60% 的酒精 50mL，准确加入 0.1mol/L 的 NaOH 溶液 10mL，加热回流 30min（或静置 24h），待冷却后加入 0.1mol/LH_2SO_4，用酚酞作指示剂。再用 0.1mol/L 的 NaOH 滴定至微红色，根据滴定所消耗的 NaOH 毫升数，可计算出酒精含量为 60% 的酒精所需要的用量。

例如，有酒精含量为 60% 的酒精 50mL，用 0.1012mol/L 的 NaOH 标准溶液滴定，消耗 2mL，求每升酒基要加多少克的 NaOH？

设每升酒基消耗 NaOH 为 x（克）：

$$x = 2 \times 0.1012 \times 0.004 \times 1000/(50 \times 0.1) = 0.1619 \ (g/L)$$

式中　0.004——1mL 0.1mol/L NaOH 标准溶液中 NaOH 的质量，g

　　　0.1——换算成 0.1mol/LNaOH 标准溶液的因数

　　　1000——每毫升酒基换算成升的倍数

3. 具体操作方法

将欲处理的酒精加水降度到所需的标准酒度，加入经测定计算的氢氧化钠（配成 10% 浓度的溶液）、搅拌 30min（最好用空气压缩机通入压缩空气搅拌）静置 24h 后，取上清液蒸馏。

4. 蒸馏方式

蒸馏可分为釜式间歇蒸馏和塔式蒸馏两种。从处理效果上讲，间歇蒸馏有利于截头去尾，便于排出杂质，不足之处是工效低，能耗高，酒损大。用酒精塔连续蒸馏，各项杂质排除更方便、更彻底，且效率高，酒精质量提高更大。

（五）热处理法

将酒精加热处理，处理后的酒精中不饱和化合物发生缩合作用，酒精本身味道变得柔和，氧化时间增加。

（六）白酒净化器处理

净化是通过净化介质来完成的。净化介质是由不同型号的分子筛按一定比例配制而成的，它们具有选择性的吸附能力，分子较大或分子极性较强的引起浑浊的物质或杂味物质被吸附；相反，分子较小，分子极性较弱的不被吸附。此法不仅对各种基础酒具有良好的除浊净化功能、对新酒具有一定的催陈作用，而且对酒精具有良好的脱臭、除杂功能（和处理基础酒的介质不一样），经处理的酒精无明显的刺激、暴辣和不愉快的酒精味。

具体的操作过程：

（1）酒精含量为 95% 的原度酒精→加水降度至酒精含量为 50% ~ 60%（如清亮透明不浑）→净化处理→备用。

（2）酒精含量为 95% 的原度酒精→加水降至酒精含量为 50% ~ 60%（如出现浑浊、失光等现象）→静置 24 ~ 48h→上清液净化处理→备用。

二、增香工艺技术

（一）制作香醅

1. 香醅的种类

香醅的种类按原香醅的工艺及所含成分不同分为普通类及优质类。优质类又可分为不同的香型。香醅还有另一种分类方法，即按制作工艺来划分，如可分为麸曲香醅、大曲香醅、短期发酵香醅、长期发酵香醅等。

2. 香醅制作实例

（1）清香型香醅制作　取高粱粉 500kg，与正常发酵 21d 蒸馏过的清香型热酒醅 3000kg 混合，保温堆积润料 17 ~ 22h，然后入甑蒸 50min，出甑扬冷至 30℃ 左右，再加入黑曲 90kg、生香活性干酵母（ADY）50kg、液体南阳酵母 30kg，低温入窖发酵 15 ~ 21d，即为成熟香醅。

（2）浓香型香醅的制作　取 60d 发酵蒸馏后的浓香型酒醅 3000kg，加入高粱粉 500kg，大曲粉 1001kg，30% 酒精含量的酒尾 50kg，黄水酯化液 30kg，入泥窖发酵 60d，即为成熟香醅。

（3）酱香型香醅的制作　取大曲 7 轮发酵后的按茅台酒工艺生产的香醅

3000kg，加入高粱粉 300kg，加入中温大曲 70kg（或麸曲 50kg、生香 ADY48h）后，高温入窖发酵 30d，即为成熟香醅。

（4）取浓香型或酱香型丢糟 3000kg，加入糖化酶 1kg，生香 ADY 2kg，30% 酒精含量的酒尾 50kg，堆积 24h 后，30℃入窖发酵 30d，即为成熟香醅。

（二）酒精串蒸香醅

1. 常用法

当前各厂普遍采用的方法，一般是先将高度酒精稀释至酒精含量为 60% ~ 70%，倒入甑桶底锅，用酒糟或制作好的香醅作串蒸材料。串蒸比（酒糟∶酒精）一般为（2~4）∶1。如比例过大，成品酒虽香，但不谐调，反而影响产品质量；比例过小，香短味淡。在保证成品酒质量的前提下，应少用香醅，可降低成本。串香操作时要注意以下几方面问题。

（1）串香蒸酒装甑时要轻、松、薄、匀、缓，不压汽、不跑汽、不坠甑：为了使汽化后的酒精分子能与香醅层充分接触，在装甑过程中，必须撒得准、撒得松、撒得平，使汽上得齐、不压汽、不跑酒。具体操作过程为：将出池香醅加入适量的稻壳（稻壳要清蒸）拌和均匀，先在甑底撒少许稻壳，装一层香醅，厚度约 15cm，然后将上述比例的食用酒精与前甑酒稍加入底锅，混匀后浓度为 50%（体积分数）左右，或将食用酒精加浆稀释，稍待片刻，让酒精蒸汽上升时，按上述要点进行装瓶。在装甑满 4/5 时，即打醅墙，装满后迅速盖上甑盖，进行蒸酒。串香白酒同样要截头去尾，根据实践经验，每甑截酒头 0.5 ~ 1.5kg，作回酒用，以断花去尾（50% 左右）为宜。初摘的酒尾作回酒用，浓度较低的回下瓶甑底锅进行重新蒸馏。

（2）串香蒸酒的速度 串香蒸酒宜缓慢进行。这样可使酒精蒸汽与香醅层充分接触，促进相互间的物理与化学反应，提高成品酒的风味。一般流酒速度为 7.5 ~ 8kg/min 较宜，每甑流酒时间为 85min 左右。

（3）串香流酒的温度 串香流酒的温度，直接影响到成品酒的质量。据生产实践经验，流酒温度以 25℃左右宜。

（4）注意串香的酒基和香醅的质量 串香用的酒精必须是符合 GB 10343—2008《食用酒精》的产品，干净无杂味，加水降至酒精含量为 60% ~ 70% 后串蒸。另外要制作优质的香醅，香醅不香，串香便无从谈起。

如用酒醅串蒸，每锅装醅 850 ~ 900kg，使用酒精 210 ~ 225kg（以酒精含量为 95% 计），串蒸一锅的作业时间为 4h，可产酒精含量为 50% 的白酒 450 ~ 500kg，以及酒精含量为 10% 的酒尾 100kg。耗用蒸汽 2t 左右，串蒸酒损 4% ~ 5%。串蒸后的酒精含量为 50% 的白酒，其总酸可达 0.08g/L 以上，总酯可达 0.15g/L 以上，相当于在酒精中添加 10% 的固态法白酒的水平。

2. 常用法的改进

（1）用串蒸的糟进行再发酵，使其含有一定量的酒精，可减少糟中酒精的残留，使酒损降低1%左右。

（2）改变酒精的添加办法。变直接往锅底一次性添加为设置高位槽，接通管路至锅底，缓慢连续性添加，可减少酒损2%左右。

（3）采用串蒸酒精连续蒸馏装置。该装置改变了酒精的添加方式，变间歇蒸馏为连续蒸馏，提高了蒸馏效率。其最大优点是酒损可达0.5%以下。

3. 薄层恒压串蒸法

该法是由吉林省食品工业设计研究所研制成功的一项新技术。主要是设计制造了串蒸新设备——白酒薄层串蒸锅。

使用该设备可使被串蒸糟的料层厚度下降1/3～1/2，提高串蒸比，由原来的4∶1变为2∶1，加之酒精蒸气压的稳定，使蒸馏的效果提高，酒的损失可减少至1%以下。

使用这种串蒸锅可与原来甑桶的冷却系统连接，采用2∶1的串蒸比，每班次蒸3锅，可产白酒2t多。串蒸后的酒，总酸可达0.9～1.5g/L，总酯0.3～1.7g/L，具有明显的固态法白酒风味。

（三）浸香法

该法是用酒精浸入或加入香醅中，然后通过蒸馏把酒精与香味物质一起取出来的方法。

浸香法的优点是能使香醅中香味物质较多地浸到酒精中。缺点是酒精损失大或耗能高，加工香醅中的一些杂味物质也极易带入酒中，故目前各企业已很少采用这种方法。

（四）调香法

新型白酒调香的香源有三种：一是传统固态法发酵的白酒及发酵中的副产品如香糟、黄水、酒头、酒尾等；二是酒用香精香料；三是自然香源的选用，如各种中草药、各种植物、花卉的花、根、茎、叶等。

目前新型白酒大多以固态法发酵的白酒及相关产物为调香剂，尽量使用生物途径产生的混合香源，少用或不用纯化学合成的香源。各类香源使用量及注意事项如下。

1. 普通白酒

用这类酒勾调新型白酒，一般使用量在10%～20%；并且使用酒精含量为50%左右、酸度高一些的、贮存期3个月以上的普通白酒，勾兑的效果更好。使用普通白酒调新型白酒应注意三点：

（1）用量不可过大，否则将把这类酒的杂味带到新型白酒中。

（2）应配合使用一定比例的酒尾及化学酸味剂，使酒的酸度达标。

（3）如果使用酒用香精香料，一般多用己酸乙酯、乙酸乙酯及乳酸乙酯。

2. 优质白酒

使用各种香型优质白酒为调香剂，勾成的酒也具有同类香型的特点。一般用量在5%～7%可勾兑出普通级稍带本香型风格的白酒；用量在30%左右可勾兑出中档同香型优质白酒；用量在70%以上可兑出质量基本相当于原酒的"二名酒"。使用优质酒为调香剂时，选用的食用酒精应是优级或特级酒精。

3. 香醅

香醅中所含的各种微量成分正是酒精中所缺少的，而且品种齐全、数量充足。所以采取串蒸的方法把香醅中的有益成分提取出来，然后再用这种串蒸酒来与食用酒精勾兑，使新型白酒带有固态法白酒风味。但应注意以下三点：

（1）使用比例不可过大，一般以不超过40%为界限，否则会增加新酒的杂味。

（2）串香后的酒应贮存一段时间再用，以增强勾兑效果。

（3）用同一香型工艺生产的香精串蒸酒最好用于勾兑相同香型的新型白酒。

4. 酒头、酒尾、尾水

酒头中含有低沸点成分较多，用来提高酒的前香。一般用量在1%～2%，过多会使酒微量成分的量比不平衡。

酒尾中含有大量的酸味物质及高级脂肪酸酯类物质和其他一些高沸点的香味成分，用酒尾来调整酒的酸度及后味效果明显。但用量不可过大，超过20%将影响低度酒的透明度，而且会给酒带来梢子味。一般不超过5%～10%的用量。

另外，蒸馏过程中，摘酒尾后的尾水中含有较丰富的酸类及高级脂肪酸酯类物质，经适当处理和贮存后，代替部分加浆用水，用来勾调低档新型白酒，也会起到不错的效果。

5. 黄水

黄水的酸度很高，用来调酸效果明显。但黄水杂味很重，直接用来兑酒将严重影响酒味的干净。一般使用的黄水必须经过各种处理，以备串蒸后使用及酯化后再串蒸使用，效果较好。

6. 酒用香精、香料

（1）酒用香精、香料首先必须符合国家标准　我国对食用香精香料有严格的规定，必须按照 GB 2760—2014《食品安全国家标准　食品添加剂使用标准》选用香精、香料，并且要选用正规或定点企业生产的纯度高的产品。每批香精香料进厂，要有检验报告，要做必要的试验。简单的方法是加到低度酒精中嗅闻、尝评，进行鉴定和比较，不合格的香精香料坚决不能用来勾调新型白酒。

（2）使用的方法　使用质量合格、纯度高的香料，不宜直接加入白酒中。应先把香料与一定比例的食用酒精（酒精先经脱臭、除杂处理）混合均匀，将香精香料稀释溶解后，加到白酒中。醇、醛、酸、酯分组组合后，再以组为单位添加。

也可将香精香料加入黄水酯化液中，或加入香糟中，通过串蒸的形式提取出来，这样使用的效果更好。但采用这种方法会有一定量的损失，以后应研制先进的设备或工艺，尽量减少损失。

香精香料添加的顺序为：添加香精香料时，要求先加入乙醛水溶液，然后依次加入醇、酯、其他醛类，最后加入酸。添加醇、酯两类香精香料时，有条件的话，最好进行高温酯化，如在 45℃ 处理 4h 后，再加入到酒中，效果会更好。

保存方法为：香精香料应贮存在避光、低温、阴凉的地方。有条件的企业应单独存放香精香料，同时将各种香精香料分类存放，以防止其他异杂味和香料之间的交叉感染。另外，由于香精香料大部分为挥发性液体，使用时应注意其保质期。

白酒常用香料品种及用量范围如表 7 - 2 所示。

表 7 - 2　白酒常用香料品种及用量范围

名称	用量范围/%	特征
乙酸	0.01 ~ 0.03	有刺激性酸味
丁酸	0.005 ~ 0.01	有强烈持久的臭味
己酸	0 ~ 0.02	似汗臭味
乳酸	0.005 ~ 0.01	有香气，有浓厚感，多则有涩味
异丁酸	0.005 ~ 0.01	轻微的不愉快气味，似浓香型大曲酒风味
柠檬酸	0.01 ~ 0.02	酸味较长，且爽口，水溶性强
乙酸乙酯	0.01 ~ 0.05	呈香蕉香味，是清香型酒的主体香气
丙酸乙酯	0 ~ 0.05	似菠萝香，微涩，带芝麻香
乙酸异戊酯	0 ~ 0.02	呈强烈的香蕉香味
丁酸乙酯	0.01 ~ 0.03	似老窖酒香味，味持久
丁酸异戊酯	0 ~ 0.03	呈苹果香味
异戊酸乙酯	0 ~ 0.002	有类似凤梨的香味

续表

名称	用量范围/%	特征
己酸乙酯	0.02~0.07	有老窖酒香味，是浓香型酒的主体香气
月桂酸乙酯	0~0.001	有很强的果实香
苯乙酸乙酯	0~0.0005	呈蜂蜜香味
戊酸乙酯	0~0.03	似菠萝香，味浓刺舌，特称"吟酿香"
乙醛	0~0.005	微有水果香，味甜带涩，具有酒头香气
乙缩醛	0~0.005	有愉快的清香气味
异戊醇	0~0.001	似苹果香，有甜味
异丁醇	0~0.02	特有的酒精气味，无苦味，白酒中主要的高级醇
正丁醇	0~0.01	强烈的酒精气味，似葡萄酒香
β-苯乙醇	0.003~0.005	呈强烈的玫瑰香味
甘油	0.01~0.02	味甜柔和，有浓厚感

7. 植物香源

（1）浸提法　植物药材的浸提过程比较复杂，它不像糖那样容易溶解，而是逐渐地从不同结构的药材细胞内把那些易溶于酒中的成分溶解出来。

浸提的方法一般有常温浸提、加温浸提、煮沸浸提三种。

①常温浸提：以白酒或酒精（酒精要经过脱臭除杂处理）为溶剂，将一种或多种香源物质放在酒中浸泡。为提高浸渍效果，需适当延长浸渍时间。

②加温浸提：把溶剂加温到50~60℃，加入被浸物，保温数小时，然后冷却过滤。加温浸提比常温浸提时间短，有效成分提取率高，但一些香气轻淡的香源不宜采用。

③煮沸浸提：将香源物质先用水浸透，再直接加热煮沸，冷却，过滤，取滤液可直接用来兑酒。

（2）蒸馏法　将各香源原料在酒基中浸透，然后与酒基一同蒸馏，此蒸馏液具有酒香，也有明显的香源香气。用于兑酒，会提高酒的香气程度。

（3）压榨法　浆果类植物中有不少品种具有特殊香气，但这些浆果大部分含水分较多。用浸提法、蒸馏法处理不当会损失天然香感，如果采用直接粉碎、压榨、取汁，再将汁澄清、净化处理后，用于兑酒，香源的天然香味会保留于酒中。

（4）发酵法　将各种香源（以植物类为多）干燥、粉碎后，加入白酒的大曲、小曲中，一同培养成曲，此曲带有明显的香源香味物质，用这种曲酿酒也会将各种有益的香味带入酒中。还有一种形式，就是将香源粉碎后与其他发酵底物进行混合发酵，此发酵液可进行蒸馏，用此蒸馏液兑酒。此发酵液也可直接进行固液分离，液体按正常工艺进行贮存陈化，到期后再用来兑酒，香源使用效果更明显。

三、调味调香

新型白酒的调味调香主要有三个方面，即酸味的调整、甜味的增加和醛类的功能及调整。

（一）酸味的调整

新型白酒调酸的原则是酸与酯的平衡，其根据为以下四点。

（1）中国名优白酒大多数是遵循"酯低酸高"的规律。

（2）酸味对其他香味物质有重要的衬托作用。酸度不够，酒体往往不丰满，香味也不谐调；酸高，其他香味成分含量偏低也会严重影响酒体。

（3）国外著名的蒸馏白酒酯低、酸低，伏特加酒甚至无酸也无酯。

（4）新型白酒加入部分酒精后，所有的香味成分均得到稀释。酯降低了，酸也降低。有些企业在新型白酒中又加入大量的外来酯类，而忽略对酸味的调整，造成了这类新型白酒饮用后不舒适、副作用大的严重缺陷。

用于新型白酒调酸的种类，最好是黄水、酒尾、尾水中含有的经发酵生成的混合酸类。这些酸味物质不仅能提高新型白酒的固态法白酒风味，更重要的是能与各种酯类很好地配合，使酒的口味谐调，饮用的副作用减少。必要的时候，也可以用纯度高的几种有机酸食用香料以一定比例配制成混合酸用来勾调新型白酒。

混合酸 I 的配方：

（1）乙酸 80mL，己酸 60mL，乳酸 40mL，丁酸 35mL。用酒精含量为 50% 的酒精溶液稀释至 1000mL。酒精要经过脱臭除杂处理。

（2）乙酸 50%，己酸 25%，乳酸 19%，丁酸 6%，用酒精含量为 50% 的酒精溶液稀释后使用。

混合酸 II 的配方：

丙酸：戊酸：异戊酸：异丁酸 = 0.8：1.0：1.0：0.2（体积比），用食用酒精稀释至 10 倍后使用。前四种是主要酸性调味液，用量较大；后四种酸在白酒达到味觉转变后使用，用量较小，效果突出。

此外，大量的实践经验表明，在新型白酒的调味中用董酒和食醋来调酸味，效果也相当好。用董酒来勾调新型白酒，可以使酒香气浓郁，入口醇和味爽，后味、余香长。其用量一般在 1/100000 ~ 1/10000，即做小样时，500mL 的样品中加入 1 ~ 10 滴的董酒（$5^{1/2}$ 号针头）；用微量进样器时，在 500mL 的样品中加入 5 ~ 50μL 的董酒。

用食醋来勾调新型白酒，食醋是发酵食品，其香味物质的定性组成与白酒有相似之处。具体方法是：将食醋（香醋或香醋和陈醋以一定比例混合）过滤后蒸馏，将挥发性香味成分提取出来，馏出液可直接用来勾调基础酒；或者将白酒和食醋以一定比例混合后蒸馏，用馏出液来调味。

新型白酒的酸酯平衡是勾调成功的关键，在勾调中酯过高、酸偏低时，酒体表现为香气过浓、口味暴辣、后味粗糙、饮后易上头；酸过高、酯偏低时，酒体表现为香气沉闷、口味淡薄、杂感丛生。一般在低酯情况下，即总酯含量不超过 2.5g/L 前提下，酸与酯的比例保持在 1：2 左右较好。例如，低档新型白酒的总酸为 0.5 ~ 0.6g/L，总酯可为 1.0g/L 左右；中档新型白酒总酸为 0.8 ~ 0.9g/L，总酯可为 2.0g/L 左右；高档新型白酒总酸为 1.0g/L 以上，总酯可为 2.5g/L 左右。

（二）甜味的增加

新型白酒中加入适量甜味物质会增加酒体的丰满感，常用的甜味剂是白砂糖。使用方法如下。

1. 制糖浆

糖浆制备方法：在不锈钢或铜锅中溶化，先加水 100L 煮沸，再加入砂糖196kg，待溶化后按 1kg 白糖加 10g 柠檬酸，继续加热，使糖液沸腾趁热过滤，出锅糖浆应为无色或微黄色透明稠状液体，熬糖时应经常搅拌，防止砂糖淤锅造成糖浆老化，熬糖火力要均匀。

熬糖时加入少许柠檬酸，不仅可以加速糖的转化，还可防止糖液结晶。

2. 用砂糖制糖色

取 10kg 砂糖放入熬糖锅中，即倒入水 1L（糖水比为 10：1），开始加热，先用微火，以后逐渐加大火力并不断搅拌。砂糖溶解，颜色逐渐变黄，进而变黑褐色。当颜色合适时，停止"焦化"，去掉火力，趁热在一细筛上过滤。为防止污染，可在糖色装入贮存容器后，再加入 85% 的脱臭酒精，使糖色溶液的酒精浓度在较高的水平，起到防腐作用。

新型白酒加糖的范围应在 2 ~ 10g/L。高于这个范围，甜味突出，有失白酒风格。其他甜味剂的使用，要遵照说明书，先做小样试验找出最佳用量后再投入大生产使用。

（三）醛类的功能及调整

在新型白酒调味调香过程中，还要注意醛类物质的功能及调整问题。如前所述，醛类化合物与酒的香气关系密切。白酒中醛类物质主要是乙醛和乙缩醛，其次是糠醛，它们占总醛物质的 98%。它们与羧酸都是白酒中的谐调成分。酸偏重于口味的平衡和谐调，而乙醛和乙缩醛主要是对白酒香气的平衡和谐调。

醛类在新型白酒中主要起以下几方面的作用。

（1）携带作用　白酒的溢香、喷香与乙醛的携带作用有关，乙醛的沸点低，只有 20.8℃，很容易挥发，它可以"提扬"其他香气成分的挥发，起到了"提扬"香气和"提扬"入口喷香的作用。

（2）阈值的降低作用　乙醛的存在对可挥发性物质的阈值有降低作用，白酒的香气变大了，提高了放香感知的整体效果。

（3）掩蔽作用　酸和醛的功能不一样，酸压香增味，醛则提香压味。处理好这两类物质间的平衡关系，就不会显现出有外加香味物质的感觉。它可提高酒中各香味成分的相溶性，掩盖白酒中某些成分过分突出的弊端。

此外，乙醛和乙缩醛的比例也相当重要，是影响酒香气是否谐调的重要因素。一般来讲，乙醛∶乙缩醛 = (3∶4) ~ (1∶1) 为宜，比值波动的范围不能过大。

任务二　新型白酒勾调与调味实例

一、浓香型新型白酒的勾调实例

（一）以串蒸酒为酒基的勾调实例

（1）先对串蒸酒进行常规理化指标分析和气相色谱检测。再把串蒸酒加浆降至标准酒精度，如果勾调酒精度为 38% ~46% 的酒应用活性炭处理，活性炭的用量一般在 0.3% ~0.5%，处理时间一般在 24 ~48h。过滤后备用。

（2）根据设计的酒体色谱骨架成分，以 100mL 酒中成分的质量（mg）表示，并做计算。如己酸乙酯的设计值为 186mg/100mL，经上述色谱检测，串蒸酒中已含己酸乙酯 50mg/100mL，应添加己酸乙酯的量为：186 − 50 = 136（mg/mL），一般做小样（或放大样）时往往以体积为单位添加，所以应把 136mg/100mL 的添加量换算成体积如 mL 或 μL 的添加量。己酸乙酯的相对密度为 0.873，136mg 的己酸乙酯的体积数为 136/0.873 = 155.8μL。此外还要考虑到己酸乙酯纯度这一因素的影响，如己酸乙酯的纯度为 98%，则还要换算成 100% 纯度的添加量，那么实际的添加量为 155.8/0.98 = 159.0μL。以此类推，可以求出其他色谱骨架成分的添加量。

此外，对乙醛来讲，市售的乙醛是 40% 水合乙醛，例如，需补加乙醛

30mg/100mL，那么经换算实际的添加量则为：30/0.4＝75μL。但因40%的乙醛水溶液在放置过程中能聚合成三聚乙醛，它不溶于水，为一种油状液体浮在上层，下层为水合乙醛，只能用分液漏斗分出下层来调酒，三聚乙醛不能用来调酒。

（3）根据计算好的各香味成分的添加体积数一次配200mL或40mL，采用不同体积的微量进样器加入各种成分，为消除计量上的误差，应遵循一次加足数量的原则。如需加100μL的某成分，不能用50μL的微量进样器分2次加入，而应用100μL的微量进样器一次加入100μL的量。

（4）采用混合酸调味，混合酸的配方如前所述。取100mL上述已配好的样品酒，用微量进样器滴入稀释好的混合酸摇匀，静置后尝评，开始加5～10μL，越到后边用量越小，加1～2μL，当酒的苦味逐渐消失而出现甜味时，说明该酒已达味觉转变区间。各次加入量的总和即为合适量。另外再取100mL同样的样品酒，一次加入总酸量的95%以核对味觉转变区是否找准。为什么不能一次全部加入？因尝评次数多，体积发生变化，加的次数多易产生误差，否则在放大样时就会差之毫厘，谬以千里。如放大样100t，小样相差1μL，放大样时就会相差：

$$(100 \times 1000 \times 1000)/(100 \times 1000) = 100 \text{（mL）}$$

（5）放大样的计算小样做成后，以小样的各种添加剂用量为准进行扩大计算。方法有两种：一种是勾兑罐的体积计算。以己酸乙酯为例，如做小样时其添加量是60μL/100mL，勾兑罐体积是20.5m³，则己酸乙酯的添加量为：

$$\frac{20.5 \times 60}{100} = 12.3 \text{（L）}$$

另一种是以勾兑酒的实际质量计算。例如，要调配20t酒精度为52%的白酒，己酸乙酯的小样添加量仍为60μL/100mL，则放大样时己酸乙酯添加量为：

$$\frac{20 \times 60}{100 \times 0.92621} = 12.96 \text{（L）}$$

式中 0.92621——酒精度为52%的酒的相对密度

放大样时，把计算好的添加剂依次加入，要求乙醛水溶液第一个加入，混合酸最后加入。搅拌均匀，混合酸不可全部加入，只加小样量的80%～90%，便于后面有调整的余地。另外要考虑加入一定比例固态法白酒所带来的影响。

（二）以固液结合酒为基酒的勾调实例

一般有两种方法：一是已勾调好的串蒸酒与固态法白酒的组合；二是已调好的酒精与固态法白酒的组合。目前许多厂家为方便和效益考虑，大多用把降度以后的酒精和部分曲酒按一定比例混合后进行勾调。方法如下：

首先必须对固态法白酒和食用酒精所需的酒精度进行尝评。根据固态法白酒的用量为总量的 10% ~ 50% 的比例，组合好基础酒。一般口感淡薄、回甜、有明显的酒精味，略带固态酒的风味。若固态法白酒本身有异杂味，可能因组合酒精而被冲淡，某些偏高的香味成分同时被稀释，从而形成新的酒体。例如，做一个浓香型固液勾兑白酒，己酸乙酯含量为 220mg/100mL，类似名酒风格，酒精含量为 46%。

1. 材料

（1）固态法白酒　酒精度为 60%，经气相色谱检测，色谱骨架成分（单位 mg/100mL）：

己酸乙酯 210　　　　　己酸 20

乙酸乙酯 190　　　　　乙酸 25

乳酸乙酯 220　　　　　乳酸 60

丁酸乙酯 30　　　　　　丁酸 15

口感：闻香较好，酒体较醇厚，但尾涩，不谐调，有新酒味，略带青草味（乳酸乙酯、乳酸偏高的结果）。

（2）食用酒精　最好经酒类专用炭或白酒净化器进行脱臭、除杂处理。

（3）优质酒用香精香料。

（4）调味酒　窖香调味酒、糟香调味酒、陈味调味酒等。

50μL 和 100μL 微量进样器、2mL 的医用注射器（配 5$^{1/2}$ 号针头）、烧杯、三角瓶、量筒等容器。

2. 基础酒的勾兑

将固态法白酒和食用酒精加浆降至酒精度为 46%，然后按固液比例分别为 1∶9、2∶8、3∶7、4∶6、5∶5 的不同比例组合小样。经尝评比较，1∶9 比例的样品其固态法白酒风味小，其他三种口感相近，从成本考虑，选择 2∶8 固液比例较适宜，并组合出 1000mL 基酒。则上述各色谱骨架成分的含量变化为：

己酸乙酯：（210 × 38.7165% × 20%）/52.0879% = 31.2（mg/100mL）（注：式中 38.7165% 为酒精度为 46% 时对应的质量分数，51.0829% 为酒精度为 60% 时对应的质量分数，下同）

乙酸乙酯：（190 × 38.7165% × 20%）/52.0879% = 28.2（mg/100mL）

乳酸乙酯：（270 × 38.7165% × 20%）/52.0879% = 40.1（mg/100mL）

丁酸乙酯：（30 × 38.7165% × 20%）/52.0879% = 4.5（mg/100mL）

己酸：（20 × 38.7165% × 20%）/52.0879% = 3.7（mg/100mL）

乳酸：（60 × 38.7165% × 20%）/52.0879% = 3.0（mg/100mL）

丁酸：（15 × 38.7165% × 20%）/52.0879% = 2.2（mg/100mL）

根据某名酒色谱骨架成分含量及量比关系：己酸乙酯为 220mg/100mL（单位以下同）、乙酸乙酯 118.8（220 × 0.54 = 118.8，其中 0.54 为乙酸乙酯和己酸乙酯的适宜比例）、乳酸乙酯 165.0 （220×0.75＝165.0，其中 0.75 为乳酸乙酯和己酸乙酯的适宜比例）、丁酸乙酯 22 （220×0.1＝22.0，其中 0.1 为丁酸乙酯和己酸乙酯的适宜比例）、己酸 20、乙酸 45、乳酸 45、丁酸 10。通过数学计算，得到基酒中应补加各香味成分的量分别为：

①己酸乙酯＝220－31.2＝188.8 （mg/100mL）

$$\frac{188.8}{0.873×98\%}=220.6 （\mu L/100mL）$$

式中　0.873——己酸乙酯的相对密度

②乙酸乙酯＝118.8－28.2＝90.6 （mg/100mL）

$$\frac{90}{0.901×98\%}=101.9 （\mu L/100mL）$$

式中　0.901——乙酸乙酯的相对密度

③乳酸乙酯＝165.0－40.1＝124.9 （mg/100mL）

$$\frac{124.9}{1.03×98\%}=123.7 （\mu L/100mL）$$

式中　1.03——乳酸乙酯的相对密度

④丁酸乙酯＝22－4.5＝17.5 （mg/100mL）

$$\frac{17.5}{0.879×98\%}=20.3 （\mu L/100mL）$$

式中　0.879——丁酸乙酯的相对密度

⑤己酸＝20－3＝17 （mg/100mL）

$$\frac{17}{0.922×98\%}=18.8 （\mu L/100mL）$$

式中　0.922——己酸的相对密度

⑥乙酸＝45－3.7＝41.3 （mg/100mL）

$$\frac{41.3}{1.049×98\%}=40.2 （\mu L/100mL）$$

式中　1.049——乙酸的相对密度

⑦乳酸＝45－8.9＝36.1 （mg/100mL）

$$\frac{36.1}{1.249×80\%}=36.1 （\mu L/100mL）$$

式中　1.249——乳酸的相对密度

⑧丁酸＝10－2.2＝7.8 （mg/100mL）

$$\frac{7.8}{0.964×98\%}=8.3 （\mu L/100mL）$$

式中　0.964——丁酸的相对密度

其他一些香味成分如醇、醛等同样做相应的补加，使酒体谐调丰满。

基酒的调味，正常情况下，单种调味酒的用量在 1‰左右，一般不超过

3‰。具体操作和食用香精香料相似：取 100mL 初组合好的基酒，加一种或两种以上的调味酒，经反复试验，得到较好方案，如窖香调味酒 18 滴、糟香调味酒 15 滴、陈味调味酒 12 滴，经尝评，窖香较好，酒体浓厚，醇和绵软，尾净余长，具有固态法白酒的风格，调香感不明显，风格典型。

通过调味，使酒体放香得到改善，酒体更加醇和绵软，掩盖令人不愉快的香精味和酒精味，具有良好的固态法白酒的风味，使其具有典型的风格。

通过上述的小样勾调工作，确定固液比例为 2∶8 以及小样中各种食用香精香料和各种调味酒用量，按此方案，再适当放大勾兑，经复查质量达到小样要求，就可以进行大样勾调。

固液勾兑必须具备的条件以及勾调中需注意的问题如下。

（1）食用酒精和固态法白酒要符合国家标准或相关标准。

（2）配方设计要合理，符合实际。

（3）有一定数量不同风格和特色的调味酒。并能根据基酒具体情况，正确选用调味酒。

（4）要注意计量的准确性，在做小样时，最好使用微量进样器，用医用注射器以滴为添加单位时，要注意由于各种香精香料的相对密度等因素的影响，相同体积的不同香精香料的滴数是不一样的。不能千篇一律都以 1mL（$5^{1/2}$ 号针头）为 200 滴来进行扩大计算，那会造成较大的误差，从而影响勾调的结果。具体情况如表 7 – 3 所示。

表 7 – 3　$5^{1/2}$ 号针头 1mL 部分香精、调味酒滴数与相对密度的关系

添加物	相对密度/ （20℃/4℃）	滴数	添加物	相对密度/ （20℃/4℃）	滴数
己酸乙酯	0.873	200	乙酸乙酯	0.901	200
乳酸乙酯	1.030	160	丁酸乙酯	0.871	170
戊酸乙酯	0.877	200	己酸	0.922	150
乙酸	1.049	120	乳酸	1.249	130
丁酸	0.964	170	正己醇	0.815	130
双乙酰	0.981	130	乙缩醛	0.826	174
β - 苯乙醇	1.024（1℃）	100	一般调味酒	0.88～0.90	200

（5）使用 2mL 注射器时，手要拿正，用力轻而稳。等速点滴，不要呈线。

（三）以食用酒精为基酒的勾调实例

以食用酒精为基酒的勾调关键是要搞好配方的设计。配方设计是以名优白酒

的微量成分含量及其相互间的量比关系、各微量成分的香味界限值和各单体香料的风味以及白酒的理化卫生指标等为主要依据。首先拟定模仿什么香型、什么风味的酒，然后拟定设计原则，进行计算、试配、尝评，再反复调整逐步完善。

配方设计的方法一般有两种：全比例设计和分比例设计。

1. 分比例设计

分比例设计主要是先确定主体香味成分的含量范围，再通过其他成分与主成分的比例关系，推导出其他成分的用量，再根据各个组分之间的比例进行调整，或选择其中某些成分含量，分别确定其使用量，或通过试验进行优选，以取得最佳值。

例如，模仿五粮液的调香白酒的设计。

（1）五粮液酒以己酸乙酯、乙酸乙酯、乳酸乙酯、丁酸乙酯为四大主要酯类，以己酸乙酯和适量的丁酸乙酯为主体香。己酸乙酯在五粮液酒中的含量约为200mg/100mL。四大酯占酯类的百分数平均值为：己酸乙酯/四大酯 = 43.36%，乙酸乙酯/四大酯 = 21.73%，乳酸乙酯/四大酯 = 29.03%，丁酸乙酯/四大酯 = 5.17%，总酯的含量为580～750mg/100mL。

根据以上比例，设其他比例不变的情况下，选出己酸乙酯的试配值，同时取以中间值为主，试配两头的方法进行选取。再根据其他微量成分与己酸乙酯的比值，确定或选取其他微量成分的数据。

（2）五粮液酒中的主要微量成分与己酸乙酯的量比关系如表7-4所示。

表7-4　五粮液酒中微量成分与己酸乙酯的量比关系

成分	对己酸乙酯的比例	成分	对己酸乙酯的比例
乙酸乙酯	45.0～65.0	甲酸	1.3～2.3
丁酸乙酯	10.0～25.0	乙酸	17.5～30.0
戊酸乙酯	2.3～7.0	丁酸	3.5～6.0
乳酸乙酯	50.0～95.0	异戊酸	0.5～0.8
庚酸乙酯	2.5～10.0	戊酸	0.7～1.6
辛酸乙酯	1.0～5.0	己酸	10.0～22.5
壬酸乙酯	0.7～1.3	乳酸	5.0～10.0
棕榈酸乙酯	1.5～2.3	正丙醇	7.5～15.0
油酸乙酯	0.2～2.0	仲丁醇	5.0～10.0
亚油酸乙酯	1.0～2.5	异丁醇	5.0～10.0
乙醛	17.5～25.0	正丁醇	2.5～7.5
乙缩醛	15.0～37.5	异戊醇	20.0～30.0

　　五粮液之所以具有喷香、丰满谐调、酒味全面的独特风格，主要是由酒中主要微量成分的种类、绝对含量及其相互间的量比关系决定的。

　　五粮液酒中主体成分除四大酯外，还必须辅以适量的戊酸乙酯、辛酸乙酯、庚酸乙酯等。这些物质多数似窖底香，它们挥发度大，有助前香、前劲。除了上述酯类含量是决定酒质的重要因素外，己酸乙酯与各种微量成分之间的比例关系也是一个主要因素。如果其中有一个或更多的比例不当，不但使诸味失调，甚至可能出现喧宾夺主的现象，酒的质量将受到严重影响。在五粮液酒中，主要成分的含量及其相互间的比例存在以下基本规律。

　　①主要酯类成分在含量上由多到少的顺序是：己酸乙酯＞乳酸乙酯＞乙酸乙酯＞丁酸乙酯＞庚酸乙酯＞戊酸乙酯＞辛酸乙酯。

　　其中乳酸乙酯∶己酸乙酯＝（0.6～0.8）∶1 最适宜，一般在 1 以下为好，丁酸乙酯∶己酸乙酯＝0.1∶1，乙酸乙酯∶己酸乙酯＝（0.4～0.6）∶1。乳酸乙酯在浓香型白酒中的含量与酒的风味关系很大，是造成浓香型白酒不能爽口回甜的主要原因。

　　这里需要特别指出的是，20 世纪 90 年代后，比较好的浓香型白酒（如五粮液、剑南春）的分析结果中四大酯含量顺序变化为：己酸乙酯＞乙酸乙酯＞乳酸乙酯＞丁酸乙酯，且丁酸乙酯的含量略有增加。比较可知，乙酸乙酯多于乳酸乙酯的酒前香好。

　　②主要高级醇成分在含量上由多到少的顺序是：异戊醇＞正丙醇＞仲丁醇＞异丁醇＞正丁醇。其中正丙醇、正丁醇的量以偏小为好。正丁醇/丁酸乙酯、正丙醇/丁酸乙酯的比值应＜1。若比值＞1，就是质量差的酒。异戊醇/异丁醇一般在 2～5。好的浓香型酒的醇酯比一般在 10 左右。

　　③主要有机酸成分在含量上由小到大的顺序是：乙酸＞己酸＞乳酸＞丁酸＞甲酸。酒质好一般总酸较多，突出在己酸含量上，有利于提高酒的浓郁感。总酸与总酯的平衡谐调相当重要。浓香型白酒的酸酯比一般在 1∶4 左右。高沸点成分中，酯类主要成分在含量上的基本顺序是：庚酸乙酯＞棕榈酸乙酯＞辛酸乙酯＞亚油酸乙酯＞油酸乙酯＞壬酸乙酯＞十四酸乙酯＞苯乙酸乙酯＞丁二酸乙酯＞月桂酸乙酯。

　　另外，醇类主要成分在含量上的基本顺序：β-苯乙醇＞糠醇＞十四醇＞月桂醇＞癸醇。这些高沸点物质，大多数含量不宜过多。

　　（3）调配五粮液型酒时应注意的几个问题

　　①乳酸乙酯含量过多的酒会出现不同程度的发闷、甜味，就是说如果乳酸乙酯的含量大于己酸乙酯，就会严重影响五粮液型酒的风格。

　　②丁酸乙酯、己酸乙酯含量过低，而其他成分的比例偏高，必然造成主体

香气缺乏而影响香气及浓香味。

③丁酸乙酯、丁酸类偏大或过高的酒会出现香劲大，味单调粗糙并影响香气，严重时还可能出现不同程度的丁酸臭味。

④丁酸乙酯、乙酸乙酯和乳酸乙酯含量过大，也影响香气和味，造成香气差，香味过重，甚至出现苦涩味，这样配出的酒，基本上没有五粮液型酒的风味。

⑤对于醛类物质，浓香型酒中主要是乙醛、乙缩醛，其次是糠醛。乙醛有刺激味；乙缩醛是白酒香味的主要成分之一，是白酒老熟和质量的重要指标，它有助于酒的放香，含量过大时，酒味清淡，过重时会严重缺乏浓香味，含量过小，酒不爽；也有人认为乙缩醛与酒的陈香有关。糠醛有一定焦香，对酒后味起作用。

⑥各主要微量成分含量太低，即使其量比关系基本符合要求，也会出现香味淡薄而达不到感官要求的质量程度。

⑦各微量成分在酒中的含量总是适量时有利，过量时有弊、差量时无利，因此各有其最适量的范围，要求达到诸味谐调，酒中所含主要微量成分应基本处在各自的最适范围内。

仿五粮液酒主要微量成分见表7-5。

表7-5　仿五粮液酒成分比例配方

成分	含量/（mg/100mL）	成分	含量/（mg/100mL）
己酸乙酯	225	乳酸	35
乳酸乙酯	168	丁酸	13
乙酸乙酯	126	丙酸	1
丁酸乙酯	21	甲酸	4
戊酸乙酯	6	戊酸	3
庚酸乙酯	3	异戊酸	2
辛酸乙酯	5	异戊醇	40
油酸乙酯	4	异丁醇	10
棕榈酸乙酯	5	仲丁醇	3
壬酸乙酯	2	正丁醇	5
2，3-丁二醇	20	正丙醇	12
双乙酰	65	正己醇	4
醋翁	50	乙醇	36
乙酸	45	乙缩醛	47
己酸	42		

2. 全比例设计

首先确定和选择模拟酒的各类量比关系，再确定各类微量成分中的各组分的量比关系，通过计算得出总酯、总酸、醇类、多元醇、羰基化合物各自含量，再分别计算各类中的各组分含量。根据某些法则或特殊要求进行调整。先进行统计、试配、尝评、调整、再试配、尝评，并逐步完善。

下面以仿泸州特曲酒为例，说明全比例设计方案的计算过程。

浓香型酒泸州特曲中各类别间的量比关系设酯类为1，其他类与酯类的比值如表7-6所示。

表7-6　泸州特曲中各类别间的量比值

酒号	酯酸比	酯醇比	酯醛比
泸州特曲1号	1：0.29	1：19	1：0.08
泸州特曲2号	1：0.28	1：0.16	1：0.07
平均值	1：0.285	1：0.175	1：0.075

各类中还有多种成分的香味物质，如酸类就有12种，但有些成分的含量是低于阈值的，调香时可以不考虑这些含量低于阈值的物质。

（1）各类中各组分的量比关系

①酸类中各组分的量比关系：设乙酸的含量为1，则乙酸与其他酸之间的量比关系是：乙酸：丁酸：戊酸：己酸：乳酸：丙酸＝1：0.187：0.028：1.288：0.588：0.008。

②酯类中各组分的量比关系：设乙酸乙酯的含量为1，则乙酸乙酯与其他酯类之间的量比关系是：乙酸乙酯：丁酸乙酯：戊酸乙酯：己酸乙酯：庚酸乙酯：乳酸乙酯＝1：0.14：0.03：1.49：0.025：0.97。

③羰基类中各组分的量比关系：设乙醛的含量为1，则其他组分与乙醛的量比关系为：乙醛：乙缩醛：异丁醛：正戊醛：异戊醛：双乙酰：乙酸＝1：2.78：0.077：0.102：0.086：0.51：0.29。

④醇类中各组分的量比关系：设甲醇为1，则其他组分与它的量比关系：甲醇：丙醇：仲丁醇：异丁醇：异戊醇：己醇＝1：0.56：0.102：0.44：1.26：0.032。

⑤多元醇类的量比关系：2，3-丁二醇：丙三醇＝1：2左右。

（2）各类间的量比关系

总酯：总酸：醇类：醛酮类：多元醇类＝1：0.285：0.175：0.075：0.6。

（3）经尝评、调整，对仿泸州特曲确定数据如下

①各类间的量比关系

总酯：总酸：总醛：醇类：多元醇类＝1：0.285：0.075：0.175：0.6

②酸类中各成分的量比关系

乙酸：丙酸：丁酸：戊酸：己酸：乳酸 = 1：0.01：0.2：0.03：1.3：0.5

③酯类中各成分的量比关系

乙酸乙酯：丁酸乙酯：戊酸乙酯：己酸乙酯：庚酸乙酯：辛酸乙酯：乳酸乙酯 = 1：0.15：0.03：1.5：0.02：0.015：0.5

④醛酮类的量比关系

乙醛：乙缩醛：异丁醛：正戊醛：异戊醛：双乙酰：乙酸 = 1：2.5：0.07：0.1：0.08：0.5：0.3

⑤醇类中各成分的量比关系

甲醇：丙醇：仲丁醇：异丁醇：异戊醇：己醇 = 1：0.3：0.1：0.4：0.1：0.1

⑥多元醇的量比关系

1，3 - 丁二醇：丙三醇 = 1：2

（4）各种成分用量的计算

①类别计算：设总酯的含量为 400mg/100mL，总酸含量 = 400×0.285 = 114（mg/100mL），醛酮类化合物含量 = 400×0.075 = 30（mg/100mL），醇类含量 = 400×0.175 = 70（mg/100mL），多元醇含量 = 400×0.6 = 240（mg/100mL）。

②各类中各主要组分计算

a. 酸类中各组分的用量

酸类的比例总和 = 1 + 0.01 + 0.2 + 0.03 + 1.3 + 0.5 = 3.04

乙酸 = 114×1/3.04 = 37.5（mg/100mL）

丙酸 = 114×0.01/3.04 = 0.38（mg/100mL）

丁酸 = 114×0.2/3.04 = 7.5（mg/100mL）

戊酸 = 114×0.03/3.04 = 1.13（mg/100mL）

己酸 = 114×1.3/3.04 = 48.75（mg/100mL）

乳酸 = 114×0.5/3.04 = 18.75（mg/100mL）

其他酸以此类推可求得。

b. 酯类中各组分的用量

乙酸乙酯 = 124.42（mg/100mL）

丁酸乙酯 = 18.66（mg/100mL）

戊酸乙酯 = 3.3（mg/100mL）

己酸乙酯 = 186.63（mg/100mL）

庚酸乙酯 = 2.49（mg/100mL）

乳酸乙酯 = 62.21（mg/100mL）

c. 酮醛类化合物的用量

乙醛 = 6.59mg/100mL

乙缩醛 $= 16.48\text{mg}/100\text{mL}$

异丁醛 $= 0.46\text{mg}/100\text{mL}$

正戊醛 $= 0.66\text{mg}/100\text{mL}$

异戊醛 $= 0.53\text{mg}/100\text{mL}$

双乙酰 $= 3.30\text{mg}/100\text{mL}$

醋翁 $= 1.98\text{mg}/100\text{mL}$

d. 醇类中各组分的用量

甲醇 $= 35\text{mg}/100\text{mL}$

丙醇 $= 10.5\text{mg}/100\text{mL}$

仲丁醇 $= 3.5\text{mg}/100\text{mL}$

异丁醇 $= 14\text{mg}/100\text{mL}$

异戊醇 $= 3.5\text{mg}/100\text{mL}$

己醇 $= 3.5\text{mg}/100\text{mL}$

e. 多元醇的用量

2，3 - 丁二醇 $= 80\text{mg}/100\text{mL}$

丙三醇 $= 160\text{mg}/100\text{mL}$

采用全比例设计，往往全盘设计后，发现有些成分达不到界限值，如仿泸州特曲酒的全比例设计中，像异丁醛设计只有 0.46mg/100mL，而它的界限值却有 1.3mg/100mL，失去了调香调味的价值，就需要调整。而这一成分的调整则要影响整个组分内的比例，从而影响各组分的全比例的变动，因此达不到界限值的可以不加此成分。反过来，如果超过应有的最高含量者，则必须重新设计，调整比例，每动一个数据要导致整个配方的重新计算。故多数酒厂多采用分比例设计，此种设计配方方法灵活、实用，可以根据需要随时调整。

二、清香型新型白酒的勾调实例

（一）普通清香型新型白酒勾调实例

普通食用酒精加水调成酒精体积分数为 45%，其比例为 85%；普通 4d 发酵粮食白酒也调成酒精体积分数为 45%，其比例为 15%，加入酒尾 5%，调入乙酸乙酯 0.01%～0.02%，加糖 5g/L。成品酒中酒精体积分数为 45%，总酯 0.8g/L，总酸 0.5g/L 左右。经感官尝评，该产品有明显的普通白酒风味。

（二）优质中档清香型新型白酒勾调实例

用优级食用酒精调成体积分数为 50%，其比例占 70%；用优质清香大曲酒调成体积分数为 50%，其比例占 30%。加糖 0.3g/L，用清香酒尾及乙酸乙酯调整。成品酒中，总酸 0.7~0.8g/L，总酯1.8~2.0g/L。该产品有明显的老白干酒及二锅头酒风味。

三、兼香型高档优质白酒勾调实例

（1）优质食用酒精，加处理后的水，调成酒精体积分数为42%，其比例为30%。

（2）配制固态法白酒，大曲酱香型优质白酒（原度计）3%，其他酱香型优质白酒占4%~7%，浓香型调味酒占55%~58%。几种酒混合加水除去浑浊后，调成酒精体积分数为42%的酒。

（3）调味。用高酸调味酒调整酸度，使总酸在 0.8~1.2g/L，用高酯调味酒调整总酯在 2.0~2.5g/L。

（4）加入白砂糖 3g/L。

感官尝评：浓香中有酱香，浓酱谐调，口味较丰满，较甜，后味较长，兼香型酒的风格明显。

四、生料酒的勾兑实例

（一）生料酒的除杂增香

新蒸馏的生料酒大都带有一些不愉快的生料味和新酒气味，影响生料酒的品质。需适当处理后，才能勾兑调味。处理措施一般有以下几种：一是通过陶坛自然贮存，或在贮存过程中按每 100kg 生料酒加 0.1kg 左右的猪板油或肥肉浸泡，半年后生料味基本消失，酒体醇甜、净爽。二是用酒类专用炭处理，酒类专用炭为 0.1%~0.2%，加入后充分搅拌，处理时间为 24~48h，过滤后使用，能去除杂味并起到一定的催熟作用。三是使用白酒净化器或其他酒类多功能处理机除杂处理。

（二）勾兑方法

正式勾兑前，必须先做小样勾兑试验。按照设计方案，把生料酒、固态法白酒、食用酒精、香料等组合成基础酒，并加水调至所需酒度。若组合后的基础酒与设计要求的标样相符，则小样勾兑成功；若有差异则需重新修正，调整至满意为止。小样勾兑好后，按照小样组合基础酒的比例，分别计算出各种物料的用量，准确称量后组合，然后充分搅拌均匀，尝评。若与标样一致则组合完毕，否则应调整。基础酒组合好后再进行调味。勾调成型的酒贮存 1 个月左右即可销售。

（三）勾兑配方举例

1. 勾兑浓香型白酒

根据浓香型白酒香味特征和主要微量成分含量及其量比关系，设计配方，在生料酒中加入一定量的浓香型大曲酒（或经脱臭除杂的优质食用酒精）、调味酒和酒用香料等，可勾调出中低档浓香型白酒，配方见表7-7和表7-8。

表7-7　低档浓香型大曲酒配方　　　　　　　单位：%

原材料	酒精度为52% vol 大曲酒	酒精度为46% vol 大曲酒	酒精度为38% vol 大曲酒
生料酒	90	85	80
浓香型大曲酒	5	10	15
酒头	1	1.5	2
酒尾	4	3.5	3
己酸乙酯	0.11	0.13	0.15
乳酸乙酯	0.08	0.08	0.09
乙酸乙酯	0.09	0.09	0.10
丁酸乙酯	0.01	0.013	0.015
己酸	0.008	0.008	0.008
乳酸	0.003	0.003	0.004
乙酸	0.007	0.007	0.008
丁酸	0.001	0.001	0.001
乙缩醛	0.04	0.05	0.05
甜味剂	适量	适量	适量

表7-8　中档浓香型大曲酒配方

原材料	酒精度为52% vol 大曲酒	酒精度为46% vol 大曲酒	酒精度为38% vol 大曲酒
生料酒	70	60	50
浓香型大曲酒	25	35	45
酒头	1	1.5	2
酒尾	4	3.5	3
双轮底调味酒	0.10	0.12	0.15
陈味调味酒	0.30	0.35	0.40

续表

原材料	酒精度为52% vol 大曲酒	酒精度为46% vol 大曲酒	酒精度为38% vol 大曲酒
浓甜调味酒	0.20	0.25	0.40
己酸乙酯	0.16	0.17	0.18
乳酸乙酯	0.10	0.11	0.11
乙酸乙酯	0.11	0.12	0.11
丁酸乙酯	0.016	0.017	0.018
戊酸乙酯	0.001	0.001	0.001
辛酸乙酯	0.0005	0.0005	0.0005
丁二醇	0.001	0.001	0.001
丙三醇	0.05	0.06	0.06
己酸	0.04	0.04	0.045
乳酸	0.02	0.02	0.02
乙酸	0.05	0.05	0.05
丁酸	0.01	0.01	0.01
异戊醇	0.05	0.05	0.05
乙醇	0.03	0.035	0.04
乙缩醛	0.05	0.05	0.06
双乙酰	0.0002	0.0002	0.0002
醋酸	0.0001	0.0001	0.0001

2. 勾兑清香型白酒

依据清香型白酒香味特征和主要微量成分含量要求，设计配方，在生料酒中加入一定量的清香型白酒（或经脱臭除杂的优质食用酒精）调味酒和酒用香料，可勾兑出中低档清香型白酒，其配方见表7-9。

表7-9　清香型白酒配方　　　　　　　　　单位：%

原材料	中档清香型白酒	低档清香型白酒
生料酒	50	90
清香型白酒	40	5
清香酒酒头	3	1
清香酒酒尾	7	4
陈味调味酒	0.5	—

续表

原材料	中档清香型白酒	低档清香型白酒
香甜调味酒	0.6	—
绵净调味酒	0.3	—
乳酸乙酯	0.25	0.17
乙酸乙酯	0.29	0.23
乙酸	0.07	0.05
乳酸	0.02	0.015
正丙醇	0.01	—
异戊醇	0.03	—
异丁醇	0.01	—
乙醛	0.01	—
乙缩醛	0.02	—
双乙酰	0.0005	—
甜味剂	—	适量

3. 勾兑米香型白酒

根据米香型白酒的风味特征和主要微量成分含量，设计配方，加入一定量的传统工艺米香型白酒和酒用香料，可勾兑成米香型白酒。配方见表7-10。

表7-10 米香型白酒配方　　　　　　　单位：%

原材料	用量	原材料	用量
生料酒	80	正丙醇	0.01
传统米香白酒	15	β-苯乙醇	0.005
米香型酒酒头	1	异戊醇	0.05
米香型酒酒尾	4	异丁醇	0.02
陈酒	0.5	乙醛	0.001
乙酸乙酯	0.02	乙缩醛	0.002
乳酸乙酯	0.06	2，3-丁二醇	0.005
乙酸	0.03	乙酸异戊酯	0.003
乳酸	0.04	甜味剂	适量

4. 用复合酒用香精勾兑不同香型的白酒

复合酒用香精是依据各种香型白酒的主要微量成分的含量和量比关系，将多种呈香呈味的单体香料复配在一起，制成具有不同风格特征的香精，如浓香香精、清香香精、米香香精、酱香香精等；也有的将香味骨架成分、微量成分、生物发酵液、相应香型的优质酒、调味酒调配成各种香型的"调味液"，使用时参照相关说明添加一定的"香精"或"调酒液"，可勾兑成相应香型的白酒。

思考与练习

1. 名词解释：新型白酒、香醅、黄水、黄水酯化液、酒头和酒尾、全比例设计、分比例设计。

2. 生产新型白酒的基础原料有哪些？

3. 在新型白酒生产过程中如何利用黄尾水？

4. 生产新型白酒时对甜味剂有何要求？

5. 食用酒精处理的方法有哪些？

6. 串香操作时应注意哪些方面的问题？

7. 使用酒用香精香料时应注意哪些方面的问题？

8. 如何进行新型白酒的调味调香？

9. 怎样进行固液勾兑？

10. 怎样进行分比例设计？

11. 如何进行生料酒的勾兑？

附录一 | 酒精体积分数、质量分数、密度对照表

酒精体积分数、质量分数、密度对照表

体积分数/%	质量分数/%	密度/(g/mL)	体积分数/%	质量分数/%	密度/(g/mL)
0.0	0.0000	0.99823	2.6	2.0636	0.99443
0.1	0.0791	0.99808	2.7	2.1433	0.99428
0.2	0.1582	0.99793	2.8	2.2230	0.99414
0.3	0.2373	0.99779	2.9	2.3027	0.99399
0.4	0.3163	0.99764	3.0	2.3825	0.99385
0.5	0.3956	0.99749	3.1	2.4622	0.99371
0.6	0.4748	0.99734	3.2	2.5420	0.99357
0.7	0.5540	0.99719	3.3	2.6218	0.99343
0.8	0.6333	0.99705	3.4	2.7016	0.99329
0.9	0.7126	0.99690	3.5	2.7815	0.99315
1.0	0.7918	0.99675	3.6	2.8614	0.99300
1.1	0.8712	0.99660	3.7	2.9413	0.99286
1.2	0.9505	0.99646	3.8	3.0212	0.99272
1.3	1.0299	0.99631	3.9	3.1012	0.99258
1.4	1.1092	0.99617	4.0	3.1811	0.99244
1.5	1.1386	0.99602	4.1	3.2611	0.99230
1.6	1.2681	0.99587	4.2	3.3411	0.99216
1.7	1.3475	0.99573	4.3	3.4211	0.99203
1.8	1.4270	0.99558	4.4	3.5012	0.99189
1.9	1.5065	0.99544	4.5	3.5813	0.99175
2.0	1.5860	0.99529	4.6	3.6614	0.99161
2.1	1.6655	0.99515	4.7	3.7415	0.99147
2.2	1.7451	0.99500	4.8	3.8216	0.99134
2.3	1.8247	0.99486	4.9	3.9018	0.99120
2.4	1.9043	0.99471	5.0	3.9819	0.99106
2.5	1.9839	0.99457	5.1	4.0621	0.99093

续表

体积分数/%	质量分数/%	密度/（g/mL）	体积分数/%	质量分数/%	密度/（g/mL）
5.2	4.1424	0.99079	8.6	6.8810	0.98645
5.3	4.2226	0.99066	8.7	6.9618	0.98633
5.4	4.3028	0.99053	8.8	7.0427	0.98621
5.5	4.3831	0.99040	8.9	7.1237	0.98608
5.6	4.4634	0.99026	9.0	7.2046	0.98596
5.7	4.5437	0.99013	9.1	7.2855	0.98584
5.8	4.6240	0.99000	9.2	7.3665	0.98572
5.9	4.7044	0.98986	9.3	7.4475	0.98560
6.0	4.7848	0.98973	9.4	7.5285	0.98548
6.1	4.8651	0.98960	9.5	7.6095	0.98536
6.2	4.9456	0.98947	9.6	7.6905	0.98524
6.3	5.0259	0.98935	9.7	7.7716	0.98512
6.4	5.1064	0.98922	9.8	7.8526	0.98500
6.5	5.1868	0.98909	9.9	7.9337	0.98488
6.6	5.2673	0.98896	10.0	8.0148	0.98476
6.7	5.3478	0.98883	10.1	8.1060	0.98464
6.8	5.4283	0.98871	10.2	8.1771	0.98452
6.9	5.5089	0.98858	10.3	8.2583	0.98440
7.0	5.5894	0.98845	10.4	8.3395	0.98428
7.1	5.6701	0.98832	10.5	8.4207	0.98416
7.2	5.7506	0.98820	10.6	8.5020	0.98404
7.3	5.8312	0.98807	10.7	8.5832	0.98392
7.4	5.9118	0.98795	10.8	8.6645	0.98380
7.5	5.9925	0.98782	10.9	8.7458	0.98368
7.6	6.0732	0.98769	11.0	8.8271	0.98356
7.7	6.1539	0.98757	11.1	8.9084	0.98344
7.8	6.2346	0.98744	11.2	8.9897	0.98333
7.9	6.3153	0.98732	11.3	9.0711	0.98321
8.0	6.3961	0.98719	11.4	9.1524	0.98309
8.1	6.4768	0.98707	11.5	9.2338	0.98298
8.2	6.5577	0.98694	11.6	9.3152	0.98286
8.3	6.6384	0.98682	11.7	9.3966	0.98274
8.4	6.7192	0.98670	11.8	9.4781	0.98262
8.5	6.8001	0.98658	11.9	9.5595	0.98251

续表

体积分数/%	质量分数/%	密度/（g/mL）	体积分数/%	质量分数/%	密度/（g/mL）
12.0	9.6410	0.98239	15.4	12.4214	0.97853
12.1	9.7225	0.98227	15.5	12.5035	0.97842
12.2	9.8040	0.98216	15.6	12.5856	0.97831
12.3	9.8856	0.98204	15.7	12.6677	0.97820
12.4	9.9671	0.98193	15.8	12.7498	0.97809
12.5	10.0487	0.98181	15.9	12.8320	0.97798
12.6	10.1303	0.98169	16.0	12.9141	0.97787
12.7	10.2118	0.98158	16.1	12.9963	0.97776
12.8	10.2935	0.98146	16.2	13.0785	0.97765
12.9	10.3751	0.98135	16.3	13.1607	0.97754
13.0	10.4568	0.98123	16.4	13.2429	0.97743
13.1	10.5384	0.98112	16.5	13.3252	0.97732
13.2	10.6201	0.98100	16.6	13.4073	0.97722
13.3	10.7018	0.98089	16.7	13.4896	0.97711
13.4	10.7836	0.98077	16.8	13.5719	0.97700
13.5	10.8653	0.98066	16.9	13.6542	0.97689
13.6	10.9470	0.98055	17.0	13.7366	0.97678
13.7	11.0288	0.98043	17.1	13.8189	0.97667
13.8	11.1106	0.98032	17.2	13.9011	0.97657
13.9	11.1925	0.98020	17.3	13.9835	0.97646
14.0	11.2743	0.98009	17.4	14.0660	0.97635
14.1	11.3561	0.97998	17.5	14.1484	0.97624
14.2	11.4379	0.97987	17.6	14.2307	0.97614
14.3	11.5198	0.97975	17.7	14.3132	0.97603
14.4	11.6017	0.97964	17.8	14.3957	0.97592
14.5	11.6836	0.97953	17.9	14.4780	0.97582
14.6	11.7655	0.97942	18.0	14.5605	0.98571
14.7	11.8474	0.97931	18.1	14.6431	0.97560
14.8	11.9294	0.97919	18.2	14.7225	0.97550
14.9	12.0114	0.97908	18.3	14.8081	0.97539
15.0	12.0934	0.97897	18.4	14.8905	0.97529
15.1	12.1754	0.97886	18.5	14.9731	0.97518
15.2	12.2574	0.97875	18.6	15.0558	0.97507
15.3	12.3394	0.97864	18.7	15.1383	0.97497

续表

体积分数/%	质量分数/%	密度/（g/mL）	体积分数/%	质量分数/%	密度/（g/mL）
18.8	15.2209	0.97486	22.2	18.0408	0.97123
18.9	15.3035	0.97476	22.3	18.1241	0.97112
19.0	15.3862	0.97465	22.4	18.2075	0.97101
19.1	15.4689	0.97454	22.5	18.2908	0.97090
19.2	15.5515	0.97444	22.6	18.3740	0.97080
19.3	15.6341	0.97434	22.7	18.4574	0.97069
19.4	15.7169	0.97423	22.8	18.5408	0.97058
19.5	15.7997	0.97412	22.9	18.6243	0.97047
19.6	15.8823	0.97402	23.0	18.7077	0.97036
19.7	15.9650	0.97392	23.1	18.7912	0.97025
19.8	16.0478	0.97381	23.2	18.8747	0.97014
19.9	16.1307	0.97370	23.3	18.9582	0.97003
20.0	16.2134	0.97360	23.4	19.0117	0.96992
20.1	16.2963	0.97349	23.5	19.1254	0.96980
20.2	16.3791	0.97339	23.6	19.2090	0.96969
20.3	16.4620	0.97328	23.7	19.2926	0.96958
20.4	16.5450	0.97317	23.8	19.3762	0.96947
20.5	16.6280	0.97306	23.9	19.4598	0.96936
20.6	16.7108	0.97296	24.0	19.5434	0.96925
20.7	16.7938	0.97285	24.1	19.6271	0.96914
20.8	16.8769	0.97274	24.2	19.7110	0.96902
20.9	16.9598	0.97264	24.3	19.7947	0.96891
21.0	17.0428	0.97253	24.4	19.8784	0.96880
21.1	17.1259	0.97242	24.5	19.9623	0.96868
21.2	17.2090	0.97231	24.6	20.0461	0.96857
21.3	17.2920	0.97221	24.7	20.1299	0.96846
21.4	17.3751	0.97210	24.8	20.2137	0.96835
21.5	17.4583	0.97199	24.9	20.2977	0.96823
21.6	17.5415	0.97188	25.0	20.3815	0.96812
21.7	17.6247	0.97177	25.1	20.4654	0.96801
21.8	17.7077	0.97167	25.2	20.5495	0.96789
21.9	17.7910	0.97156	25.3	20.6333	0.96778
22.0	17.8742	0.97145	25.4	20.7172	0.96767
22.1	17.9575	0.97134	25.5	20.8012	0.96756

续表

体积分数/%	质量分数/%	密度/（g/mL）	体积分数/%	质量分数/%	密度/（g/mL）
25.6	20.8853	0.96744	29.0	23.7569	0.96346
25.7	20.9693	0.96733	29.1	23.8418	0.96334
25.8	21.0533	0.96722	29.2	23.9267	0.96322
25.9	21.1375	0.96710	29.3	24.0119	0.96309
26.0	21.2215	0.96699	29.4	24.0968	0.96297
26.1	21.3058	0.96687	29.5	24.1818	0.96285
26.2	21.3899	0.96676	29.6	24.2668	0.96273
26.3	21.4742	0.96664	29.7	24.3518	0.96261
26.4	21.5583	0.96653	29.8	24.4371	0.96248
26.5	21.6426	0.96641	29.9	24.5222	0.96236
26.6	21.7270	0.96629	30.0	24.6073	0.96224
26.7	21.8112	0.96618	30.1	24.6924	0.96212
26.8	21.8956	0.96606	30.2	24.7778	0.96199
26.9	21.9798	0.96595	30.3	24.8629	0.96187
27.0	22.0642	0.96583	30.4	24.9483	0.96174
27.1	22.1487	0.96571	30.5	25.0335	0.96162
27.2	22.2330	0.96560	30.6	25.1187	0.96150
27.3	22.3175	0.96548	30.7	25.2042	0.96137
27.4	22.4020	0.96536	30.8	25.2895	0.96125
27.5	22.4866	0.96524	30.9	25.3750	0.96112
27.6	22.5709	0.96513	31.0	25.4603	0.96100
27.7	22.6555	0.96501	31.1	25.5459	0.96087
27.8	22.7401	0.96489	31.2	25.6315	0.96074
27.9	22.8245	0.96478	31.3	25.7169	0.96062
28.0	22.9092	0.96466	31.4	25.8025	0.96049
28.1	22.9938	0.96454	31.5	25.8882	0.96036
28.2	23.0785	0.96442	31.6	25.9739	0.96023
28.3	23.1633	0.96430	31.7	26.0596	0.96010
28.4	23.2480	0.96418	31.8	26.1451	0.95998
28.5	23.3328	0.96406	31.9	26.2309	0.95985
28.6	23.4176	0.96394	32.0	26.3167	0.95972
28.7	23.5024	0.96382	32.1	26.4025	0.95959
28.8	23.5872	0.96370	32.2	26.4886	0.95945
28.9	23.6720	0.96358	32.3	26.5745	0.95932

续表

体积分数/%	质量分数/%	密度/（g/mL）	体积分数/%	质量分数/%	密度/（g/mL）
32.4	26.6604	0.95919	35.8	29.6034	0.95448
32.5	26.7463	0.95906	35.9	29.6908	0.95433
32.6	26.8325	0.95892	36.0	29.7778	0.95419
32.7	26.9184	0.95879	36.1	29.8653	0.95404
32.8	27.0044	0.95866	36.2	29.9527	0.95389
32.9	27.0907	0.95852	36.3	30.0398	0.95375
33.0	27.1767	0.95839	36.4	30.1273	0.95360
33.1	27.2628	0.95826	36.5	30.2149	0.95345
33.2	27.3491	0.95812	36.6	30.3024	0.95330
33.3	27.4355	0.95768	36.7	30.3900	0.95315
33.4	27.5217	0.95785	36.8	30.4773	0.95301
33.5	27.6078	0.95772	36.9	30.5649	0.95286
33.6	27.6943	0.95758	37.0	30.6525	0.95271
33.7	27.7807	0.95744	37.1	30.7402	0.95256
33.8	27.8670	0.95731	37.2	30.8279	0.95241
33.9	27.9532	0.95718	37.3	30.9160	0.95225
34.0	28.0398	0.95704	37.4	31.0038	0.95210
34.1	28.1264	0.95690	37.5	31.0916	0.95195
34.2	28.2130	0.95676	37.6	31.1794	0.95180
34.3	28.2996	0.95662	37.7	31.2673	0.95165
34.4	28.3863	0.95648	37.8	31.3555	0.95149
34.5	28.4729	0.95634	37.9	31.4434	0.95134
34.6	28.5600	0.95619	38.0	31.5313	0.95119
34.7	28.6467	0.95605	38.1	31.6193	0.95104
34.8	28.7335	0.95591	38.2	31.7076	0.95088
34.9	28.8202	0.95577	38.3	31.7959	0.95072
35.0	28.9071	0.95563	38.4	31.8840	0.95057
35.1	28.9939	0.95549	38.5	31.9721	0.95042
35.2	29.0811	0.95535	38.6	32.0605	0.95026
35.3	29.1680	0.95520	38.7	32.1490	0.95010
35.4	29.2552	0.95505	38.8	32.2371	0.94995
35.5	29.3421	0.95491	38.9	32.3254	0.94980
35.6	29.4291	0.95477	39.0	32.4139	0.94964
35.7	29.5164	0.95462	39.1	32.5025	0.94948

续表

体积分数/%	质量分数/%	密度/(g/mL)	体积分数/%	质量分数/%	密度/(g/mL)
39.2	32.5911	0.94932	42.6	35.6262	0.94377
39.3	32.6794	0.94917	42.7	35.7162	0.94360
39.4	32.7681	0.94901	42.8	35.8063	0.94343
39.5	32.8568	0.94885	42.9	35.8964	0.94326
39.6	32.9455	0.94869	43.0	35.9866	0.94309
39.7	33.0343	0.94853	43.1	36.0768	0.94292
39.8	33.1227	0.94838	43.2	36.1674	0.94274
39.9	33.2116	0.94822	43.3	36.2581	0.94256
40.0	33.3004	0.94806	43.4	36.3483	0.94239
40.1	33.3893	0.94790	43.5	36.4387	0.94222
40.2	33.4782	0.94774	43.6	36.5294	0.94204
40.3	33.5675	0.94757	43.7	36.6202	0.94186
40.4	33.6565	0.94741	43.8	36.7106	0.94169
40.5	33.7455	0.94725	43.9	36.8011	0.94152
40.6	33.8345	0.94709	44.0	36.8920	0.94134
40.7	33.9236	0.94693	44.1	36.9829	0.94116
40.8	34.0131	0.94676	44.2	37.0738	0.94098
40.9	34.1022	0.94660	44.3	37.1644	0.94081
41.0	34.1914	0.94644	44.4	37.2554	0.94063
41.1	34.2805	0.94628	44.5	37.3465	0.94045
41.2	34.3701	0.94611	44.6	37.4376	0.94027
41.3	34.4597	0.94594	44.7	37.5287	0.94009
41.4	34.5490	0.94578	44.8	37.6195	0.93992
41.5	34.6383	0.94562	44.9	37.7107	0.93974
41.6	34.7280	0.94545	45.0	37.8019	0.93956
41.7	34.8178	0.94528	45.1	37.8932	0.93938
41.8	34.9027	0.94512	45.2	37.9845	0.93920
41.9	34.9966	0.94496	45.3	38.0758	0.93902
42.0	35.0865	0.94479	45.4	38.1672	0.93884
42.1	35.1763	0.94462	45.5	38.2586	0.93866
42.2	35.2662	0.94445	45.6	38.3540	0.93847
42.3	35.3562	0.94428	45.7	38.4419	0.93829
42.4	35.4461	0.94411	45.8	38.5334	0.93811
42.5	35.5361	0.94394	45.9	38.6249	0.93793

续表

体积分数/%	质量分数/%	密度/（g/mL）	体积分数/%	质量分数/%	密度/（g/mL）
46.0	38.7165	0.93775	49.4	41.8639	0.93135
46.1	38.8081	0.93757	49.5	41.9572	0.93116
46.2	38.9002	0.93738	49.6	42.0505	0.93097
46.3	38.9919	0.93720	49.7	42.1444	0.93077
46.4	39.0840	0.93701	49.8	42.2378	0.93058
46.5	39.1758	0.93683	49.9	42.3317	0.93038
46.6	39.2676	0.93665	50.0	42.4252	0.93019
46.7	39.3598	0.93646	50.1	42.5192	0.92999
46.8	39.4517	0.93628	50.2	42.6128	0.92980
46.9	39.5440	0.93609	50.3	42.7068	0.92960
47.0	39.6360	0.93591	50.4	42.8010	0.92940
47.1	39.7284	0.93572	50.5	42.8947	0.92920
47.2	39.8204	0.93554	50.6	42.9888	0.92901
47.3	39.9128	0.93535	50.7	43.0831	0.92881
47.4	40.0053	0.93516	50.8	43.1773	0.92861
47.5	40.0975	0.93498	50.9	43.2721	0.92842
47.6	40.1900	0.93479	51.0	43.3656	0.92822
47.7	40.2827	0.93460	51.1	43.4599	0.92802
47.8	40.3753	0.93441	51.2	43.5544	0.92782
47.9	40.4676	0.93423	51.3	43.6489	0.92762
48.0	40.5603	0.93404	51.4	43.7434	0.92742
48.1	40.6531	0.93385	51.5	43.8379	0.92722
48.2	40.7459	0.93366	51.6	43.9330	0.92701
48.3	40.8387	0.93347	51.7	44.0276	0.92681
48.4	40.9316	0.93328	51.8	44.1223	0.92661
48.5	41.0250	0.93308	51.9	44.2170	0.92641
48.6	41.1179	0.93289	52.0	44.3118	0.92621
48.7	41.2109	0.93270	52.1	44.4066	0.92601
48.8	41.3040	0.93251	52.2	44.5019	0.92580
48.9	41.3971	0.93232	52.3	44.5968	0.92560
49.0	41.4902	0.93213	52.4	44.6918	0.92540
49.1	41.5833	0.93194	52.5	44.7867	0.92520
49.2	41.6770	0.93174	52.6	44.8822	0.92499
49.3	41.7702	0.93155	52.7	44.9773	0.92479

续表

体积分数/%	质量分数/%	密度/(g/mL)	体积分数/%	质量分数/%	密度/(g/mL)
52.8	45.0724	0.92459	56.2	48.3471	0.91747
52.9	45.1680	0.92438	56.3	48.4442	0.91726
53.0	45.2632	0.92418	56.4	48.5419	0.91704
53.1	45.3589	0.92397	56.5	48.6391	0.91683
53.2	45.4541	0.92377	56.6	48.7363	0.91662
53.3	45.5499	0.92356	56.7	48.8341	0.91640
53.4	45.6453	0.92339	56.8	48.9315	0.91619
53.5	45.7412	0.92315	56.9	49.0294	0.91597
53.6	45.8371	0.92294	57.0	49.1268	0.91576
53.7	45.9325	0.92274	57.1	49.2248	0.91554
53.8	46.0286	0.92253	57.2	49.3229	0.91532
53.9	46.1241	0.92233	57.3	49.4205	0.91511
54.0	46.2202	0.92212	57.4	49.5186	0.91489
54.1	46.3164	0.92191	57.5	49.6168	0.91467
54.2	46.4125	0.92170	57.6	49.7151	0.91445
54.3	46.5088	0.92149	57.7	49.8134	0.91423
54.4	46.6050	0.92128	57.8	49.9112	0.91402
54.5	46.7008	0.92108	57.9	50.0096	0.91380
54.6	46.7972	0.92087	58.0	50.1080	0.91358
54.7	46.8936	0.92066	58.1	50.2065	0.91336
54.8	46.9901	0.92045	58.2	50.3050	0.91314
54.9	47.0865	0.92024	58.3	50.4036	0.91292
55.0	47.1831	0.92003	58.4	50.5022	0.91270
55.1	47.2797	0.91982	58.5	50.6009	0.91248
55.2	47.3768	0.91960	58.6	50.6996	0.91226
55.3	47.4735	0.91939	58.7	50.7984	0.91204
55.4	47.5702	0.91918	58.8	50.8972	0.91182
55.5	47.6675	0.91896	58.9	50.9961	0.91160
55.6	47.7643	0.91875	59.0	51.0950	0.91138
55.7	47.8611	0.91854	59.1	51.1939	0.91116
55.8	47.9580	0.91833	59.2	51.2929	0.91094
55.9	48.0555	0.91811	59.3	51.3926	0.91071
56.0	48.1524	0.91790	59.4	51.4917	0.91049
56.1	48.2495	0.91769	59.5	51.5908	0.91027

续表

体积分数/%	质量分数/%	密度/（g/mL）	体积分数/%	质量分数/%	密度/（g/mL）
59.6	51.6900	0.91005	63.0	55.1068	0.90232
59.7	51.7893	0.90983	63.1	55.2084	0.90209
59.8	51.8891	0.90960	63.2	55.3106	0.90185
59.9	51.9885	0.90938	63.3	55.4122	0.90162
60.0	52.0879	0.90916	63.4	55.5139	0.90139
60.1	52.1873	0.90894	63.5	55.6157	0.90116
60.2	52.2874	0.90871	63.6	55.7181	0.90092
60.3	52.3875	0.90848	63.7	55.8200	0.90069
60.4	52.4871	0.90826	63.8	55.9219	0.90046
60.5	52.5867	0.90804	63.9	56.0245	0.90022
60.6	52.6870	0.90781	64.0	56.1265	0.89999
60.7	52.7873	0.90758	64.1	56.2286	0.89976
60.8	52.8871	0.90736	64.2	56.3313	0.89952
60.9	52.9869	0.90714	64.3	56.4341	0.89928
61.0	53.0874	0.90691	64.4	56.5363	0.89905
61.1	53.1879	0.90668	64.5	56.6386	0.89882
61.2	53.2885	0.90645	64.6	56.7416	0.89858
61.3	53.3885	0.90623	64.7	56.8446	0.89834
61.4	53.4892	0.90600	64.8	56.9470	0.89811
61.5	53.5899	0.90577	64.9	57.0495	0.89788
61.6	53.6907	0.90554	65.0	57.1527	0.89764
61.7	53.7915	0.90531	65.1	57.2559	0.89740
61.8	53.8918	0.90509	65.2	57.3592	0.89716
61.9	53.9927	0.90486	65.3	57.4619	0.89693
62.0	54.0937	0.90463	65.4	57.5653	0.89669
62.1	54.1947	0.90440	65.5	57.6688	0.89645
62.2	54.2958	0.90417	65.6	57.7723	0.89621
62.3	54.3969	0.90394	65.7	57.8759	0.89597
62.4	54.4981	0.90371	65.8	57.9788	0.89574
62.5	54.5993	0.90348	65.9	58.0825	0.89550
62.6	54.7012	0.90324	66.0	58.1862	0.89526
62.7	54.8025	0.90301	66.1	58.2900	0.89502
62.8	54.9039	0.90278	66.2	58.3939	0.89478
62.9	55.0054	0.90255	66.3	58.4978	0.89454

续表

体积分数/%	质量分数/%	密度/（g/mL）	体积分数/%	质量分数/%	密度/（g/mL）
66.4	58.6017	0.89430	69.8	62.1788	0.88601
66.5	58.7057	0.89406	69.9	62.2855	0.88576
66.6	58.8098	0.89382	70.0	62.3922	0.88551
66.7	58.9139	0.89358	70.1	62.4990	0.88526
66.8	59.0181	0.89334	70.2	62.6058	0.88501
66.9	59.1223	0.89310	70.3	62.7127	0.88476
67.0	59.2266	0.89286	70.4	62.8196	0.88451
67.1	59.3310	0.89262	70.5	62.9267	0.88426
67.2	59.4354	0.89238	70.6	63.0330	0.88402
67.3	59.5398	0.89214	70.7	63.1402	0.88377
67.4	59.6444	0.89190	70.8	63.2474	0.88352
67.5	59.7489	0.89166	70.9	63.3546	0.88327
67.6	59.8542	0.89141	71.0	63.4619	0.88302
67.7	59.9589	0.89117	71.1	63.5693	0.88277
67.8	60.0636	0.89093	71.2	63.6768	0.88252
67.9	60.1684	0.89069	71.3	63.7843	0.88227
68.0	60.2733	0.89045	71.4	63.8918	0.88202
68.1	60.3787	0.89020	71.5	64.0002	0.88176
68.2	60.4839	0.88996	71.6	64.1079	0.88151
68.3	60.5896	0.88971	71.7	64.2156	0.88126
68.4	60.6946	0.88947	71.8	64.3234	0.88101
68.5	60.8005	0.88922	71.9	64.4313	0.88076
68.6	60.9064	0.88897	72.0	64.5329	0.88051
68.7	61.0116	0.88873	72.1	64.6472	0.88026
68.8	61.1176	0.88848	72.2	64.7560	0.88000
68.9	61.2230	0.88824	72.3	64.8640	0.87974
69.0	61.3291	0.88799	72.4	64.9731	0.87949
69.1	61.4353	0.88774	72.5	65.0813	0.87924
69.2	61.5415	0.88749	72.6	65.1903	0.87898
69.3	61.6471	0.88725	72.7	65.2994	0.87872
69.4	61.7535	0.88700	72.8	65.4079	0.87847
69.5	61.8599	0.88675	72.9	65.5164	0.87822
69.6	61.9664	0.88650	73.0	65.6257	0.87796
69.7	62.0729	0.88625	73.1	65.7350	0.87770

续表

体积分数/%	质量分数/%	密度/（g/mL）	体积分数/%	质量分数/%	密度/（g/mL）
73.2	65.8445	0.87744	76.6	69.6073	0.86856
73.3	65.9532	0.87719	76.7	69.7190	0.86830
73.4	66.0628	0.87693	76.8	69.8316	0.86803
73.5	66.1724	0.87667	76.9	69.9443	0.86776
73.6	66.2821	0.87641	77.0	70.0562	0.86750
73.7	66.3918	0.87615	77.1	70.1691	0.86723
73.8	66.5009	0.87590	77.2	70.2820	0.86696
73.9	66.6108	0.87564	77.3	70.3949	0.86669
74.0	66.7207	0.87538	77.4	70.5079	0.86642
74.1	66.8307	0.87512	77.5	70.6210	0.86615
74.2	66.9408	0.87486	77.6	70.7342	0.86588
74.3	67.0510	0.87460	77.7	70.8475	0.86561
74.4	67.1612	0.87434	77.8	70.9608	0.86534
74.5	67.2714	0.87408	77.9	71.0742	0.86507
74.6	67.3825	0.87381	78.0	71.1876	0.86480
74.7	67.4930	0.87355	78.1	71.3012	0.86453
74.8	67.6034	0.87329	78.2	71.4156	0.86425
74.9	67.7140	0.87303	78.3	71.5292	0.86398
75.0	67.8246	0.87277	78.4	71.6430	0.86371
75.1	67.9352	0.87251	78.5	71.7568	0.86344
75.2	68.0460	0.87225	78.6	71.8715	0.86316
75.3	68.1576	0.87198	78.7	71.9855	0.86289
75.4	68.2684	0.87172	78.8	72.0995	0.86262
75.5	68.3794	0.87146	78.9	72.2144	0.86234
75.6	68.4904	0.87120	79.0	72.3286	0.86207
75.7	68.6014	0.87094	79.1	72.4429	0.86180
75.8	68.7134	0.87067	79.2	72.5580	0.86152
75.9	68.8246	0.87041	79.3	72.6724	0.86124
76.0	68.9358	0.87015	79.4	72.7877	0.86097
76.1	69.0472	0.86989	79.5	72.9022	0.86070
76.2	69.1594	0.86962	79.6	73.0177	0.86042
76.3	69.2708	0.86936	79.7	73.1332	0.86014
76.4	69.3832	0.86909	79.8	73.2480	0.85987
76.5	69.4955	0.86882	79.9	73.3628	0.85960

续表

体积分数/%	质量分数/%	密度/（g/mL）	体积分数/%	质量分数/%	密度/（g/mL）
80.0	73.4786	0.85932	83.4	77.4723	0.84866
80.1	73.5944	0.85904	83.5	77.5926	0.84936
80.2	73.7103	0.85876	83.6	77.7121	0.84907
80.3	73.8263	0.85848	83.7	77.8316	0.84878
80.4	73.9423	0.85820	83.8	77.9512	0.84849
80.5	74.0585	0.85792	83.9	78.0709	0.84820
80.6	74.1738	0.85765	84.0	78.1907	0.84791
80.7	74.2901	0.85737	84.1	78.3115	0.84761
80.8	74.4064	0.85709	84.2	78.4314	0.84732
80.9	74.5229	0.85681	84.3	78.5524	0.84702
81.0	74.6394	0.85653	84.4	78.6725	0.84673
81.1	74.7560	0.85625	84.5	78.7937	0.84643
81.2	74.8735	0.85596	84.6	78.9149	0.84613
81.3	74.9902	0.85568	84.7	79.0352	0.84584
81.4	75.1079	0.85539	84.8	79.1566	0.84554
81.5	75.2248	0.85511	84.9	79.2772	0.84525
81.6	75.3418	0.85483	85.0	79.3987	0.84495
81.7	75.4597	0.85454	85.1	79.5204	0.84465
81.8	75.5769	0.85426	85.2	79.6421	0.84435
81.9	75.6949	0.85397	85.3	79.7639	0.84405
82.0	75.8122	0.85369	85.4	79.8858	0.84375
82.1	75.9305	0.85340	85.5	80.0088	0.84344
82.2	76.0479	0.85312	85.6	80.1308	0.84314
82.3	76.1663	0.85283	85.7	80.2530	0.84284
82.4	76.2848	0.85254	85.8	80.3753	0.84254
82.5	76.4025	0.85226	85.9	80.4976	0.84224
82.6	76.5211	0.85197	86.0	80.6200	0.84194
82.7	76.6399	0.85168	86.1	80.7435	0.84163
82.8	76.7587	0.85139	86.2	80.8661	0.84133
82.9	76.8767	0.85111	86.3	80.9898	0.84102
83.0	76.9956	0.85082	86.4	81.1135	0.84071
83.1	77.1147	0.85053	86.5	81.2373	0.84040
83.2	77.2338	0.85024	86.6	81.3603	0.84010
83.3	77.3530	0.84995	86.7	81.4843	0.83979

续表

体积分数/%	质量分数/%	密度/（g/mL）	体积分数/%	质量分数/%	密度/（g/mL）
86.8	81.6084	0.83948	90.2	85.9196	0.82859
86.9	81.7316	0.83918	90.3	86.0502	0.82825
87.0	81.8559	0.83887	90.4	86.1798	0.82792
87.1	81.9803	0.83856	90.5	86.3106	0.82758
87.2	82.1058	0.83824	90.6	86.4415	0.82724
87.3	82.2303	0.83793	90.7	86.5714	0.82691
87.4	82.3550	0.83762	90.8	86.7025	0.82657
87.5	82.4807	0.83730	90.9	86.8327	0.82624
87.6	82.6056	0.83699	91.0	86.9640	0.82590
87.7	82.7305	0.83668	91.1	87.0954	0.82556
87.8	82.8556	0.83637	91.2	87.2280	0.82521
87.9	82.9817	0.83605	91.3	87.3596	0.82487
88.0	83.1069	0.83574	91.4	87.4914	0.82453
88.1	83.2332	0.83542	91.5	87.6243	0.82418
88.2	83.3596	0.83510	91.6	87.7563	0.82384
88.3	83.4861	0.83478	91.7	87.8884	0.82350
88.4	83.6127	0.83446	91.8	88.0205	0.82316
88.5	83.7394	0.83414	91.9	88.1539	0.82281
88.6	83.8662	0.83382	92.0	88.2863	0.82247
88.7	83.9931	0.83350	92.1	88.4199	0.82212
88.8	84.1201	0.83318	92.2	88.5547	0.82176
88.9	84.2472	0.83286	92.3	88.6885	0.82141
89.0	84.3744	0.83254	92.4	88.8235	0.82105
89.1	84.5027	0.83221	92.5	88.9576	0.82070
89.2	84.6311	0.83188	92.6	89.0917	0.82035
89.3	84.7585	0.83156	92.7	89.2271	0.81999
89.4	84.8871	0.83123	92.8	89.3615	0.81964
89.5	85.0159	0.83090	92.9	89.4971	0.81928
89.6	85.1447	0.83057	93.0	89.6317	0.81893
89.7	85.2736	0.83024	93.1	89.7687	0.81856
89.8	85.4016	0.82992	93.2	89.9046	0.81820
89.9	85.5307	0.82959	93.3	90.0418	0.81783
90.0	85.6599	0.82926	93.4	90.1791	0.81746
90.1	85.7902	0.82892	93.5	90.3154	0.81710

续表

体积分数/%	质量分数/%	密度/（g/mL）	体积分数/%	质量分数/%	密度/（g/mL）
93.6	90.4530	0.81673	96.9	95.1543	0.80375
93.7	90.5907	0.81636	97.0	95.3011	0.80334
93.8	90.7285	0.81599	97.1	95.4516	0.80290
93.9	90.8653	0.81563	97.2	95.6011	0.80247
94.0	91.0033	0.81526	97.3	95.7520	0.80203
94.1	91.1426	0.81488	97.4	95.9030	0.80159
94.2	91.2821	0.81450	97.5	96.0530	0.80116
94.3	91.4227	0.81411	97.6	96.2044	0.80072
94.4	91.5624	0.81373	97.7	96.3559	0.80028
94.5	91.7022	0.81335	97.8	96.5076	0.79984
94.6	91.8422	0.81297	97.9	96.6582	0.79941
94.7	91.9823	0.81259	98.0	96.8102	0.79897
94.8	92.1236	0.81220	98.1	96.9660	0.79850
94.9	92.2640	0.81182	98.2	97.1208	0.79804
95.0	92.4044	0.81144	98.3	97.2770	0.79757
95.1	92.5473	0.81104	98.4	97.4322	0.79711
95.2	92.6892	0.81065	98.5	97.5887	0.79664
95.3	92.8324	0.81025	98.6	97.7455	0.79617
95.4	92.9745	0.80986	98.7	97.9012	0.79571
95.5	93.1180	0.80946	98.8	98.0583	0.79524
95.6	93.2616	0.80906	98.9	98.2144	0.79478
95.7	93.4042	0.80867	99.0	98.3718	0.79431
95.8	93.5480	0.80827	99.1	98.5332	0.79381
95.9	93.6909	0.80788	99.2	98.6961	0.79330
96.0	93.8350	0.80748	99.3	98.8579	0.79280
96.1	93.9805	0.80707	99.4	99.0811	0.79229
96.2	94.1273	0.80665	99.5	99.1833	0.79179
96.3	94.2730	0.80624	99.6	99.3457	0.79129
96.4	94.4201	0.80582	99.7	99.5096	0.79078
96.5	94.5662	0.80541	99.8	99.6725	0.79028
96.6	94.7124	0.80500	99.9	99.8368	0.78977
96.7	94.8599	0.80458	100.0	100.00	0.78927
96.8	95.0064	0.80417			

附录二 酒精温度浓度校正表

单位：%

溶液温度/℃	酒精计读数											
	温度在20℃时用体积百分数或质量百分数表示酒精度											
	100		99		98		97		96		95	
	体积分数	质量分数	体积分数	质量分数	体积分数	质量分数	体积分数	质量分数	体积分数	质量分数	体积分数	质量分数
40	96.6	95.7369	95.3	94.1270	94.0	92.528	92.6	90.8181	91.6	89.6043	90.4	88.1561
39	96.8	95.9856	95.4	94.2505	94.2	92.7612	92.8	91.0616	91.8	89.8466	90.6	88.3968
38	96.9	96.1100	95.6	94.4976	94.4	93.0071	93.0	91.3054	92.0	90.0891	90.9	88.7584
37	97.1	96.3591	95.8	94.7449	94.6	93.2533	93.3	91.6715	92.3	90.4533	91.1	88.9998
36	97.3	96.6084	96.0	94.9925	94.8	93.4998	93.5	91.9159	92.5	90.6964	91.3	89.2414
35	97.4	96.7331	96.2	95.2404	95.0	93.7465	93.7	92.1605	92.7	90.9398	91.6	89.6043
34	97.6	96.9828	96.3	95.3644	95.2	93.9935	93.9	92.4054	92.9	91.1834	91.8	89.8466
33	97.8	97.2328	96.5	95.6127	95.4	94.2407	94.1	92.6506	93.1	91.4273	92.0	90.0891
32	98.0	97.4831	96.7	95.8612	95.6	94.4882	94.4	93.0188	93.4	91.7936	92.2	90.3318
31	98.1	97.6083	96.9	96.1100	95.8	94.7359	94.6	93.2646	93.6	92.0382	92.5	90.6964
30	98.3	97.8589	97.1	96.3591	96.0	94.9839	94.8	93.5107	93.8	92.283	92.7	90.9398
29	98.4	97.9843	97.3	96.6084	96.2	95.2322	95.1	93.8803	94.0	92.5280	92.9	91.1834
28	98.6	98.2353	97.5	96.8580	96.4	95.4808	95.3	94.1270	94.2	92.7733	93.1	91.4273
27	98.8	98.4866	97.7	97.1078	96.6	95.7296	95.5	94.3740	94.5	93.1417	93.4	91.7936

26	92.0382	93.6	93.3876	94.7	94.7449	95.8	95.9786	96.8	97.3579	97.9	98.7382	99.0
25	92.4054	93.9	93.6338	94.9	94.9925	96.0	96.2280	97.0	97.6083	98.1	98.9900	99.2
24	92.6506	94.1	93.8803	95.1	95.2404	96.2	96.4776	97.2	97.8589	98.3	99.1160	99.3
23	92.8960	94.3	94.2505	95.4	95.4885	96.4	96.7274	97.4	98.1098	98.5	99.3683	99.5
22	93.2646	94.6	94.4976	95.6	95.7369	96.6	96.9776	97.6	98.2353	98.6	99.6208	99.7
21	93.5107	94.8	94.7449	95.8	95.9856	96.8	97.2280	97.8	98.4866	98.8	99.7471	99.8
20	93.7570	95.0	94.9925	96.0	96.2345	97.0	97.4786	98.0	98.7382	99.0	10.00000	100.0
19	94.0036	95.2	95.2404	96.2	96.4837	97.2	97.7296	98.2	98.9900	99.2		
18	94.2505	95.4	95.4885	96.4	96.7331	97.4	97.8551	98.3	99.1160	99.3		
17	94.4976	95.6	95.7369	96.6	96.9828	97.6	98.1065	98.5	99.3683	99.5		
16	94.8687	95.9	95.9856	96.8	97.2328	97.8	98.3581	98.7	99.6208	99.7		
15	95.1164	96.1	96.2345	97.0	97.4831	98.0	98.6099	98.9	99.7471	99.8		
14	95.3644	96.3	96.4837	97.2	97.6083	98.1	98.8621	99.1	100.0000	100.0		
13	95.6127	96.5	96.7331	97.4	97.8589	98.3	98.9882	99.2				
12	95.8612	96.7	96.9828	97.6	98.1098	98.5	99.2408	99.4				
11	96.1100	96.9	97.2328	97.8	98.3610	98.7	99.4936	99.6				
10	96.3591	97.1	97.4831	98.0	98.6124	98.9	99.6201	99.7				
9	96.6084	97.3	97.7336	98.2	98.7382	99.0	99.8733	99.9				
8	96.8580	97.5	97.8589	98.3	98.9900	99.2						
7	96.9828	97.6	98.1098	98.5	99.1160	99.3						
6	97.2328	97.8	98.3610	98.7	99.2421	99.4						
5	97.4831	98.0	98.6124	98.9	99.3683	99.5						
4	97.7336	98.2	98.7382	99.0	99.6208	99.7						
3	97.9843	98.4	98.9900	99.2	99.7471	99.8						
2	98.1098	98.5	99.1160	99.3	100.0000	100.0						
1	98.3610	98.7	99.2421	99.4								
0	98.6124	98.9	99.6208	99.7								

酒精计读数

温度在20℃时用体积百分数或质量百分数表示酒精度

溶液温度/℃	89 体积分数	89 质量分数	90 体积分数	90 质量分数	91 体积分数	91 质量分数	92 体积分数	92 质量分数	93 体积分数	93 质量分数	94 体积分数	94 质量分数
40	83.4	79.8840	84.5	81.1643	85.8	82.6868	86.8	83.8648	88.0	85.2864	89.2	86.7168
39	83.7	80.2325	84.8	81.5148	86.1	83.0396	87.1	84.2194	88.2	85.5242	89.4	86.9561
38	84.0	80.5815	85.1	81.8658	86.3	83.2750	87.3	84.4561	88.5	85.8813	89.7	87.3154
37	84.3	80.9310	85.3	82.1000	86.6	83.6287	87.6	84.8116	88.8	86.2390	89.9	87.5553
36	84.6	81.2811	85.6	82.4519	86.8	83.8648	87.8	85.0489	89.0	86.4778	90.2	87.9156
35	84.8	81.5148	85.9	82.8043	87.1	84.2194	88.1	85.4053	89.2	86.7168	90.4	88.1561
34	85.0	81.7487	86.2	83.1573	87.4	84.5745	88.2	85.5242	89.5	87.0758	90.6	88.3968
33	85.1	81.8658	86.5	83.5108	87.6	84.8116	88.6	86.0005	89.8	87.4353	90.9	88.7584
32	85.4	82.2173	86.7	83.7467	87.9	85.1676	88.9	86.3584	90.0	87.6753	91.1	88.9998
31	85.7	82.5693	87.0	84.1011	88.1	85.4053	89.1	86.5973	90.2	87.9156	91.4	89.3623
30	86.0	82.9219	87.3	84.4561	88.4	85.7622	89.4	86.9561	90.5	88.2764	91.6	89.6043
29	86.3	83.2750	87.6	84.8116	88.6	86.0005	89.7	87.3154	90.8	88.6378	91.8	89.8466
28	86.5	83.5108	87.9	85.1676	88.9	86.3584	90.0	87.6753	91.1	88.9998	92.1	90.2104
27	86.8	83.8648	88.1	85.4053	89.2	86.7168	90.2	87.9156	91.3	89.2414	92.3	90.4533
26	87.1	84.2194	88.4	85.7622	89.4	86.9561	90.5	88.2764	91.5	89.4833	92.6	90.8181
25	87.4	84.5745	88.7	86.1197	89.7	87.3154	90.7	88.5173	91.8	89.8466	92.8	91.0616
24	87.7	84.9302	89.0	86.4778	90.0	87.6753	91.0	88.8791	92.0	90.0891	93.1	91.4273
23	88.0	85.2864	89.2	86.7168	90.2	87.9156	91.3	89.2414	92.3	90.4533	93.3	91.6715

85.7622	88.4	87.0758	89.5	88.2764	90.5	89.4833	91.5	90.6964	92.5	91.9159	93.5	22
86.1197	88.7	87.3154	89.7	88.5173	90.7	89.8466	91.8	91.0616	92.8	92.2830	93.8	21
86.4778	89.0	87.6753	90.0	88.8791	91.0	90.0891	92.0	91.3054	93.0	92.5280	94.0	20
86.8364	89.3	88.0358	90.3	89.1206	91.2	90.3318	92.2	91.5494	93.2	92.7733	94.2	19
87.0758	89.5	88.3968	90.6	89.4833	91.5	90.6964	92.5	91.9159	93.5	93.0188	94.4	18
87.4353	89.8	88.6378	90.8	89.7254	91.7	90.9398	92.7	92.1605	93.7	93.2646	94.6	17
87.6753	90.0	88.8791	91.0	90.0891	92.0	91.3054	93.0	92.4054	93.9	93.6338	94.9	16
88.0358	90.3	89.2414	91.3	90.3318	92.2	91.5494	93.2	92.7733	94.2	93.8803	95.1	15
88.2764	90.5	89.4833	91.5	90.6964	92.5	91.7936	93.4	92.8960	94.3	94.1270	95.3	14
88.6378	90.8	89.7254	91.7	90.9398	92.7	92.0382	93.6	93.2646	94.6	94.3740	95.5	13
88.8791	91.0	90.0891	92.0	91.1834	92.9	92.4054	93.9	93.5107	94.8	94.6212	95.7	12
89.2414	91.3	90.3318	92.2	91.5494	93.2	92.6506	94.1	93.7570	95.0	94.9925	96.0	11
89.4833	91.5	90.6964	92.5	91.7936	93.4	92.8960	94.3	94.0036	95.2	95.2404	96.2	10
89.8466	91.8	91.0616	92.7	92.0382	93.6	93.1417	94.5	94.3740	95.5	95.4885	96.4	9
90.0891	92.0	91.1834	92.9	92.4054	93.9	93.5107	94.8	94.6212	95.7	95.7369	96.6	8
90.3318	92.2	91.5494	93.2	92.6506	94.1	93.7570	95.0	94.8687	95.9	95.9856	96.8	7
90.6964	92.5	91.7936	93.4	92.8960	94.3	94.0036	95.2	95.1164	96.1	96.2345	97.0	6
90.9398	92.7	92.0382	93.6	93.1417	94.5	94.2505	95.4	95.3644	96.3	96.3591	97.1	5
91.1834	92.9	92.2830	93.8	93.3876	94.7	94.4976	95.6	95.6127	96.5	96.6084	97.3	4
91.5494	93.2	92.6506	94.1	93.6338	94.9	94.7449	95.8	95.8612	96.7	96.8580	97.5	3
91.7936	93.4	92.8960	94.3	93.8803	95.1	94.9925	96.0	96.1100	96.9	97.1078	97.7	2
92.0382	93.6	93.1417	94.5	94.1270	95.3	95.2404	96.2	96.2345	97.0	97.3579	97.9	1
92.2830	93.8	93.3876	94.7	94.6212	95.7	95.4885	96.4	96.4837	97.2	97.6083	98.1	0

酒精计读数

温度在20℃时用体积百分数或质量百分数表示酒精度

溶液温度/℃	83		84		85		86		87		88	
	体积分数	质量分数	体积分数	质量分数	体积分数	质量分数	体积分数	质量分数	体积分数	质量分数	体积分数	质量分数
40	76.9	72.4618	78.0	73.7009	79.1	74.9468	80.1	76.0854	81.3	77.4594	82.3	78.6107
39	77.2	72.7991	78.3	74.0400	79.4	75.2878	80.4	76.4281	81.6	77.8042	82.6	78.9573
38	77.5	73.1368	78.6	74.3796	79.7	75.6293	80.7	76.7714	81.9	78.1495	82.9	79.3043
37	77.8	73.4751	78.9	74.7197	80.0	75.9713	81.0	77.1151	82.2	78.4953	83.2	79.6519
36	78.1	73.8139	79.2	75.0604	80.3	76.3138	81.3	77.4594	82.5	78.8417	83.5	80.0001
35	78.4	74.1531	79.5	75.4016	80.6	76.6569	81.6	77.8042	82.8	79.1886	83.8	80.3487
34	78.7	74.4929	79.8	75.7432	80.9	77.0005	81.9	78.1495	83.0	79.4202	84.0	80.5815
33	79.1	74.9468	80.1	76.0854	81.2	77.3446	82.2	78.4953	83.3	79.7679	84.3	80.9310
32	79.4	75.2878	80.4	76.4281	81.5	77.6892	82.5	78.8417	83.6	80.1162	84.6	81.2811
31	79.7	75.6293	80.7	76.7714	81.8	78.0343	82.8	79.1886	83.9	80.4651	84.9	81.6317
30	80.0	75.9713	81.0	77.1151	82.1	78.38	83.1	79.5360	84.2	80.8144	85.2	81.9829
29	80.3	76.3138	81.3	77.4594	82.4	78.7262	83.4	79.8840	84.4	81.0476	85.6	82.4519
28	80.6	76.6569	81.6	77.8042	82.7	79.0729	83.7	80.2325	84.7	81.3979	85.8	82.6868
27	80.9	77.0005	81.9	78.1495	83.0	79.4202	84.0	80.5815	85.0	81.7487	86.1	83.0396
26	81.2	77.3446	82.2	78.4953	83.3	79.7679	84.3	80.9310	85.3	82.1000	86.3	83.2750
25	81.5	77.6892	82.5	78.8417	83.6	80.1162	84.6	81.2811	85.6	82.4519	86.6	83.6287
24	81.8	78.0343	82.8	79.1886	83.8	80.3487	84.9	81.6317	85.9	82.8043	86.9	83.9829
23	82.1	78.3800	83.1	79.5360	84.1	80.6979	85.1	81.8658	86.2	83.1573	87.2	84.3377

78.7262	82.4	79.8840	83.4	81.0476	84.4	81.9829	85.2	83.3929	86.4	84.5745	87.4	22
79.0729	82.7	80.2325	83.7	81.3979	84.7	82.5693	85.7	83.7467	86.7	84.9302	87.7	21
79.4202	83.0	80.5815	84.0	81.7487	85.0	82.9219	86.0	84.1011	87.0	85.2864	88.0	20
79.7679	83.3	80.9310	84.3	82.1000	85.3	83.2750	86.3	84.4561	87.3	85.6432	88.3	19
80.1162	83.6	81.2811	84.6	82.3346	85.5	83.5108	86.5	84.6930	87.5	85.8813	88.5	18
80.4651	83.9	81.5148	84.8	82.6868	85.8	83.8648	86.8	85.0489	87.8	86.2390	88.8	17
80.8144	84.2	81.8658	85.1	83.0396	86.1	84.2194	87.1	85.4053	88.1	86.4778	89.0	16
81.0476	84.4	82.2173	85.4	83.3929	86.4	84.5745	87.4	85.6432	88.3	86.8364	89.3	15
81.3979	84.7	82.5693	85.7	83.7467	86.7	84.8116	87.6	86.0005	88.6	87.1956	89.6	14
81.7487	85.0	82.9219	86.0	83.9829	86.9	85.1676	87.9	86.3584	88.9	87.4353	89.8	13
82.1000	85.3	83.1573	86.2	84.3377	87.2	85.5242	88.2	86.5973	89.1	87.7954	90.1	12
82.4519	85.6	83.5108	86.5	84.6930	87.5	85.6432	88.3	86.9561	89.4	88.0358	90.3	11
82.6868	85.8	83.8648	86.8	84.9302	87.7	86.1197	88.7	87.1956	89.6	88.3968	90.6	10
83.0396	86.1	84.1011	87.0	85.2864	88.0	86.4778	89.0	87.5553	89.9	88.6378	90.8	9
83.3929	86.4	84.4561	87.3	85.6432	88.3	86.8364	89.3	87.7954	90.1	88.9998	91.1	8
83.6287	86.6	84.8116	87.6	85.8813	88.5	87.0758	89.5	88.1561	90.4	89.2414	91.3	7
83.9829	86.9	85.0489	87.8	86.2390	88.8	87.4353	89.8	88.3968	90.6	89.6043	91.6	6
84.3377	87.2	85.4053	88.1	86.4778	89.0	87.6753	90.0	88.7584	90.9	89.8466	91.8	5
84.5745	87.4	85.7622	88.4	86.8364	89.3	88.0358	90.3	88.9998	91.1	90.0891	92.0	4
84.9302	87.7	86.0005	88.6	87.0758	89.5	88.2764	90.5	89.2414	91.3	90.3318	92.2	3
85.1676	87.9	86.2390	88.8	87.4353	89.8	88.6378	90.8	89.6043	91.6	90.6964	92.5	2
85.5242	88.2	86.5973	89.1	87.6753	90.0	88.8791	91.0	89.8466	91.8	90.9398	92.7	1
85.7622	88.4	86.9561	89.4	87.9156	90.2	89.1206	91.2	90.0891	92.0	91.1834	92.9	0

酒精计读数

温度在20℃时用体积百分数或质量百分数表示酒精度

溶液温度/℃	77 质量分数	77 体积分数	78 质量分数	78 体积分数	79 质量分数	79 体积分数	80 质量分数	80 体积分数	81 质量分数	81 体积分数	82 质量分数	82 体积分数
40	65.4945	70.6	66.5860	71.6	67.9029	72.8	69.0063	73.8	70.3376	75.0	71.3413	75.9
39	65.8214	70.9	66.9145	71.9	68.2333	73.1	69.3383	74.1	70.6716	75.3	71.6769	76.2
38	66.1488	71.2	67.3532	72.3	68.5642	73.4	69.6709	74.4	71.0062	75.6	72.0129	76.5
37	66.5860	71.6	67.6828	72.6	68.8957	73.7	70.0040	74.7	71.3413	75.9	72.3495	76.8
36	66.9145	71.9	68.0130	72.9	69.2276	74.0	70.2263	74.9	71.6769	76.2	72.6866	77.1
35	67.2435	72.2	68.3436	73.2	69.5600	74.3	70.6716	75.3	72.0129	76.5	73.0242	77.4
34	67.5729	72.5	68.7851	73.6	70.0040	74.7	71.1178	75.7	72.3495	76.8	73.4751	77.8
33	67.9029	72.8	69.1169	73.9	70.3376	75.0	71.4531	76.0	72.6866	77.1	73.8139	78.1
32	68.3436	73.2	69.4492	74.2	70.6716	75.3	71.7888	76.3	73.0242	77.4	74.1531	78.4
31	68.6747	73.5	69.8929	74.6	71.0062	75.6	72.1251	76.6	73.3623	77.7	74.4929	78.7
30	69.0063	73.8	70.2263	74.9	71.3413	75.9	72.4618	76.9	73.7009	78.0	74.8332	79.0
29	69.4492	74.2	70.5602	75.2	71.6769	76.2	72.7991	77.2	74.0400	78.3	75.1741	79.3
28	69.7819	74.5	70.8946	75.5	72.0129	76.5	73.2495	77.6	74.3796	78.6	75.5154	79.6
27	70.1151	74.8	71.2295	75.8	72.3495	76.8	73.5880	77.9	74.7197	78.9	75.8572	79.9
26	70.4489	75.1	71.5649	76.1	72.7991	77.2	73.9269	78.2	75.0604	79.2	76.1996	80.2
25	70.7831	75.4	71.9008	76.4	73.1368	77.5	74.2663	78.5	75.4016	79.5	76.5425	80.5
24	71.2295	75.8	72.3495	76.8	73.4751	77.8	74.6063	78.8	75.7432	79.8	76.8859	80.8
23	71.5649	76.1	72.6866	77.1	73.8139	78.1	74.9468	79.1	76.0854	80.1	77.2298	81.1

22	81.4	77.5743	80.4	76.4281	79.4	75.2878	78.4	74.1531	77.4	73.0242	76.4	71.9008
21	81.7	77.9192	80.7	76.7714	79.7	75.6293	78.7	74.4929	77.7	73.3623	76.7	72.2373
20	82.0	78.2647	81.0	77.1151	80.0	75.9713	79.0	74.8332	78.0	73.7009	77.0	72.5742
19	82.3	78.6107	81.3	77.4594	80.3	76.3138	79.3	75.1741	78.3	74.0400	77.3	72.9116
18	82.6	78.9573	81.6	77.8042	80.6	76.6569	79.6	75.5154	78.6	74.3796	77.6	73.2495
17	82.9	79.3043	81.9	78.1495	80.9	77.0005	79.9	75.8572	78.9	74.7197	77.9	73.5880
16	83.2	79.6519	82.2	78.4953	81.2	77.3446	80.2	76.1996	79.2	75.0604	78.2	73.9269
15	83.4	79.8840	82.5	78.8417	81.5	77.6892	80.5	76.5425	79.5	75.4016	78.5	74.2663
14	83.7	80.2325	82.8	79.1886	81.8	78.0343	80.8	76.8859	79.8	75.7432	78.8	74.6063
13	84.0	80.5815	83.1	79.5360	82.1	78.3800	81.1	77.2298	80.1	76.0854	79.1	74.9468
12	84.3	80.9310	83.3	79.7679	82.4	78.7262	81.4	77.5743	80.4	76.4281	79.4	75.2878
11	84.6	81.2811	83.6	80.1162	82.7	79.0729	81.7	77.9192	80.7	76.7714	79.7	75.6293
10	84.9	81.6317	83.9	80.4651	83.0	79.4202	82.0	78.2647	81.0	77.1151	80.0	75.9713
9	85.2	81.9829	84.2	80.8144	83.2	79.6519	82.3	78.6107	81.3	77.4594	80.3	76.3138
8	85.4	82.2173	84.5	81.1643	83.5	80.0001	82.6	78.9573	81.6	77.8042	80.6	76.6569
7	85.7	82.5693	84.8	81.5148	83.8	80.3487	82.8	79.1886	81.9	78.1495	80.8	76.8859
6	86.0	82.9219	85.0	81.7487	84.1	80.6979	83.1	79.5360	82.2	78.4953	81.1	77.2298
5	86.2	83.1573	85.3	82.1000	84.3	80.9310	83.4	79.8840	82.4	78.7262	81.2	77.3446
4	86.5	83.5108	85.6	82.4519	84.6	81.2811	83.7	80.2325	82.7	79.0729	81.6	77.8042
3	86.8	83.8648	85.8	82.6868	84.9	81.6317	84.0	80.5815	83.0	79.4202	81.9	78.1495
2	87.0	84.1011	86.1	83.0396	85.2	81.9829	84.2	80.8144	83.3	79.7679	82.4	78.7262
1	87.3	84.4561	86.4	83.3929	85.4	82.2173	84.5	81.1643	83.6	80.1162	82.6	78.9573
0	87.5	84.6930	86.6	83.6287	85.7	82.5693	84.8	81.5148	83.8	80.3487	82.9	79.3043

酒精计读数

温度在20℃时用体积百分数或质量百分数表示酒精度

溶液温度/℃	71 体积分数	71 质量分数	72 体积分数	72 质量分数	73 体积分数	73 质量分数	74 体积分数	74 质量分数	75 体积分数	75 质量分数	76 体积分数	76 质量分数
40	64.3	58.7399	65.4	59.9043	66.4	60.9684	67.5	62.1448	68.6	63.3276	69.5	64.3001
39	64.6	59.0568	65.7	60.2230	66.7	61.2886	67.8	62.4668	68.9	63.6513	69.8	64.6252
38	65.0	59.4802	66.0	60.5422	67.1	61.7163	68.1	62.7892	69.2	63.9755	70.2	65.0594
37	65.4	59.9043	66.4	60.9684	67.4	62.0376	68.5	63.2198	69.6	64.4084	70.5	65.3857
36	65.7	60.2230	66.7	61.2886	67.8	62.4668	68.8	63.5433	69.9	64.7337	70.8	65.7124
35	66.1	60.6486	67.0	61.6093	68.1	62.7892	69.1	63.8673	70.2	65.0594	71.2	66.1488
34	66.4	60.9684	67.4	62.0376	68.4	63.1121	69.5	64.3001	70.6	65.4945	71.5	66.4766
33	66.7	61.2886	67.7	62.3594	68.8	63.5433	69.8	64.6252	70.9	65.8214	71.8	66.8049
32	67.0	61.6093	68.0	62.6817	69.1	63.8673	70.1	64.9508	71.2	66.1488	72.1	67.1337
31	67.4	62.0376	68.4	63.1121	69.5	64.3001	70.5	65.3857	71.5	66.4766	72.5	67.5729
30	67.7	62.3594	68.7	63.4355	69.8	64.6252	70.8	65.7124	71.8	66.8049	72.8	67.9029
29	68.0	62.6817	69.1	63.8673	70.1	64.9508	71.1	66.0396	72.1	67.1337	73.1	68.2333
28	68.4	63.1121	69.4	64.1918	70.4	65.2769	71.4	66.3673	72.4	67.4630	73.5	68.6747
27	68.7	63.4355	69.7	64.5168	70.7	65.6034	71.7	66.6954	72.8	67.9029	73.8	69.0063
26	69.1	63.8673	70.1	64.9508	71.1	66.0396	72.1	67.1337	73.1	68.2333	74.1	69.3383
25	69.4	64.1918	70.4	65.2769	71.4	66.3673	72.4	67.4630	73.4	68.5642	74.4	69.6709
24	69.7	64.5168	70.7	65.6034	71.7	66.6954	72.7	67.7928	73.7	68.8957	74.7	70.0040
23	70.0	64.8422	71.0	65.9305	72.0	67.0241	73.0	68.1231	74.1	69.3383	75.1	70.4489
22	70.4	65.2769	71.4	66.3673	72.4	67.4630	73.4	68.5642	74.4	69.6709	75.4	70.7831
21	70.7	65.6034	71.7	66.6954	72.7	67.7928	73.7	68.8957	74.7	70.0040	75.7	71.1178

20	65.9305	71.0	67.0241	72.0	68.1231	73.0	69.2276	74.0	70.3376	75.0	71.4531	76.0
19	66.2580	71.3	67.3532	72.3	68.4539	73.3	69.5600	74.3	70.6716	75.3	71.7888	76.3
18	66.5860	71.6	67.6828	72.6	68.7851	73.6	69.8929	74.6	71.0062	75.6	72.1251	76.6
17	67.0241	72.0	68.1231	73.0	69.2276	74.0	70.2263	74.9	71.3413	75.9	72.4618	76.9
16	67.3532	72.3	68.4539	73.3	69.5600	74.3	70.6716	75.3	71.6769	76.2	72.7991	77.2
15	67.6828	72.6	68.7851	73.6	69.8929	74.6	71.0062	75.6	72.1251	76.6	73.2495	77.6
14	68.0130	72.9	69.1169	73.9	70.3376	75.0	71.3413	75.9	72.4618	76.9	73.5880	77.9
13	68.3436	73.2	69.4492	74.2	70.7831	75.4	71.6769	76.2	72.7991	77.2	73.9269	78.2
12	68.7851	73.6	69.7819	74.5	71.0062	75.6	72.0129	76.5	73.1368	77.5	74.2663	78.5
11	69.1169	73.9	70.2263	74.9	71.2295	75.8	72.3495	76.8	73.4751	77.8	74.6063	78.8
10	69.4492	74.2	70.5602	75.2	71.6769	76.2	72.6866	77.1	73.8139	78.1	74.9468	79.1
9	69.7819	74.5	70.8946	75.5	72.0129	76.5	73.0242	77.4	74.1531	78.4	75.2878	79.4
8	70.1151	74.8	71.4531	76.0	72.3495	76.8	73.3623	77.7	74.4929	78.7	75.6293	79.7
7	70.4489	75.1	71.9008	76.4	72.6866	77.1	73.7009	78.0	74.8332	79.0	75.9713	80.0
6	70.7831	75.4	72.2373	76.7	73.0242	77.4	74.0400	78.3	75.1741	79.3	76.1996	80.2
5	71.2295	75.8	72.5742	77.0	73.3623	77.7	74.3796	78.6	75.5154	79.6	76.5425	80.5
4	71.4531	76.0	72.9116	77.3	73.7009	78.0	75.0604	79.2	75.8572	79.9	76.8859	80.8
3	71.9008	76.4	73.2495	77.6	74.0400	78.3	75.4016	79.5	76.1996	80.2	77.2298	81.1
2	72.1251	76.6	73.4751	77.8	74.3796	78.6	75.7432	79.8	76.4281	80.4	77.5743	81.4
1	72.5742	77.0	73.5880	77.9	74.6063	78.8	76.0854	80.1	76.7714	80.7	77.9192	81.7
0	72.7991	77.2	73.9269	78.2	74.9468	79.1	76.4281	80.4	77.1151	81.0	78.2647	82.0

温度在 20℃时用体积百分数或质量百分数表示酒精度

溶液温度/℃	酒精计读数											
	65		66		67		68		69		70	
	体积分数	质量分数	体积分数	质量分数	体积分数	质量分数	体积分数	质量分数	体积分数	质量分数	体积分数	质量分数
40	58.1	52.2907	59.1	53.3180	60.1	54.3501	61.1	55.3873	62.2	56.5339	63.3	57.6866
39	58.5	52.7010	59.5	53.7302	60.5	54.7644	61.5	55.8035	62.6	56.9523	63.6	58.0020
38	58.8	53.0093	59.8	54.0400	60.8	55.0756	61.8	56.1162	62.9	57.2667	64.0	58.4233
37	59.2	53.4210	60.2	54.4536	61.2	55.4913	62.2	56.5339	63.2	57.5816	64.3	58.7399
36	59.6	53.8334	60.5	54.7644	61.6	55.9077	62.6	56.9523	63.6	58.0020	64.7	59.1626
35	59.9	54.1433	60.9	55.1794	61.8	56.1162	62.9	57.2667	64.0	58.4233	65.0	59.4802
34	60.2	54.4536	61.2	55.4913	62.2	56.5339	63.2	57.5816	64.3	58.7399	65.3	59.7982
33	60.6	54.8681	61.6	55.9077	62.5	56.8477	63.6	58.0020	64.6	59.0568	65.7	60.2230
32	60.9	55.1794	61.9	56.2206	62.9	57.2667	63.9	58.3179	65.0	59.4802	66.0	60.5422
31	61.3	55.5953	62.3	56.6384	63.3	57.6866	64.3	58.8960	65.4	59.9043	66.4	60.9684
30	61.6	55.9077	62.6	56.9523	63.6	58.0020	64.6	59.0568	65.6	60.1167	66.7	61.2886
29	61.9	56.2206	62.9	57.2667	64.0	58.4233	65.0	59.4802	66.0	60.5422	67.0	61.6093
28	62.3	56.6384	63.3	57.6866	64.3	58.7399	65.3	59.7982	66.3	60.8618	67.4	62.0376
27	62.6	56.9523	63.6	58.0020	64.7	59.1626	65.7	60.2230	66.7	61.2886	67.7	62.3594
26	63.0	57.3716	64.0	58.4233	65.0	59.4802	66.0	60.5422	67.0	61.6093	68.0	62.6817
25	63.3	57.6866	64.3	58.7399	65.3	59.7982	66.3	60.8618	67.3	61.9305	68.4	63.1121
24	63.6	58.0020	64.6	59.0568	65.7	60.2230	66.7	61.2886	67.7	62.3594	68.7	63.4355
23	64.0	58.4233	65.0	59.4802	66.0	60.5422	67.0	61.6093	68.0	62.6817	69.0	63.7593
22	64.3	58.7399	65.3	59.7982	66.3	60.8618	67.3	61.9305	68.3	63.0044	69.3	64.0836

21	69.7	64.5168	68.7	63.4355	67.7	62.3594	66.7	61.2886	65.7	60.2230	64.6	59.0568
20	70.0	64.8422	69.0	63.7593	68.0	62.6817	67.0	61.6093	66.0	60.5422	65.0	59.4802
19	70.3	65.1681	69.3	64.0836	68.3	63.0044	67.3	61.9305	66.3	60.8618	65.3	59.7982
18	70.6	65.4945	69.6	64.4084	68.7	63.4355	67.7	62.3594	66.7	61.2886	65.7	60.2230
17	71.0	65.9305	70.0	64.8422	69.0	63.7593	68.0	62.6817	67.0	61.6093	66.0	60.5422
16	71.3	66.2580	70.3	65.1681	69.3	64.0836	68.3	63.0044	67.3	61.9305	66.3	60.8618
15	71.6	66.5860	70.6	65.4945	69.6	64.4084	68.6	63.3276	67.7	62.3594	66.7	61.2886
14	72.0	67.0241	71.0	65.9305	70.0	64.8422	69.0	63.7593	68.0	62.6817	67.0	61.6093
13	72.3	67.3532	71.3	66.2580	70.3	65.1681	69.3	64.0836	68.3	63.0044	67.4	62.0376
12	72.6	67.6828	71.6	66.5860	70.6	65.4945	69.6	64.4084	68.7	63.4355	67.7	62.3594
11	72.9	68.0130	71.9	66.9145	71.0	65.9305	70.0	64.8422	69.0	63.7593	68.0	62.6817
10	73.2	68.3436	72.2	67.2435	71.3	66.2580	70.3	65.1681	69.3	64.0836	68.3	63.0044
9	73.5	68.6747	72.6	67.6828	71.6	66.5860	70.6	65.4945	69.6	64.4084	68.7	63.4355
8	73.8	69.0063	72.9	68.0130	71.9	66.9145	70.9	65.8214	70.0	64.8422	69.0	63.7593
7	74.2	69.4492	73.2	68.3436	72.2	67.2435	71.3	66.2580	70.3	65.1681	69.3	64.0836
6	74.5	69.7819	73.5	68.6747	72.5	67.5729	71.6	66.5860	70.6	65.4945	69.6	64.4084
5	74.8	70.1151	73.8	69.0063	72.9	68.0130	71.9	66.9145	70.9	65.8214	70.0	64.8422
4	75.1	70.4489	74.1	69.3383	73.2	68.3436	72.2	67.2435	71.2	66.1488	70.3	65.1681
3	75.4	70.7831	74.4	69.6709	73.5	68.6747	72.5	67.5729	71.6	66.5860	70.6	65.4945
2	75.7	71.1178	74.7	70.0040	73.8	69.0063	72.8	67.9029	71.9	66.9145	70.9	65.8214
1	76.0	71.4531	75.0	70.3376	74.0	69.2276	73.1	68.2333	72.2	67.2435	71.2	66.1488
0	76.3	71.7888	75.4	70.7831	74.1	69.3383	73.4	68.5642	72.5	67.5729	71.5	66.4766

酒精计读数

温度在20℃时用体积百分数或质量百分数表示酒精度

溶液温度/℃	64 体积分数	64 质量分数	63 体积分数	63 质量分数	62 体积分数	62 质量分数	61 体积分数	61 质量分数	60 体积分数	60 质量分数	59 体积分数	59 质量分数
40	57.1	51.2684	56.0	50.1494	55.0	49.1372	54.0	48.1298	52.8	46.9271	51.8	45.9301
39	57.5	51.6767	56.4	50.5556	55.3	49.4403	54.4	48.5321	53.2	47.3272	52.2	46.3284
38	57.8	51.9835	56.7	50.8608	55.7	49.8452	54.7	48.8344	53.5	47.6278	52.5	46.6275
37	58.2	52.3932	57.1	51.2684	56.0	50.1494	55.1	49.2382	53.9	48.0293	52.9	47.0271
36	58.5	52.7010	57.4	51.5745	56.3	50.4540	55.5	49.6427	54.2	48.3309	53.2	47.3272
35	58.9	53.1121	57.8	51.9835	56.8	50.9626	55.8	49.9465	54.6	48.7336	53.6	47.7281
34	59.2	53.4210	58.1	52.2907	57.1	51.2684	56.1	50.2509	55.0	49.1372	54.0	48.1298
33	59.6	53.8334	58.5	52.7010	57.4	51.5745	56.5	50.6573	55.3	49.4403	54.3	48.4315
32	59.9	54.1433	58.8	53.0093	57.7	51.8812	56.8	50.9626	55.7	49.8452	54.7	48.8344
31	60.3	54.5572	59.2	53.4210	58.1	52.2907	57.2	51.3704	56.0	50.1494	55.0	49.1372
30	60.6	54.8681	59.5	53.7302	58.5	52.7010	57.5	51.6767	56.4	50.5556	55.4	49.5415
29	60.9	55.1794	59.9	54.1433	58.8	53.0093	57.8	51.9835	56.8	50.9626	55.8	49.9465
28	61.2	55.4913	60.2	54.4536	59.2	53.4210	58.2	52.3932	57.2	51.3704	56.1	50.2509
27	61.6	55.9077	60.6	54.8681	59.6	53.8334	58.5	52.7010	57.5	51.6767	56.5	50.6573
26	62.0	56.3250	60.9	55.1794	59.9	54.1433	58.9	53.1121	57.9	52.0858	56.9	51.0645
25	62.2	56.5339	61.3	55.5953	60.3	54.5572	59.2	53.4210	58.2	52.3932	57.2	51.3704
24	62.6	56.9523	61.6	55.9077	60.6	54.8681	59.6	53.8334	58.6	52.8037	57.6	51.7789
23	63.0	57.3716	62.0	56.3250	61.0	55.2833	60.0	54.2467	58.9	53.1121	57.9	52.0858
22	63.3	57.6866	62.3	56.6384	61.3	55.5953	60.3	54.5572	59.3	53.5240	58.3	52.4958

21	52.8037	58.6	53.8334	59.6	54.8681	60.6	55.9077	61.6	56.9523	62.6	58.0020	63.6
20	53.2150	59.0	54.2467	60.0	55.2833	61.0	56.3250	62.0	57.3716	63.0	58.4233	64.0
19	53.6271	59.4	54.6607	60.4	55.5953	61.3	56.6384	62.3	57.6866	63.3	58.7399	64.3
18	53.9367	59.7	54.9718	60.7	56.0119	61.7	56.9398	62.7	58.1073	63.7	59.1626	64.7
17	54.2467	60.0	55.2833	61.0	56.3250	62.0	57.3716	63.0	58.4233	64.0	59.4802	65.0
16	54.6607	60.4	55.6994	61.4	56.7430	62.4	57.7917	63.4	58.8455	64.4	59.9043	65.4
15	55.0756	60.8	56.0119	61.7	57.0571	62.7	58.1073	63.7	59.1626	64.7	60.2230	65.7
14	55.3873	61.1	56.3250	62.0	57.4766	63.1	58.5288	64.1	59.4802	65.0	60.5422	66.0
13	55.6994	61.4	56.7430	62.4	57.7917	63.4	58.8455	64.4	59.9043	65.4	60.9684	66.4
12	56.1162	61.8	57.1619	62.8	58.2126	63.8	59.1626	64.7	60.2230	65.7	61.2886	66.7
11	56.4294	62.1	57.4766	63.1	58.5288	64.1	59.5861	65.1	60.5422	66.0	61.6093	67.0
10	56.8477	62.5	57.8968	63.5	58.8455	64.4	59.9043	65.4	60.9684	66.4	62.0376	67.4
9	57.1619	62.8	58.2126	63.8	59.2684	64.8	60.2230	65.7	61.2886	66.7	62.3594	67.7
8	57.5816	63.2	58.5288	64.1	59.5861	65.1	60.6486	66.1	61.6093	67.0	62.6817	68.0
7	57.8968	63.5	58.9511	64.5	59.9043	65.4	60.9684	66.4	62.0376	67.4	63.1121	68.4
6	58.2126	63.8	59.2684	64.8	60.3293	65.8	61.2886	66.7	62.3594	67.7	63.4355	68.7
5	58.6343	64.2	59.5861	65.1	60.6486	66.1	61.7163	67.1	62.6817	68.0	63.7593	69.0
4	58.9511	64.5	60.0105	65.5	60.9684	66.4	62.0376	67.4	63.1121	68.4	64.0836	69.3
3	59.2684	64.8	60.3293	65.8	61.3955	66.8	62.3594	67.7	63.4355	68.7	64.4084	69.6
2	59.6922	65.2	60.6486	66.1	61.7163	67.1	62.6817	68.0	63.7593	69.0	64.8422	70.0
1	60.0105	65.5	60.9684	66.4	62.0376	67.4	63.1121	68.4	64.0836	69.3	65.1681	70.3
0	60.3293	65.8	61.3955	66.8	62.3594	67.7	63.4355	68.7	64.4084	69.6	65.4945	70.6

酒精计读数

温度在20℃时用体积百分数或质量百分数表示酒精度

溶液温度/℃	53		54		55		56		57		58	
	体积分数	质量分数	体积分数	质量分数	体积分数	质量分数	体积分数	质量分数	体积分数	质量分数	体积分数	质量分数
40	45.5	39.7552	46.6	40.8203	47.6	41.7934	48.6	42.7710	49.7	43.8516	50.8	44.9378
39	45.9	40.1419	47.0	41.2090	48.0	42.1839	49.0	43.1633	50.1	44.2459	51.1	45.2350
38	46.3	40.5293	47.3	41.5010	48.3	42.4772	49.3	43.4580	50.4	44.5422	51.5	45.6319
37	46.6	40.8203	47.7	41.8909	48.7	42.8690	49.7	43.8516	50.8	44.9378	51.9	46.0296
36	47.0	41.2090	48.1	42.2816	49.1	43.2615	50.1	44.2459	51.2	45.3342	52.2	46.3284
35	47.4	41.5984	48.5	42.6730	49.5	43.6547	50.5	44.6410	51.6	45.7313	52.6	46.7273
34	47.8	41.9885	48.8	42.9670	49.8	43.9501	50.8	44.9378	51.9	46.0296	53.0	47.1271
33	48.2	42.3794	49.2	43.3597	50.2	44.3446	51.2	45.3342	52.3	46.4280	53.3	47.4274
32	48.6	42.7710	49.6	43.7531	50.6	44.7399	51.6	45.7313	52.7	46.8272	53.7	47.8285
31	48.9	43.0651	49.9	44.0487	50.9	45.0368	51.9	46.0296	53.0	47.1271	54.0	48.1298
30	49.3	43.4580	50.3	44.4434	51.3	45.4334	52.3	46.4280	53.4	47.5276	54.4	48.5321
29	49.6	43.7531	50.7	44.8388	51.7	45.8307	52.7	46.8272	53.7	47.8285	54.8	48.9353
28	50.0	44.1473	51.0	45.1359	52.1	46.2287	53.1	47.2271	54.1	48.2303	55.1	49.2382
27	50.4	44.5422	51.4	45.5326	52.4	46.5278	53.4	47.5276	54.5	48.6329	55.5	49.6427
26	50.8	44.9378	51.8	45.9301	52.8	46.9271	53.8	47.9288	54.8	48.9353	55.8	49.9465
25	51.1	45.2350	52.2	46.3284	53.2	47.3272	54.2	48.3309	55.2	49.3392	56.2	50.3524
24	51.5	45.6319	52.5	46.6275	53.5	47.6278	54.5	48.6329	55.6	49.7439	56.6	50.7590
23	51.9	46.0296	52.9	47.0271	53.9	48.0293	54.9	49.0362	55.9	50.0479	56.9	51.0645
22	52.2	46.3284	53.3	47.4274	54.3	48.4315	55.3	49.4403	56.3	50.4540	57.3	51.4724

21	57.6	51.7789	56.6	50.7590	55.6	49.7439	54.6	48.7336	53.6	47.7281	52.6	46.7273
20	58.0	52.1883	57.0	51.1664	56.0	50.1494	55.0	49.1372	54.0	48.1298	53.0	47.1271
19	58.4	52.5984	57.4	51.5745	56.4	50.5556	55.4	49.5415	54.4	48.5321	53.4	47.5276
18	58.7	52.9065	57.7	51.8812	56.7	50.8608	55.7	49.8452	54.7	48.8344	53.7	47.8285
17	59.1	53.3180	58.1	52.2907	57.1	51.2684	56.1	50.2509	55.1	49.2382	54.1	48.2303
16	59.5	53.7302	58.5	52.7010	57.5	51.6767	56.5	50.6573	55.5	49.6427	54.5	48.6329
15	59.8	54.0400	58.8	53.0093	57.8	51.9835	56.8	50.9626	55.8	49.9465	54.8	48.9353
14	60.1	54.3501	59.1	53.3180	58.2	52.3932	57.2	51.3704	56.2	50.3524	55.2	49.3392
13	60.5	54.7644	59.5	53.7302	58.5	52.7010	57.5	51.6767	56.6	50.7590	55.6	49.7439
12	60.8	55.0756	59.8	54.0400	58.8	53.0093	57.9	52.0858	56.9	51.0645	55.9	50.0479
11	61.2	55.4913	60.2	54.4536	59.1	53.3180	58.2	52.3932	57.2	51.3704	56.3	50.4540
10	61.5	55.8035	60.5	54.7644	59.6	53.8334	58.6	52.8037	57.6	51.7789	56.6	50.7590
9	61.9	56.2206	60.9	55.1794	59.9	54.1433	58.9	53.1121	58.0	52.1883	57.0	51.1664
8	62.2	56.5339	61.2	55.4913	60.3	54.5572	59.3	53.5240	58.3	52.4958	57.4	51.5745
7	62.5	56.8477	61.6	55.9077	60.6	54.8681	59.6	53.8334	58.7	52.9065	57.7	51.8812
6	62.9	57.2667	61.9	56.2206	61.0	55.2833	60.0	54.2467	59.0	53.2150	58.1	52.2907
5	63.2	57.5816	62.3	56.6384	61.3	55.5953	60.3	54.5572	59.4	53.6271	58.4	52.5984
4	63.6	58.0020	62.6	56.9523	61.6	55.9077	60.7	54.9718	59.7	53.9367	58.8	53.0093
3	63.9	58.3179	62.9	57.2667	62.0	56.3250	61.0	55.2833	60.1	54.3501	59.1	53.3180
2	64.2	58.6343	63.3	57.6866	62.3	56.6384	61.4	55.6994	60.4	54.6607	59.4	53.6271
1	64.6	59.0568	63.6	58.0020	62.6	56.9523	61.7	56.0119	60.7	54.9718	59.8	54.0400
0	64.9	59.3743	63.9	58.3179	63.0	57.3716	62.0	56.3250	61.1	55.3873	60.1	54.3501

溶液温度/°C	酒精计读数 47		48		49		50		51		52	
	体积分数	质量分数	体积分数	质量分数	体积分数	质量分数	体积分数	质量分数	体积分数	质量分数	体积分数	质量分数
40	39.2	33.7579	40.4	34.8869	41.4	35.8325	42.4	36.7824	43.4	37.7368	44.4	38.6955
39	39.6	34.1336	40.8	35.2646	41.8	36.2120	42.7	37.0683	43.8	38.1197	44.8	39.0802
38	40.0	34.5099	41.2	35.6430	42.2	36.5921	43.1	37.4500	44.2	38.5034	45.2	39.4656
37	40.4	34.8869	41.5	35.9273	42.5	36.8777	43.5	37.8324	44.5	38.7916	45.5	39.7552
36	40.8	35.2646	41.9	36.3069	42.9	37.2590	43.9	38.2156	44.9	39.1765	45.9	40.1419
35	41.2	35.6430	42.3	36.6873	43.3	37.6411	44.3	38.5994	45.3	39.5621	46.3	40.5293
34	41.5	35.9273	42.7	37.0683	43.7	38.0239	44.7	38.9840	45.7	39.9485	46.7	40.9174
33	41.9	36.3069	43.1	37.4500	44.1	38.4074	45.0	39.2728	46.1	40.3355	47.1	41.3063
32	42.4	36.7824	43.4	37.7916	44.4	38.6955	45.4	39.6586	46.4	40.6263	47.4	41.5984
31	42.7	37.0683	43.8	38.1197	44.8	39.0802	45.8	40.0452	46.8	41.0146	47.8	41.9885
30	43.1	37.4500	44.2	38.5034	45.2	39.4656	46.2	40.4324	47.2	41.4036	48.2	42.3794
29	43.5	37.8324	44.5	38.7916	45.6	39.8518	46.6	40.8203	47.6	41.7934	48.6	42.7710
28	43.9	38.2156	44.9	39.1765	45.9	40.1419	47.0	41.2090	48.0	42.1839	49.0	43.1633
27	44.3	38.5994	45.3	39.5621	46.3	40.5293	47.3	41.5010	48.3	42.4772	49.4	43.5563
26	44.7	38.9840	45.7	39.9485	46.7	40.9174	47.7	41.8909	48.7	42.8690	49.7	43.8516
25	45.1	39.3692	46.1	40.3355	47.1	41.3063	48.1	42.2816	49.1	43.2615	50.1	44.2459
24	45.4	39.6586	46.4	40.6263	47.5	41.6959	48.5	42.6730	49.5	43.6547	50.4	44.5422
23	45.8	40.0452	46.8	41.0146	47.8	41.9885	48.9	43.0651	49.9	44.0487	50.9	45.0368
22	46.2	40.4324	47.2	41.4036	48.2	42.3794	49.2	43.3597	50.2	44.3446	51.2	45.3342

温度在20℃时用体积百分数或质量百分数表示酒精度

40.8203	46.6	41.7934	47.6	42.7710	48.6	43.7531	49.6	44.7399	50.6	45.7313	51.6	21
41.2090	47.0	42.1839	48.0	43.1633	49.0	44.1473	50.0	45.1359	51.0	46.3284	52.2	20
41.5984	47.4	42.5751	48.4	43.5563	49.4	44.5422	50.4	45.5326	51.4	46.5278	52.4	19
41.9885	47.8	42.9670	48.8	43.9501	49.8	44.8388	50.7	45.8307	51.7	46.8272	52.7	18
42.3794	48.2	43.3597	49.2	44.2459	50.1	45.2350	51.1	46.2287	52.1	47.2271	53.1	17
42.7710	48.6	43.6547	49.5	44.6410	50.5	45.6319	51.5	46.6275	52.5	47.6278	53.5	16
43.0651	48.9	44.0487	49.9	45.0368	50.9	46.0296	51.9	47.0271	52.9	48.0293	53.9	15
43.4580	49.3	44.4434	50.3	45.4434	51.3	46.3284	52.2	47.3272	53.2	48.4315	54.3	14
43.8516	49.7	44.8388	50.7	45.7313	51.6	46.7273	52.6	47.7281	53.6	48.7336	54.6	13
44.2459	50.1	45.1359	51.0	46.1291	52.0	47.1271	53.0	48.1298	54.0	49.1372	55.0	12
44.5422	50.4	45.5326	51.4	46.5278	52.4	47.5276	53.4	48.4315	54.3	49.4403	55.3	11
44.9378	50.8	45.9301	51.8	46.9271	52.8	47.8285	53.7	48.8344	54.7	49.8452	55.7	10
45.3342	51.2	46.3284	52.2	47.2271	53.1	48.2303	54.1	49.2382	55.1	50.1494	56.0	9
45.7313	51.6	46.6275	52.5	47.6278	53.5	48.6329	54.5	49.5415	55.4	50.5556	56.4	8
46.0296	51.9	47.0271	52.9	48.0293	53.9	48.9353	54.8	49.9465	55.8	50.9626	56.8	7
46.4280	52.3	47.3272	53.2	48.3309	54.2	49.3392	55.2	50.2509	56.1	51.2684	57.1	6
46.8272	52.7	47.7281	53.6	48.7336	54.6	49.6427	55.5	50.6573	56.5	51.5745	57.4	5
47.1271	53.0	48.1298	54.0	49.0362	54.9	50.0479	55.9	50.9626	56.8	51.9835	57.8	4
47.5276	53.4	48.4315	54.3	49.4403	55.3	50.3524	56.2	51.3704	57.2	52.3932	58.2	3
47.9288	53.8	48.8344	54.7	49.7439	55.6	50.7590	56.6	51.6767	57.5	52.7010	58.5	2
48.2303	54.1	49.1372	55.0	50.1494	56.0	51.1664	57.0	52.0858	57.9	53.0093	58.8	1
48.6329	54.5	49.5415	55.4	50.5556	56.4	51.4724	57.3	52.3932	58.2	53.4210	59.2	0

温度在20℃时用体积百分数或质量百分数表示酒精度

溶液温度/℃	酒精计读数 41		42		43		44		45		46	
	体积分数	质量分数	体积分数	质量分数	体积分数	质量分数	体积分数	质量分数	体积分数	质量分数	体积分数	质量分数
40	33.0	28.0220	34.0	28.9363	35.0	29.8547	36.1	30.8698	37.0	31.7041	38.2	32.8218
39	33.4	28.3872	34.4	29.3031	35.4	30.2232	36.5	31.2402	37.4	32.0760	38.4	33.0087
38	33.8	28.7531	34.8	29.6707	35.8	30.5924	36.9	31.6112	37.8	32.4486	39.0	33.5704
37	34.2	29.1196	35.2	30.0389	36.2	30.9623	37.3	31.9830	38.2	32.8218	39.4	33.9457
36	34.6	29.4868	35.6	30.4078	36.6	31.3329	37.7	32.3554	38.6	33.1957	39.8	34.3217
35	35.0	29.8547	36.0	30.7773	37.0	31.7041	38.1	32.7284	39.0	33.5704	40.2	34.6983
34	35.4	30.2232	36.4	31.1475	37.4	32.0760	38.5	33.1022	39.5	34.0396	40.5	34.9813
33	35.8	30.5924	36.8	31.5184	37.8	32.4486	38.9	33.4766	39.9	34.4158	40.9	35.3592
32	36.2	30.9623	37.2	31.8900	38.2	32.8218	39.3	33.8518	40.3	34.7926	41.3	35.7378
31	36.6	31.3329	37.6	32.2622	38.6	33.1957	39.7	34.2276	40.7	35.1701	41.7	36.1170
30	37.0	31.7041	38.0	32.6351	39.0	33.5704	40.1	34.6041	41.1	35.5484	42.1	36.4970
29	37.4	32.0760	38.4	33.0087	39.4	33.9457	40.6	35.0757	41.5	35.9273	42.5	36.8777
28	37.8	32.4486	38.8	33.3830	39.8	34.3217	40.8	35.2646	41.9	36.3069	42.9	37.2590
27	38.2	32.8218	39.2	33.7579	40.2	34.6983	41.2	35.6430	42.3	36.6873	43.3	37.6411
26	38.6	33.1957	39.6	34.1336	40.6	35.0757	41.6	36.0221	42.7	37.0683	43.7	38.0239
25	39.0	33.5704	40.0	34.5099	41.0	35.4538	42.0	36.4019	43.0	37.3545	44.1	38.4074
24	39.4	33.9457	40.4	34.8869	41.4	35.8325	42.4	36.7824	43.4	37.7368	44.4	38.6955
23	39.8	34.3217	40.8	35.2646	41.8	36.2120	42.8	37.1636	43.8	38.1197	44.8	39.0802
22	40.2	34.6983	41.2	35.6430	42.2	36.5921	43.2	37.5455	44.2	38.5034	45.2	39.4656

35.0757	40.6	36.0221	41.6	36.9730	42.6	37.9281	43.6	38.8877	44.6	39.8518	45.6	21
35.4538	41.0	36.4019	42.0	37.3545	43.0	38.3115	44.0	39.2728	45.0	40.2387	46.0	20
35.8325	41.4	36.7824	42.4	37.7368	43.4	38.6955	44.4	39.6586	45.4	40.6263	46.4	19
36.2120	41.8	37.1636	42.8	38.1197	43.8	39.0802	44.8	40.0452	45.8	41.0146	46.8	18
36.5921	42.2	37.5455	43.2	38.5034	44.2	39.4656	45.2	40.4324	46.2	41.4036	47.2	17
36.9730	42.6	37.9281	43.6	38.8877	44.6	39.8518	45.6	40.8203	46.6	41.7934	47.6	16
37.3545	43.0	38.3115	44.0	39.2728	45.0	40.2387	46.0	41.2090	47.0	42.0862	47.9	15
37.7368	43.4	38.6955	44.4	39.6586	45.4	40.6263	46.4	41.5010	47.3	42.4772	48.3	14
38.1197	43.8	39.0802	44.8	40.0452	45.8	40.9174	46.7	41.8909	47.7	42.8690	48.7	13
38.5034	44.2	39.4656	45.2	40.3355	46.1	41.3063	47.1	42.2816	48.1	43.2615	49.1	12
38.8877	44.6	39.8518	45.6	40.7233	46.5	41.6959	47.5	42.6730	48.5	43.6547	49.5	11
39.2728	45.0	40.2387	46.0	41.1118	46.9	42.0862	47.9	43.0651	48.9	43.9501	49.8	10
39.6586	45.4	40.6263	46.4	41.5010	47.3	42.4772	48.3	43.3597	49.2	44.3446	50.2	9
40.0452	45.8	40.9174	46.7	41.8909	47.7	42.7710	48.6	43.7531	49.6	44.7399	50.6	8
40.4324	46.2	41.3063	47.1	42.2816	48.1	43.1633	49.0	44.1473	50.0	45.1359	51.0	7
40.7233	46.5	41.6959	47.5	42.5751	48.4	43.5563	49.4	44.5422	50.4	45.4334	51.3	6
41.1118	46.9	42.0862	47.9	42.9670	48.8	43.9501	49.8	44.9378	50.8	45.8307	51.7	5
41.5010	47.3	42.3794	48.2	43.3597	49.2	44.3446	50.2	45.2350	51.1	46.2287	52.1	4
41.8909	47.7	42.7710	48.6	43.7531	49.6	44.6410	50.5	45.6319	51.5	46.5278	52.4	3
42.1839	48.0	43.1633	49.0	44.0487	49.9	45.0368	50.9	45.9301	51.8	46.9271	52.8	2
42.5751	48.4	43.5563	49.4	44.4434	50.3	45.4334	51.3	46.3284	52.2	47.3272	53.2	1
42.9670	48.8	43.8516	49.7	44.8388	50.7	45.7313	51.6	46.7273	52.6	47.6278	53.5	0

酒精计读数

温度在20℃时用体积百分数或质量百分数表示酒精度

溶液温度/℃	35 体积分数	35 质量分数	36 体积分数	36 质量分数	37 体积分数	37 质量分数	38 体积分数	38 质量分数	39 体积分数	39 质量分数	40 体积分数	40 质量分数
40	26.8	22.4439	28.0	23.5115	29.0	24.4056	30.0	25.3036	31.0	26.2057	32.0	27.1118
39	27.2	22.7992	28.4	23.8687	29.4	24.7643	30.4	25.6639	31.4	26.5676	32.4	27.4754
38	27.7	23.2441	28.8	24.2264	29.8	25.1237	30.8	26.0249	31.8	26.9302	32.8	27.8396
37	28.0	23.5115	29.2	24.5849	30.2	25.4837	31.2	26.3866	32.2	27.2935	33.2	28.2045
36	28.4	23.8687	29.6	24.9439	30.6	25.8444	31.6	26.7488	32.6	27.6574	33.6	28.5700
35	28.8	24.2264	30.0	25.3036	31.0	26.2057	32.0	27.1118	33.0	28.0220	34.0	28.9363
34	29.3	24.6746	30.4	25.6639	31.4	26.5676	32.4	27.4754	33.4	28.3872	34.4	29.3031
33	29.7	25.0338	30.8	26.0249	31.8	26.9302	32.8	27.8396	33.8	28.7531	34.8	29.6707
32	30.1	25.3936	31.2	26.3866	32.2	27.2935	33.2	28.2045	34.2	29.1196	35.2	30.0389
31	30.5	25.7541	31.6	26.7488	32.6	27.6574	33.6	28.5700	34.6	29.4868	35.6	30.4078
30	30.9	26.1153	32.0	27.1118	33.0	28.0220	34.0	28.9363	35.0	29.8547	36.0	30.7773
29	31.3	26.4771	32.3	27.3844	33.4	28.3872	34.4	29.3031	35.4	30.2232	36.4	31.1475
28	31.7	26.8395	32.8	27.8396	33.8	28.7531	34.8	29.6707	35.8	30.5924	36.8	31.5184
27	32.2	27.2935	33.2	28.2045	34.2	29.1196	35.2	30.0389	36.2	30.9623	37.2	31.8900
26	32.6	27.6574	33.6	28.5700	34.6	29.4868	35.6	30.4078	36.6	31.3329	37.6	32.2622
25	33.0	28.0220	34.0	28.9363	35.0	29.8547	36.0	30.7773	37.0	31.7041	38.0	32.6351
24	33.4	28.3872	34.4	29.3031	35.4	30.2232	36.4	31.1475	37.4	32.0760	38.4	33.0087
23	33.8	28.7531	34.8	29.6707	35.8	30.5924	36.8	31.5184	37.8	32.4486	38.8	33.3830
22	34.2	29.1196	35.2	30.0389	36.2	30.9623	37.2	31.8900	38.2	32.8218	39.2	33.7579

21	39.6	34.1336	38.6	33.1957	37.6	32.2622	36.6	31.3329	35.6	30.4078	34.6	29.4868
20	40.0	34.5099	39.0	33.5704	38.0	32.6351	37.0	31.7041	36.0	30.7773	35.0	29.8547
19	40.4	34.8869	39.4	33.9457	38.4	33.0087	37.4	32.0760	36.4	31.1475	35.4	30.2232
18	40.8	35.2646	39.8	34.3217	38.8	33.3830	37.8	32.4486	36.8	31.5184	35.8	30.5924
17	41.2	35.6430	40.2	34.6983	39.2	33.7579	38.2	32.8218	37.2	31.8900	36.2	30.9623
16	41.6	36.0221	40.6	35.0757	39.6	34.1336	38.6	33.1957	37.6	32.2622	36.6	31.3329
15	42.0	36.4019	41.0	35.4538	40.0	34.5099	39.0	33.5704	38.0	32.6351	37.0	31.7041
14	42.4	36.7824	41.4	35.8325	40.4	34.8869	39.4	33.9457	38.4	33.0087	37.4	32.0760
13	42.8	37.1636	41.8	36.2120	40.8	35.2646	39.8	34.3217	38.8	33.3830	37.8	32.4486
12	43.2	37.5455	42.2	36.5921	41.2	35.6430	40.2	34.6983	39.2	33.7579	38.2	32.8218
11	43.6	37.9281	42.6	36.9730	41.6	36.0221	40.6	35.0757	39.6	34.1336	38.7	33.2893
10	44.0	38.3115	43.0	37.3545	42.0	36.4019	41.0	35.4538	40.1	34.6041	39.1	33.6641
9	44.4	38.6955	43.4	37.7368	42.4	36.7824	41.4	35.8325	40.5	34.9813	39.5	34.0396
8	44.8	39.0802	43.8	38.1197	42.8	37.1636	41.9	36.3069	40.9	35.3592	39.9	34.4158
7	45.2	39.4656	44.2	38.5034	43.2	37.5455	42.3	36.6873	41.3	35.7378	40.3	34.7926
6	45.6	39.8518	44.6	38.8877	43.6	37.9281	42.7	37.0683	41.7	36.1170	40.7	35.1701
5	46.0	40.2387	45.0	39.2728	44.0	38.3115	43.1	37.4500	42.1	36.4970	41.1	35.5484
4	46.3	40.5293	45.4	39.6586	44.4	38.6955	43.4	37.7368	42.5	36.8777	41.5	35.9273
3	46.7	40.9174	45.8	40.0452	44.8	39.0802	43.8	38.1197	42.9	37.2590	41.9	36.3069
2	47.1	41.3063	46.1	40.3355	45.2	39.4656	44.2	38.5034	43.3	37.6411	42.3	36.6873
1	47.5	41.6959	46.5	40.7233	45.6	39.8518	44.6	38.8877	43.7	38.0239	42.7	37.0683
0	47.8	41.9885	46.9	41.1118	46.0	40.2387	45.0	39.2728	44.0	38.3115	43.1	37.4500

酒精计读数

温度在20℃时用体积百分数或质量百分数表示酒精度

溶液温度/℃	29		30		31		32		33		34	
	体积分数	质量分数	体积分数	质量分数	体积分数	质量分数	体积分数	质量分数	体积分数	质量分数	体积分数	质量分数
40	21.2	17.5361	22.2	18.4036	23.0	19.1004	24.0	19.9749	24.8	20.6772	25.8	21.5586
39	21.6	17.8827	22.6	18.7517	23.4	19.4497	24.4	20.3257	25.2	21.0293	26.2	21.9123
38	22.0	18.2298	23.0	19.1004	23.8	19.7997	24.8	20.6772	25.7	21.4703	26.7	22.3552
37	22.4	18.5776	23.4	19.4497	24.2	20.1502	25.2	21.0293	26.0	21.7354	27.0	22.6215
36	22.8	18.9260	23.8	19.7997	24.6	20.5014	25.6	21.3820	26.4	22.0893	27.4	22.9770
35	23.2	19.2750	24.2	20.1502	25.0	20.8532	26.0	21.7354	26.8	22.4439	27.8	23.3332
34	23.5	19.5372	24.5	20.4135	25.4	21.2056	26.4	22.0893	27.3	22.8881	28.3	23.7793
33	23.9	19.8872	24.9	20.7652	25.8	21.5586	26.8	22.4439	27.7	23.2441	28.7	24.1369
32	24.3	20.2379	25.3	21.1174	26.2	21.9123	27.2	22.7992	28.1	23.6008	29.1	24.4952
31	24.7	20.5893	25.7	21.4703	26.6	22.2666	27.6	23.1550	28.5	23.9581	29.5	24.8541
30	25.1	20.9412	26.1	21.8238	27.0	22.6215	28.0	23.5115	28.9	24.3160	29.9	25.2136
29	25.5	21.2938	26.4	22.0893	27.4	22.9770	28.4	23.8687	29.4	24.7643	30.3	25.5738
28	25.9	21.6470	26.8	22.4439	27.8	23.3332	28.8	24.2264	29.7	25.0338	30.7	25.9346
27	26.3	22.0008	27.2	22.7992	28.2	23.6900	29.2	24.5849	30.2	25.4837	31.2	26.3866
26	26.6	22.2666	27.6	23.1550	28.6	24.0475	29.6	24.9439	30.6	25.8444	31.6	26.7488
25	27.0	22.6215	28.0	23.5115	29.0	24.4056	30.0	25.3036	31.0	26.2057	32.0	27.1118
24	27.4	22.9770	28.4	23.8687	29.4	24.7643	30.4	25.6639	31.4	26.5676	32.4	27.4754
23	27.8	23.3332	28.8	24.2264	29.8	25.1237	30.8	26.0249	31.8	26.9302	32.8	27.8396
22	28.2	23.6900	29.2	24.5849	30.2	25.4837	31.2	26.3866	32.2	27.2935	33.2	28.2045

21	24.0475	28.6	24.9439	29.6	25.8444	30.6	26.7488	31.6	27.6574	32.6	28.5700	33.6
20	24.4056	29.0	25.3036	30.0	26.2057	31.0	27.1118	32.0	28.0220	33.0	28.9363	34.0
19	24.7643	29.4	25.6639	30.4	26.5676	31.4	27.4754	32.4	28.3872	33.4	29.3031	34.4
18	25.1237	29.8	26.0249	30.8	26.9302	31.8	27.8396	32.8	28.7531	33.8	29.6707	34.8
17	25.4837	30.2	26.3866	31.2	27.2935	32.2	28.2045	33.2	29.1196	34.2	30.0389	35.2
16	25.8444	30.6	26.7488	31.6	27.6574	32.6	28.5700	33.6	29.4868	34.6	30.4078	35.6
15	26.2057	31.0	27.1118	32.0	28.0220	33.0	28.9363	34.0	29.8547	35.0	30.7773	36.0
14	26.5676	31.4	27.4754	32.4	28.3872	33.4	29.3031	34.4	30.2232	35.4	31.1475	36.4
13	26.9302	31.8	27.8396	32.8	28.8446	33.9	29.7627	34.9	30.6849	35.9	31.5184	36.8
12	27.3844	32.3	28.2958	33.3	29.2114	34.3	30.1310	35.3	31.2333	36.3	31.9830	37.3
11	27.7485	32.7	28.6615	33.7	29.5787	34.7	30.5001	35.7	31.4256	36.7	32.3554	37.7
10	28.1132	33.1	29.0279	34.1	29.9468	35.1	30.8698	36.1	31.7970	37.1	32.7284	38.1
9	28.4786	33.5	29.3950	34.5	30.3155	35.5	31.2402	36.5	32.1691	37.5	33.1022	38.5
8	28.8446	33.9	29.8547	35.0	30.7773	36.0	31.6112	36.9	32.5418	37.9	33.4766	38.9
7	29.3031	34.4	30.2232	35.4	31.1475	36.4	31.9830	37.3	32.9152	38.3	33.8518	39.3
6	29.6707	34.8	30.5924	35.8	31.5184	36.8	32.4486	37.8	33.3830	38.8	34.2276	39.7
5	30.0389	35.2	30.9623	36.2	31.8900	37.2	32.8218	38.2	33.7579	39.2	34.6041	40.1
4	30.4078	35.6	31.3329	36.6	32.2622	37.6	33.1957	38.6	34.1336	39.6	34.9813	40.5
3	30.7773	36.0	31.7970	37.1	32.6351	38.0	33.5704	39.0	34.5099	40.0	35.3592	40.9
2	31.2402	36.5	32.1691	37.5	33.0087	38.4	33.9457	39.4	34.8869	40.4	35.7378	41.3
1	31.6112	36.9	32.5418	37.9	33.4766	38.9	34.3217	39.8	35.2646	40.8	36.1170	41.7
0	31.9830	37.3	32.9152	38.3	33.8518	39.3	34.6983	40.2	35.6430	41.2	36.4970	42.1

温度在20℃时用体积百分数或质量百分数表示酒精度

溶液温度/℃	酒精计读数 23		24		25		26		27		28	
	体积分数	质量分数	体积分数	质量分数	体积分数	质量分数	体积分数	质量分数	体积分数	质量分数	体积分数	质量分数
40	16.2	13.2549	17.0	13.9336	17.8	14.6147	18.6	15.2982	19.4	15.9841	20.4	16.8448
39	16.5	13.5091	17.4	14.2739	18.2	14.9562	19.0	15.6408	19.8	16.3279	20.8	17.1901
38	16.9	13.8486	17.7	14.5295	18.5	15.2126	19.3	15.8982	20.2	16.6724	21.2	17.5361
37	17.2	14.1037	18.0	14.7854	18.9	15.5551	19.7	16.2419	20.5	16.9311	21.5	17.7960
36	17.6	14.4442	18.4	15.1271	19.2	15.8124	20.1	16.5862	20.9	17.2766	21.9	18.1430
35	17.9	14.7000	18.8	15.4695	19.6	16.1559	20.4	16.8448	21.3	17.6227	22.3	18.4906
34	18.2	14.9562	19.1	15.7266	20.0	16.5001	20.8	17.1901	21.7	17.9694	22.7	18.8388
33	18.6	15.2982	19.4	15.9841	20.3	16.7586	21.2	17.5361	22.2	18.4036	23.1	19.1877
32	18.9	15.5551	19.8	16.3279	20.7	17.1038	21.6	17.8827	22.4	18.5776	23.4	19.4497
31	19.3	15.8982	20.2	16.6724	21.0	17.3630	21.9	18.1430	22.8	18.9260	23.8	19.7997
30	19.6	16.1559	20.5	16.9311	21.4	17.7093	22.3	18.4906	23.2	19.2750	24.2	20.1502
29	19.9	16.4140	20.8	17.1901	21.8	18.0562	22.7	18.8388	23.6	19.6246	24.6	20.5014
28	20.2	16.6724	21.2	17.5361	22.1	18.3167	23.0	19.1004	24.0	19.9749	24.9	20.7652
27	20.6	17.0174	21.5	17.7960	22.5	18.6646	23.4	19.4497	24.4	20.3257	25.3	21.1174
26	20.9	17.2766	21.9	18.1430	22.8	18.9260	23.8	19.7997	24.7	20.5893	25.7	21.4703
25	21.3	17.6227	22.2	18.4036	23.2	19.2750	24.1	20.0625	25.1	20.9412	26.1	21.8238
24	21.6	17.8827	22.6	18.7517	23.5	19.5372	24.5	20.4135	25.5	21.2938	26.4	22.0893
23	22.0	18.2298	22.9	19.0132	23.9	19.8872	24.9	20.7652	25.8	21.5586	26.8	22.4439
22	22.3	18.4906	23.3	19.3623	24.3	20.2379	25.3	21.1174	26.2	21.9123	27.2	22.7992

21	27.6	23.1550	26.6	22.2666	25.6	21.3820	24.6	20.5014	23.6	19.6246	22.6	18.7517
20	28.0	23.5115	27.0	22.6215	26.0	21.7354	25.0	20.8532	24.0	19.9749	23.0	19.1004
19	28.4	23.8687	27.4	22.9770	26.4	22.0893	25.4	21.2056	24.4	20.3257	23.3	19.3623
18	28.8	24.2264	27.8	23.3332	26.7	22.3552	25.7	21.4703	24.7	20.5893	23.7	19.7121
17	29.2	24.5849	28.1	23.6008	27.1	22.7103	26.1	21.8238	25.1	20.9412	24.0	19.9749
16	29.6	24.9439	28.5	23.9581	27.5	23.0660	26.5	22.1779	25.4	21.2056	24.4	20.3257
15	30.0	25.3036	28.9	24.3160	27.9	23.4223	26.8	22.4439	25.8	21.5586	24.7	20.5893
14	30.4	25.6639	29.3	24.6746	28.4	23.8687	27.2	22.7992	26.2	21.9123	25.1	20.9412
13	30.8	26.0249	29.7	25.0338	28.7	24.1369	27.6	23.1550	26.5	22.1779	25.4	21.2056
12	31.2	26.3866	30.2	25.4837	29.1	24.4952	28.0	23.5115	26.9	22.5327	25.8	21.5586
11	31.6	26.7488	30.6	25.8444	29.5	24.8541	28.4	23.8687	27.3	22.8881	26.2	21.9123
10	32.0	27.1118	31.0	26.2057	29.9	25.2136	28.8	24.2264	27.7	23.2441	26.6	22.2666
9	32.5	27.5664	31.4	26.5676	30.3	25.5738	29.2	24.5849	28.1	23.6008	26.9	22.5327
8	32.9	27.9308	31.8	26.9302	30.7	25.9346	29.6	24.9439	28.5	23.9581	27.3	22.8881
7	33.3	28.2958	32.2	27.2935	31.1	26.2961	30.0	25.3036	28.9	24.3160	27.7	23.2441
6	33.7	28.6615	32.7	27.7485	31.6	26.7488	30.4	25.6639	29.3	24.6746	28.1	23.6008
5	34.2	29.1196	33.1	28.1132	32.0	27.1118	30.8	26.0249	29.7	25.0338	28.5	23.9581
4	34.6	29.4868	33.5	28.4786	32.4	27.4754	31.3	26.4771	30.1	25.3936	28.9	24.3160
3	35.0	29.8547	34.0	28.9363	32.9	27.9308	31.7	26.8395	30.5	25.7541	29.3	24.6746
2	35.4	30.2232	34.4	29.3031	33.3	28.2958	32.3	27.3844	30.9	26.1153	29.7	25.0338
1	35.9	30.6849	34.8	29.6707	33.7	28.6615	32.6	27.6574	31.4	26.5676	30.1	25.3936
0	36.3	31.0549	35.5	30.3155	34.2	29.1196	33.0	28.0220	31.8	26.9302	30.6	25.8444

酒精计读数

温度在20℃时用体积百分数或质量百分数表示酒精精度

溶液温度/℃	17 体积分数	17 质量分数	18 体积分数	18 质量分数	19 体积分数	19 质量分数	20 体积分数	20 质量分数	21 体积分数	21 质量分数	22 体积分数	22 质量分数
40	11.4	9.2314	12.2	9.8962	13.0	10.5633	13.6	11.0651	14.4	11.7363	15.2	12.4097
39	11.7	9.4804	12.5	10.1461	13.3	10.8141	13.9	11.3165	14.7	11.9886	15.5	12.6629
38	12.0	9.7298	12.8	10.3963	13.6	11.0651	14.2	11.5683	15.1	12.3254	15.9	13.0009
37	12.2	9.8962	13.1	10.6468	13.9	11.3165	14.6	11.9044	15.4	12.5785	16.2	13.2549
36	12.5	10.1461	13.4	10.8977	14.2	11.5683	14.9	12.1569	15.7	12.8319	16.6	13.5939
35	12.8	10.3963	13.6	11.0651	14.5	11.8203	15.2	12.4097	16.0	13.0856	16.9	13.8486
34	13.1	10.6468	13.9	11.3165	14.8	12.0727	15.5	12.6629	16.4	13.4243	17.2	14.1037
33	13.4	10.8977	14.2	11.5683	15.1	12.3254	15.8	12.9164	16.7	13.6788	17.6	14.4442
32	13.6	11.0651	14.5	11.8203	15.4	12.5785	16.2	13.2549	17.0	13.9336	17.9	14.7000
31	13.9	11.3165	14.8	12.0727	15.7	12.8319	16.5	13.5091	17.4	14.2739	18.3	15.0416
30	14.2	11.5683	15.1	12.3254	16.0	13.0856	16.8	13.7637	17.7	14.5295	18.6	15.2982
29	14.5	11.8203	15.4	12.5785	16.3	13.3396	17.2	14.1037	18.0	14.7854	19.0	15.6408
28	14.8	12.0727	15.7	12.8319	16.6	13.5939	17.5	14.3590	18.4	15.1271	19.3	15.8982
27	15.1	12.3254	16.0	13.0856	16.9	13.8486	17.8	14.6147	18.7	15.3838	19.6	16.1559
26	15.4	12.5785	16.3	13.3396	17.2	14.1037	18.1	14.8708	19.0	15.6408	20.0	16.5001
25	15.6	12.7474	16.6	13.5939	17.5	14.3590	18.4	15.1271	19.4	15.9841	20.3	16.7586
24	15.9	13.0009	16.9	13.8486	17.8	14.6147	18.7	15.3838	19.7	16.2419	20.7	17.1038
23	16.2	13.2549	17.1	14.0186	18.1	14.8708	19.0	15.6408	20.0	16.5001	21.0	17.3630
22	16.5	13.5091	17.4	14.2739	18.4	15.1271	19.4	15.9841	20.4	16.8448	21.3	17.6227

21	13.6788	16.7	14.5295	17.7	15.3838	18.7	16.2419	19.7	17.1038	20.7	17.9694	21.7
20	14.0186	17.1	14.7854	18.0	15.6408	19.0	16.5001	20.0	17.3630	21.0	18.2298	22.0
19	14.1888	17.3	15.0416	18.3	15.8982	19.3	16.7586	20.3	17.6227	21.3	18.4906	22.3
18	14.4442	17.6	15.2982	18.6	16.1559	19.6	17.0174	20.6	17.8827	21.6	18.7517	22.6
17	14.6147	17.8	15.5551	18.9	16.4140	19.9	17.2766	20.9	18.2298	22.0	19.1004	23.0
16	14.8708	18.1	15.8124	19.2	16.6724	20.2	17.5361	21.2	18.4906	22.3	19.3623	23.3
15	15.0416	18.3	15.9841	19.4	16.9311	20.5	17.8827	21.6	18.7517	22.6	19.7121	23.7
14	15.2982	18.6	16.2419	19.7	17.1901	20.8	18.1430	21.9	19.1004	23.0	19.9749	24.0
13	15.4695	18.8	16.5001	20.0	17.4496	21.1	18.4036	22.2	19.3623	23.3	20.3257	24.4
12	15.7266	19.1	16.6724	20.2	17.7093	21.4	18.6646	22.5	19.6246	23.6	20.5893	24.7
11	15.9841	19.4	16.9311	20.5	17.9694	21.7	18.9260	22.8	19.8872	23.9	20.8532	25.0
10	16.1559	19.6	17.1901	20.8	18.2298	22.0	19.1877	23.1	20.2379	24.3	21.2056	25.4
9	16.4140	19.9	17.4496	21.1	18.4906	22.3	19.4497	23.4	20.5014	24.6	21.5586	25.8
8	16.5862	20.1	17.6227	21.3	18.7517	22.6	19.7997	23.8	20.7652	24.9	21.8238	26.1
7	16.8448	20.4	17.8827	21.6	18.9260	22.8	20.0625	24.1	21.1174	25.3	22.1779	26.5
6	17.0174	20.6	18.1430	21.9	19.2750	23.2	20.3257	24.4	21.3820	25.6	22.5327	26.9
5	17.2766	20.9	18.4036	22.2	19.4497	23.4	20.5893	24.7	21.7354	26.0	22.7992	27.2
4	17.4496	21.1	18.6646	22.5	19.7997	23.8	20.9412	25.1	22.0893	26.4	23.1550	27.6
3	17.7093	21.4	18.8388	22.7	20.0625	24.1	21.2056	25.4	22.4439	26.8	23.5115	28.0
2	17.8827	21.6	19.1004	23.0	20.3257	24.4	21.5586	25.8	22.7103	27.1	23.8687	28.4
1	18.0562	21.8	19.3623	23.3	20.5893	24.7	21.8238	26.1	23.0660	27.5	24.2264	28.8
0	18.2298	22.0	19.6246	23.6	20.9412	25.1	22.1779	26.5	23.4223	27.9	24.5849	29.2

酒精计读数

温度在20℃时用体积百分数或质量百分数表示酒精度

溶液温度/℃	11 质量分数	11 体积分数	12 质量分数	12 体积分数	13 质量分数	13 体积分数	14 质量分数	14 体积分数	15 质量分数	15 体积分数	16 质量分数	16 体积分数
40	5.4526	6.8	6.1044	7.6	6.7585	8.4	7.4149	9.2	8.0734	10.0	8.7343	10.8
39	5.6153	7.0	6.2678	7.8	6.9224	8.6	7.5793	9.4	8.2384	10.2	8.9827	11.1
38	5.7782	7.2	6.4312	8.0	7.1685	8.9	7.8262	9.7	8.4862	10.5	9.1484	11.3
37	5.9413	7.4	6.6766	8.3	7.3327	9.1	7.9910	9.9	8.7343	10.8	9.3974	11.6
36	6.1044	7.6	6.8404	8.5	7.4971	9.3	8.2384	10.2	8.8998	11.0	9.5635	11.8
35	6.3495	7.9	7.0044	8.7	7.7439	9.6	8.4036	10.4	9.0655	11.2	9.813	12.1
34	6.5130	8.1	7.1685	8.9	7.9086	9.8	8.5688	10.6	9.3144	11.5	10.0627	12.4
33	6.6766	8.3	7.3327	9.1	8.0734	10.0	8.8170	10.9	9.5635	11.8	10.2295	12.6
32	6.8404	8.5	7.5793	9.4	8.2384	10.2	8.8998	11.0	9.7298	12.0	10.4798	12.9
31	7.0044	8.7	7.7439	9.6	8.4862	10.5	9.2314	11.4	9.8962	12.2	10.6468	13.1
30	7.1685	8.9	7.9086	9.8	8.6515	10.7	9.3974	11.6	10.1461	12.5	10.8977	13.4
29	7.3327	9.1	8.0734	10.0	8.8170	10.9	9.5635	11.8	10.3129	12.7	11.0651	13.6
28	7.4971	9.3	8.3210	10.3	9.0655	11.2	9.8130	12.1	10.5633	13.0	11.3165	13.9
27	7.6616	9.5	8.4862	10.5	9.2314	11.4	9.9795	12.3	10.7304	13.2	11.5683	14.2
26	7.9086	9.8	8.6515	10.7	9.4804	11.7	10.2295	12.6	10.9814	13.5	11.7363	14.4
25	8.0734	10.0	8.7343	10.8	9.6466	11.9	10.3963	12.8	11.2327	13.8	11.9886	14.7
24	8.2384	10.2	9.0655	11.2	9.8130	12.1	10.6468	13.1	11.4004	14.0	12.2412	15.0
23	8.4036	10.4	9.2314	11.4	9.9795	12.3	10.8141	13.3	11.6523	14.3	12.4097	15.2
22	8.5688	10.6	9.3974	11.6	10.2295	12.6	11.0651	13.6	11.8203	14.5	12.6629	15.5

21	15.7	12.8319	14.8	12.0727	13.8	11.2327	12.9	10.4798	11.8	9.5635	10.8	8.7343
20	16.0	13.0856	15.0	12.2412	14.0	11.4004	13.0	10.5633	12.0	9.7298	11.0	8.8998
19	16.3	13.3396	15.2	12.4097	14.2	11.5683	13.2	10.7304	12.2	9.8962	11.2	9.0655
18	16.5	13.5091	15.5	12.6629	14.4	11.7363	13.4	10.8977	12.4	10.0627	11.4	9.2314
17	16.8	13.7637	15.7	12.8319	14.7	11.9886	13.6	11.0651	12.6	10.2295	11.5	9.3144
16	17	13.9336	15.9	13.0009	14.9	12.1569	13.8	11.2327	12.8	10.3963	11.7	9.4804
15	17.2	14.1037	16.2	13.2549	15.1	12.3254	14.0	11.4004	12.9	10.4798	11.9	9.6466
14	17.5	14.3590	16.4	13.4243	15.3	12.4941	14.2	11.5683	13.1	10.6468	12.0	9.7298
13	17.7	14.5295	16.6	13.5939	15.5	12.6629	14.4	11.7363	13.2	10.7304	12.2	9.8962
12	18.0	14.7854	16.8	13.7637	15.7	12.8319	14.5	11.8203	13.4	10.8977	12.3	9.9795
11	18.2	14.9562	17.0	13.9336	15.8	12.9164	14.7	11.9886	13.6	11.0651	12.4	10.0627
10	18.4	15.1271	17.2	14.1037	16.0	13.0856	14.9	12.1569	13.7	11.1489	12.6	10.2295
9	18.6	15.2982	17.4	14.2739	16.2	13.2549	15.0	12.2412	13.8	11.2327	12.7	10.3129
8	18.9	15.5551	17.6	14.4442	16.4	13.4243	15.1	12.3254	14.0	11.4004	12.8	10.3963
7	19.1	15.7266	17.8	14.6147	16.5	13.5091	15.3	12.4941	14.1	11.4843	12.9	10.4798
6	19.3	15.8982	18.0	14.7854	16.7	13.6788	15.4	12.5785	14.2	11.5683	13.0	10.5633
5	19.5	16.0700	18.2	14.9562	16.8	13.7637	15.6	12.7474	14.3	11.6523	13.0	10.5633
4	19.7	16.2419	18.3	15.0416	17.0	13.9336	15.7	12.8319	14.4	11.7363	13.1	10.6468
3	19.9	16.4140	18.5	15.2126	17.1	14.0186	15.8	12.9164	14.5	11.8203	13.2	10.7304
2	20.1	16.5862	18.6	15.2982	17.2	14.1037	15.9	13.0009	14.5	11.8203	13.2	10.7304
1	20.3	16.7586	18.8	15.4695	17.3	14.1888	15.9	13.0009	14.6	11.9044	13.3	10.8141
0	20.5	16.9311	19.0	15.6408	17.5	14.3590	16.0	13.0856	14.6	11.9044	13.3	10.8141

酒精计读数

温度在20℃时用体积百分数或质量百分数表示酒精度

溶液温度/℃	5		6		7		8		9		10	
	体积分数	质量分数	体积分数	质量分数	体积分数	质量分数	体积分数	质量分数	体积分数	质量分数	体积分数	质量分数
40	1.6	1.2689	2.4	1.9066	3.4	2.7067	4.2	3.3493	5.0	3.9940	5.8	4.6409
39	1.8	1.4281	2.6	2.0664	3.6	2.8672	4.4	3.5102	5.2	4.1555	6.0	4.8029
38	1.9	1.5078	2.8	2.2262	3.8	3.0277	4.6	3.6713	5.4	4.3171	6.2	4.9651
37	2.1	1.6672	2.9	2.3062	3.9	3.1081	4.8	3.8326	5.6	4.4789	6.4	5.1275
36	2.3	1.8268	3.1	2.4663	4.1	3.2688	5.0	3.9940	5.8	4.6409	6.6	5.2900
35	2.4	1.9066	3.3	2.6266	4.3	3.4297	5.2	4.1555	6.0	4.8029	6.8	5.4526
34	2.6	2.0664	3.5	2.7869	4.5	3.5908	5.3	4.2363	6.2	4.9651	7.1	5.6968
33	2.8	2.2262	3.7	2.9474	4.7	3.7519	5.5	4.3980	6.4	5.1275	7.3	5.8597
32	3.0	2.3863	3.8	3.0277	4.8	3.8326	5.7	4.5599	6.6	5.2900	7.5	6.0228
31	3.1	2.4663	4.0	3.1884	5.0	3.9940	5.9	4.7219	6.8	5.4526	7.7	6.1861
30	3.3	2.6266	4.2	3.3493	5.2	4.1555	6.1	4.8840	7.0	5.6153	7.9	6.3495
29	3.5	2.7869	4.4	3.5102	5.4	4.3171	6.3	5.0463	7.2	5.7782	8.2	6.5948
28	3.7	2.9474	4.6	3.6713	5.6	4.4789	6.5	5.2087	7.5	6.0228	8.4	6.7585
27	3.9	3.1081	4.8	3.8326	5.8	4.6409	6.7	5.3713	7.7	6.1861	8.6	6.9224
26	4.0	3.1884	5.0	3.9940	6.0	4.8029	6.9	5.5339	7.9	6.3495	8.8	7.0864
25	4.2	3.3493	5.2	4.1555	6.2	4.9651	7.1	5.6968	8.1	6.5130	9.0	7.2506
24	4.4	3.5102	5.4	4.3171	6.3	5.0463	7.3	5.8597	8.3	6.6766	9.2	7.4149
23	4.6	3.6713	5.5	4.3980	6.5	5.2087	7.5	6.0228	8.4	6.7585	9.4	7.5793
22	4.7	3.7519	5.7	4.5599	6.7	5.3713	7.7	6.1861	8.6	6.9224	9.6	7.7439

21	9.8	7.9086	8.8	7.0864	6.8	6.2678	5.8	5.4526	4.6409	4.8	3.8326
20	10.0	8.0734	9.0	7.2506	7.0	6.4312	6.0	5.6153	4.8029	5.0	3.9940
19	10.2	8.2384	9.2	7.4149	7.2	6.5948	6.1	5.7782	4.8840	5.1	4.0747
18	10.4	8.4036	9.3	7.4971	7.3	6.6766	6.3	5.8597	5.0463	5.3	4.2363
17	10.5	8.4862	9.5	7.6616	7.4	6.8404	6.4	5.9413	5.1275	5.4	4.3171
16	10.7	8.6515	9.6	7.7439	7.6	6.9224	6.5	6.1044	5.2087	5.5	4.3980
15	10.8	8.7343	9.8	7.9086	7.7	7.0864	6.6	6.1861	5.2900	5.6	4.4789
14	11.0	8.8998	9.9	7.9910	7.8	7.1685	6.7	6.2678	5.3713	5.7	4.5599
13	11.1	8.9827	10.0	8.0734	7.9	7.2506	6.8	6.3495	5.4526	5.8	4.6409
12	11.2	9.0655	10.1	8.1559	8.0	7.3327	6.9	6.4312	5.5339	6.9	5.5339
11	11.3	9.1484	10.2	8.2384	8.1	7.4149	7.0	6.5130	5.6153	6.0	4.8029
10	11.4	9.2314	10.3	8.3210	8.2	7.4971	7.1	6.5948	5.6968	6.0	4.8029
9	11.5	9.3144	10.4	8.4036	8.2	7.4971	7.1	6.5948	5.6968	6.0	4.8029
8	11.6	9.3974	10.5	8.4862	8.3	7.5793	7.2	6.6766	5.7782	6.0	4.8029
7	11.7	9.4804	10.6	8.5688	8.4	7.6616	7.2	6.7585	5.7782	6.1	4.884
6	11.8	9.5635	10.6	8.5688	8.4	7.6616	7.3	6.7585	5.8597	6.2	4.9651
5	11.8	9.5635	10.7	8.6515	8.4	7.7439	7.3	6.7585	5.8597	6.2	4.9651
4	11.9	9.6466	10.7	8.6515	8.4	7.7439	7.3	6.7585	5.8597	6.2	4.9651
3	12.0	9.7298	10.8	8.7343	8.4	7.7439	7.3	6.7585	5.8597	6.2	4.9651
2	12.0	9.7298	10.8	8.7343	8.4	7.7439	7.2	6.7585	5.7782	6.1	4.884
1	12.0	9.7298	10.8	8.7343	8.4	7.7439	7.2	6.7585	5.7782	6.1	4.884
0	12.0	9.7298	10.8	8.7343	8.4	7.7439	7.2	6.7585	5.7782	6.0	4.8029

酒精计读数

温度在20℃时用体积百分数或质量百分数表示酒精度

溶液温度/℃	4		3		2		1		0	
	体积分数	质量分数	体积分数	质量分数	体积分数	质量分数	体积分数	质量分数	体积分数	质量分数
40	0.8	0.6334								
39	1.0	0.7921								
38	1.1	0.8715	0.1	0.0791						
37	1.3	1.0304	0.3	0.2373						
36	1.4	1.1098	0.4	0.3164						
35	1.6	1.2689	0.6	0.4749						
34	1.8	1.4281	0.8	0.6334						
33	1.9	1.5078	0.9	0.7127						
32	2.1	1.6672	1.1	0.8715	0.1	0.0791				
31	2.2	1.7470	1.2	0.9509	0.2	0.1582				
30	2.4	1.9066	1.4	1.1098	0.4	0.3164				
29	2.5	1.9865	1.6	1.2689	0.6	0.4749				
28	2.7	2.1463	1.8	1.4281	0.8	0.6334				
27	2.9	2.3062	1.9	1.5078	1.0	0.7921				
26	3.1	2.4663	2.1	1.6672	1.1	0.8715	0.1	0.0791		
25	3.2	2.5464	2.3	1.8268	1.3	1.0304	0.3	0.2373		
24	3.4	2.7067	2.4	1.9066	1.4	1.1098	0.4	0.3164		
23	3.6	2.8672	2.6	2.0664	1.6	1.2689	0.6	0.4749		
22	3.7	2.9474	2.7	2.1463	1.7	1.3485	0.7	0.5541		

温度										
21	3.8	3.0277	2.9	2.3062	1.9	1.5078	0.9	0.7127		
20	4.0	3.1884	3.0	2.3863	2.0	1.5875	1.0	0.7921	0.0	
19	4.1	3.2688	3.1	2.4663	2.1	1.6672	1.1	0.8715	0.1	0.0791
18	4.2	3.3493	3.2	2.5464	2.2	1.7470	1.2	0.9509	0.2	0.1582
17	4.4	3.5102	3.4	2.7067	2.4	1.9066	1.3	1.0304	0.3	0.2373
16	4.5	3.5908	3.4	2.7067	2.4	1.9066	1.4	1.1098	0.4	0.3164
15	4.6	3.6713	3.6	2.8672	2.6	2.0664	1.5	1.1894	0.6	0.4749
14	4.7	3.7519	3.6	2.8672	2.6	2.0664	1.6	1.2689	0.6	0.4749
13	4.8	3.8326	3.7	2.9474	2.7	2.1463	1.7	1.3485	0.7	0.5541
12	4.8	3.8326	3.8	3.0277	2.8	2.2262	1.7	1.3485	0.7	0.5541
11	4.9	3.9133	3.9	3.1081	2.9	2.3062	1.8	1.4281	0.8	0.6334
10	5.0	3.9940	3.9	3.1081	2.9	2.3062	1.9	1.5078	0.8	0.6334
9	5.0	3.9940	4.0	3.1884	2.9	2.3062	1.9	1.5078	0.9	0.7127
8	5.0	3.9940	4.0	3.1884	2.9	2.3062	1.9	1.5078	0.9	0.7127
7	5.1	4.0747	4.0	3.1884	3.0	2.3863	1.9	1.5078	0.9	0.7127
6	5.1	4.0747	4.0	3.1884	3.0	2.3863	2.0	1.5875	0.9	0.7127
5	5.1	4.0747	4.0	3.1884	3.0	2.3863	2.0	1.5875	0.9	0.7127
4	5.1	4.0747	4.0	3.1884	3.0	2.3863	1.9	1.5078	0.9	0.7127
3	5.1	4.0747	4.0	3.1884	2.9	2.3062	1.9	1.5078	0.9	0.7127
2	5.0	3.9940	4.0	3.1884	2.9	2.3062	1.9	1.5078	0.8	0.6334
1	5.0	3.9940	4.0	3.1884	2.9	2.3062	1.8	1.4281	0.8	0.6334
0	5.0	3.9940	3.9	3.1081	2.8	2.2262	1.8	1.4281	0.8	0.6334

参考文献

1. 李大和. 新型白酒生产与勾调技术问答. 北京：中国轻工业出版社，1989.

2. 赵元森. 低度白酒工艺. 北京：中国商业出版社，1989.

3. 陈益钊. 中国白酒的嗅觉味觉科学及实验. 成都：四川大学出版社，1996.

4. 梁雅轩，廖鸿生. 酒的勾兑与调味. 北京：中国食品工业出版社，1997.

5. 秦含章. 白酒酿造的科学与技术. 北京：中国轻工业出版社，1997.

6. 李大和. 白酒勾兑调味技术的关键. 酿酒科技，2003，(3)：29－33.

7. 王福荣. 酿酒分析与检测. 北京：化学工业出版社，2005.

8. 徐占成. 白酒风味设计学. 北京：中国轻工业出版社，2004.

9. 李大和. 白酒勾兑技术问答. 北京：中国轻工业出版社，2006.

10. 吴天祥，王利平，刘杨岷等. 气质联用分析茅台王子酒的香气成分. 酿酒，2002，29 (4)，25－26.

11. 赖高淮. 新型白酒勾调技术与生产工艺. 北京：中国轻工业出版社，2003.

12. 周恒刚，徐占成. 白酒品评与勾兑. 北京：中国轻工业出版社，2004.

13. 康明官. 白酒工业手册. 北京：中国轻工业出版社，1991.

14. 钱松，薛慧茹. 白酒风味化学. 北京：中国轻工业出版社，1997.

15. 吴天祥. 关于白酒酒度的换算和勾兑的计算方法. 酿酒科技，1998，(4)：37－38.

16. 李大和. 白酒酿造工教程. 北京：中国轻工业出版社，2006.

17. 赖高淮. 白酒理化分析检测. 北京：中国轻工业出版社，2009.

18. 王瑞明. 白酒勾兑技术. 北京：化学工业出版社，2007.

19. 吴广黔. 白酒的品评. 北京：中国轻工业出版社，2008.

20. 肖冬光. 白酒生产技术. 北京：化学工业出版社，2005.

21. 余乾伟. 传统白酒酿造技术. 北京：中国轻工业出版社，2010.

22. 沈怡方. 白酒生产技术全书. 北京：中国轻工业出版社，2009.

23. 周恒刚，徐占成. 白酒生产指南. 北京：中国轻工业出版社，2000.

24. 黄平，张吉焕. 凤型白酒生产技术. 北京：中国轻工业出版社，2003.

25. 李大和. 白酒酿造培训教程. 北京：中国轻工业出版社，2013.

26. 汪玲玲. 酱香型白酒微量成分及大曲香气物质研究. 无锡：江南大学，2013.